人力资源和社会保障部全国计算机信息高新技术考试指定教材

图形图像处理（CorelDRAW平台）

# 中文版CorelDRAW X4
# 职业技能培训教程

★（图像制作员级）★

全国计算机信息高新技术考试
教材编写委员会 编写

科学出版社

## 内 容 简 介

由人力资源和社会保障部职业技能鉴定中心在全国统一组织实施的全国计算机信息高新技术考试是面向广大社会劳动者举办的计算机职业技能考试，考试采用国际通行的专项职业技能鉴定方式，测定应试者的计算机应用操作能力，以适应社会发展和科技进步的需要。

本书包含了CorelDRAW X4操作环境和基本操作知识，讲解了绘图工具的使用、对象填充与轮廓设置、图形的复制、CorelDRAW X4形状编辑、文本处理、矢量图形特效、位图处理、制作底纹特效、创建WEB对象及CorelDRAW X4文件的打印输出等内容。第2～9章中还安排了例题，教程内容与考试内容紧密结合，强调基础知识与操作技能的实际应用，边讲边练，使考生学习起来轻松，上手容易。

本书可供考生考前练习，考评员和培训教师在组织培训、操作练习和自学提高等方面使用，是参加图形图像处理（CorelDRAW平台）图像制作员级考试的考生人手一册的必备技术资料。本书还可供广大读者学习CorelDRAW软件知识、自测CorelDRAW软件应用技能使用，也是相关大中专院校、技校、职高作为CorelDRAW软件应用技能培训与测评的参考书。本书全部素材将在高新技术考试教材服务网（www.citt.org.cn）上提供。

需要本书或技术支持的读者，请与北京清河6号信箱（邮编：100085）发行部联系，电话：010-62978181（总机）转发行部、010-82702675（邮购），传真：010-82702698。E-mail：wtshi@bhp.com.cn。网络体验高新考试教材及服务，请登录www.bhp.com.cn或www.citt.org.cn网站。

**图书在版编目（CIP）数据**

图形图像处理（CorelDRAW平台）中文版CorelDRAW X4职业技能培训教程：图像制作员级/全国计算机信息高新技术考试教材编写委员会编写．—北京：科学出版社，2010

人力资源和社会保障部全国计算机信息高新技术考试指定教材

ISBN 978-7-03-029483-8

Ⅰ．①图…　Ⅱ．①全…　Ⅲ．①图形软件，CorelDRAW X4—技术培训—教材　Ⅳ．①TP391.41

中国版本图书馆CIP数据核字（2010）第218720号

责任编辑：韩培付　　/责任校对：方加青

责任印刷：媛　明　　/封面设计：刘荣慧

科学出版社 出版

北京东黄城根北街16号

邮政编码：100717

http://www.sciencep.com

北京市媛明印刷厂印刷

科学出版社发行　各地新华书店经销

*

2010年12月第　1　版　　开本：787mm×1092mm 1/16

2010年12月第1次印刷　　印张：16.25

印数：1-3 000册　　字数：370.5千字

定价：34.00元

# 全国计算机信息高新技术考试
## 教材编委会名单



本书执笔人：赵　红　陈　亮　李红英　李知雨　顾秀莲
杜知远　鲁　鑫　黄　晓　吕志英　闫伟伟
王丽娜　刘天洋　严　欢　李秀梅　王国亮
张　鑫

# 全国计算机信息高新技术考试简介

全国计算机信息高新技术考试是人力资源和社会保障部为适应社会发展和科技进步的需要，提高劳动力素质和促进就业，加强计算机信息高新技术领域新职业、新工种职业技能鉴定工作，授权人力资源和社会保障部职业技能鉴定中心在全国范围内统一组织实施的社会化职业技能考试。根据人力资源和社会保障部职业技能开发司、人力资源和社会保障部职业技能鉴定中心劳培司字[1997]63 号文件："考试合格者由劳动和社会保障部职业技能鉴定中心统一核发计算机信息高新技术考试合格证书。该证书作为反映计算机操作技能水平的基础性职业资格证书，在要求计算机操作能力并实行岗位准入控制的相应职业作为上岗证；在其他就业和职业评聘领域作为计算机相应操作能力的证明。通过计算机信息高新技术考试，获得操作员、高级操作员资格者，分别视同于中华人民共和国中级、高级技术等级，其使用及待遇参照相应规定执行；获得操作师、高级操作师资格者参加技师、高级技师技术职务评聘时分别作为其专业技能的依据。"

开展这项工作的主要目的，是为了推动高新技术在我国的迅速普及，促使其得到推广应用，提高应用人员的使用水平和高新技术装备的使用效率，促进生产效率的提高；同时，对高新技术应用人员的择业、流动提供一个应用水平与能力的标准证明，以适应劳动力的市场化管理。

根据职业技能鉴定要求和劳动力市场化管理需要，职业技能鉴定必须做到操作直观、项目明确、能力确定、水平相当且可操作性强。因此，全国计算机信息高新技术考试采用了一种新型的、国际通用的专项职业技能鉴定方式。根据计算机不同应用领域的特征，划分模块和系列，各系列按等级分别独立进行考试。

目前划分了五个级别：

| 序号 | 级别 | 与国家职业资格对应关系 |
|---|---|---|
| 1 | 高级操作师级 | 中华人民共和国职业资格证书国家职业资格一级 |
| 2 | 操作师级 | 中华人民共和国职业资格证书国家职业资格二级 |
| 3 | 高级操作员级 | 中华人民共和国职业资格证书国家职业资格三级 |
| 4 | 操作员级 | 中华人民共和国职业资格证书国家职业资格四级 |
| 5 | 初级操作员级 | 中华人民共和国职业资格证书国家职业资格五级 |

目前划分了 15 个模块，45 个系列，67 个平台：

| 序号 | 模块 | 模块名称 | 编号 | 平　台 |
|---|---|---|---|---|
| 1 | | 初级操作员 | 001 | Windows/Office |
| 2 | 00 | 办公软件应用 | 002 | Windows 平台（MS Office）（中、高级） |
| | | | 003 | Windows 平台（WPS）（中级） |
| 3 | 01 | 数据库应用 | 012 | Visual FoxPro 平台（中级） |
| | | | 013 | SQL Server 平台（中级） |
| | | | 014 | Access 平台（中级） |
| 4 | 02 | 计算机辅助设计 | 021 | AutoCAD 平台（中、高级） |
| | | | 022 | Protel 平台（中级） |
| 5 | 03 | 图形图像处理 | 032 | Photoshop 平台（中、高级） |
| | | | 034 | 3D Studio MAX 平台（中、高级） |

（续表）

| 序号 | 模块 | 模块名称 | 编号 | 平　台 |
|---|---|---|---|---|
| 5 | 03 | 图形图像处理 | 035 | CorelDRAW 平台（中、高级） |
| | | | 036 | Illustrator 平台（中级） |
| 6 | 04 | 专业排版 | 042 | PageMaker 平台（中级） |
| | | | 043 | Word 平台（中级） |
| 7 | 05 | 因特网应用 | 052 | Internet Explorer 平台（中级） |
| | | | 053 | ASP 平台（高级） |
| | | | 054 | 电子政务（中级） |
| 8 | 06 | 计算机中文速记 | 061 | 双文速记平台（初、中、高级） |
| 9 | 07 | 微型计算机安装调试维修 | 071 | IBM-PC 兼容机（中级） |
| 10 | 08 | 局域网管理 | 081 | Windows NT/2000 平台（中、高级） |
| | | | 083 | 信息安全（中、高级） |
| 11 | 09 | 多媒体软件制作 | 091 | Director 平台（中级） |
| | | | 092 | Authorware 平台（中、高级） |
| 12 | 10 | 应用程序设计编制 | 101 | Visual Basic 平台（中级） |
| | | | 102 | Visual C++平台（中级） |
| | | | 103 | Delphi 平台（中级） |
| | | | 104 | Visual C#平台（中级） |
| 13 | 11 | 会计软件应用 | 111 | 用友软件系列（中、高级） |
| | | | 112 | 金蝶软件系列（中级） |
| 14 | 12 | 网页制作 | 121 | Dreamweaver 平台（中级） |
| | | | 122 | Fireworks 平台（中级） |
| | | | 123 | Flash 平台（中级） |
| | | | 124 | FrontPage 平台（中级） |
| | | | 125 | Macromedia 平台（高级） |
| 15 | 13 | 视频编辑 | 131 | Premiere 平台（中级） |
| | | | 132 | After Effects 平台（中级） |

全国计算机信息高新技术考试密切结合计算机技术迅速发展的实际情况，根据软硬件发展的特点来设计考试内容和考核标准及方法，尽量采用优秀国产软件，采用标准化考试方法，重在考核计算机软件的操作能力，侧重专门软件的应用，培养具有熟练的计算机相关软件操作能力的劳动者。在考试管理上，采用“随培随考”的方法，不搞全国统一时间的考试，以适应考生需要。向社会公开考题和答案，不搞猜题战术，以求公平并提高学习效率。

全国计算机信息高新技术考试特别强调规范性，人力资源和社会保障部职业技能鉴定中心根据“统一命题、统一考务管理、统一考评员资格、统一培训考核机构条件标准、统一颁发证书”的原则进行质量管理，每一个考核模块都制订了相应的鉴定标准和考试大纲，各地区进行培训和考试执行统一的标准和大纲，并使用统一教材，以避免“因人而异”的随意性，使证书获得者的水平具有等价性。为适应计算机技术快速发展的现实情况，不断跟踪最新应用技术，还建立了动态的职业鉴定标准体系，并由专家委员会根据技术发展进行拟定、调整和公布。

考试咨询网站：www.citt.org.cn　培训教材咨询电话：010-82702665，82702672

# 出版说明

全国计算机信息高新技术考试是人力资源和社会保障部为适应社会发展和科技进步的需要，提高劳动力素质和促进就业，加强计算机信息高新技术领域新职业、新工种职业技能鉴定工作，授权人力资源和社会保障部职业技能鉴定中心在全国范围内统一组织实施的社会化职业技能鉴定考试。

根据职业技能鉴定要求和劳动力市场化管理需要，职业技能鉴定必须做到操作直观、项目明确、能力确定、水平相当且可操作性强。因此，全国计算机信息高新技术考试采用了一种新型的、国际通用的专项职业技能鉴定方式。根据计算机不同应用领域的特征，划分了模块和平台，各平台按等级分别独立进行考试，应试者可根据自己工作岗位的需要，选择考试模块和参加培训。

全国计算机信息高新技术考试特别强调规范性，人力资源和社会保障部职业技能鉴定中心根据“统一命题、统一考务管理、统一考评员资格、统一培训考核机构条件标准、统一颁发证书”的原则进行质量管理，每一个考试模块都制订了相应的鉴定标准和考试大纲，各地区进行培训和考试执行统一的标准和大纲，并使用统一教材，以避免“因人而异”的随意性，使证书获得者的水平具有等价性。

为保证考试与培训的需要，每个模块的教材由两种指定教材组成。其中一种是汇集了本模块全部试题的《试题汇编》，另一种是用于系统教学的《培训教程》。

本书根据《图形图像处理模块（CorelDRAW 平台）考试大纲》编写，内容包含了CorelDRAW X4操作环境和基本操作知识，包括绘图工具的使用、对象填充与轮廓设置、图形的复制、CorelDRAW X4形状编辑、文本处理、矢量图形特效、位图处理、制作底纹特效、创建WEB对象及CorelDRAW X4文件的打印输出等内容。

本书第2～9章中均安排了例题，教程内容与考试内容紧密结合，强调基础知识与操作技能的实际应用，边讲边练，使考生学习起来比较轻松，上手容易。

本书执笔人为赵红、陈亮、李红英、李知雨、顾秀莲、杜知远、鲁鑫、黄晓、吕志英、闫伟伟、王丽娜、刘天洋、严欢、李秀梅、王国亮、张鑫。

关于本书的不足之处，敬请批评指正。

# 目 录

# 第1章 基本认识

CorelDRAW X4是著名的图形图像设计、制作及文字编排软件，它的强大功能和简便操作使得平面设计师可以用电脑创作出专业级的设计作品。

CorelDRAW X4是Corel公司CorelDRAW系列软件最新版本，它在Corel公司CorelDRAW X3软件基础上对软件进行了改进，包含能够加快创新过程、简化项目管理和优化图形设计工作流程的新工具，不但让设计工作变得轻松并且能够最大程度地提升工作效率。

在CorelDRAW X4中新增活动文本格式、独立的页面图层、交互式表格和专业的设计模板等新功能，增强欢迎屏幕的界面功能，增强Windows Vista集成功能，还新增了文件支持功能，保持了其在文件格式兼容性方面的市场领先地位。

根据国家职业资格认证教程的编导要求，本教材重点讲述软件的使用与操作功能，所述内容紧紧围绕着国家职业资格认证考试大纲与试题汇编相关技能要点进行详解。实例讲解大多取材于试题汇编的相关内容。使之与试题汇编有机融为一体，是考生学习了解CorelDRAW X4与参加国家职业资格认证考试的最佳助手。

全书共分为十章内容，从基础操作至综合实例形成完整的作品设计过程。

| 章节 | 对应《试题汇编》单元 | 对应考核技能点 | 试题相关分数 |
|---|---|---|---|
| 第1章 | | 基本认识 | |
| 第2章 | 第一单元 | 设置页面、绘制/填充图形、粘贴编辑、导入图形 | 20分 |
| 第3章 | 第二单元 | 设置辅助线、物体形状、转换图形、表格工具 | 12分 |
| 第4章 | 第三单元 | 图层设置、变换图形、图形剪裁 | 15分 |
| 第5章 | 第四单元 | 图形透明化、图形调和效果、阴影效果、轮廓图效果、立体化效果 | 20分 |
| 第6章 | 第五单元 | 美术文本、文字适配路径、段落文本 | 10分 |
| 第7章 | 第六单元 | 矢量图转位图、去除位图背景、位图特效处理 | 10分 |
| 第8章 | 第七单元 | 网页运用 | 5分 |
| 第9章 | 第八单元 | 复制属性、查找替换、添加条形码 | 8分 |
| 第10章 | | 综合实例运用 | |

## 1.1 CorelDRAW X4桌面环境

CorelDRAW X4界面的直观布局，使设计师能够更加便捷快速地实现创意方案，如图1-01所示。

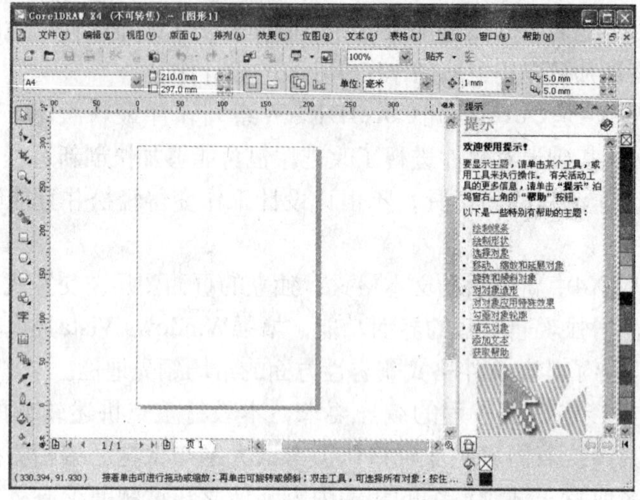


图1-01 CorelDRAW X4的界面

CorelDRAW X4工作界面由以下几部分组成。

- 菜单栏：CorelDRAW X4的菜单栏里包含12个菜单项，这些菜单项是按命令主题进行组织分类的，每个菜单项下都有若干个子菜单。
- 工具栏：工具栏是CorelDRAW X4最重要的部件，包含有多组工具图标按钮，每个工具按钮都对应着相应的操作命令。
- 属性栏：按照当前选择的工具或对象来设置不同参数的选项设置。
- 工具箱：包含选择、变换、绘图、填充、文本等绘制处理和文本输入与编辑的工具。
- 绘图区：位于文档窗口中的页面区域，可进行绘制修改图形或编辑文本等工作，绘图区外的对象不被打印。
- 折叠泊坞窗：CorelDRAW X4的特色，可以单击左上角的“《”、“》”符号进行“入泊”或“出泊”。泊坞窗上的工具可以自己添加、删减。
- 调色板：位于CorelDRAW X4窗口的右侧，具有“入泊”和“出泊”的功能，缺省显示一行颜色，单击调色板中的某一色块便能将该色块上的颜色填充到选取的图形中。
- 信息行：位于界面底部，为用户提供有关当前操作的各种提示信息，在缺省的情况下，只显示鼠标光标的两个坐标值；在绘图时，显示页面上图形图像的信息。

### 1.1.1 菜单命令

菜单栏包含有12个不同功能的主菜单，鼠标单击该主菜单下拉菜单中的选项，即可执行相应的命令，许多菜单内还包含子菜单选项，如图1-02所示。

● 如果某个菜单项呈黄色，则表示该菜单命令为CorelDRAW X4新增功能。

● 如果某个菜单呈现灰色，则表示该菜单命令在当前的编辑状态下不可用。

● 如果某个菜单命令后面有“…”符号（例如“版面”／“插入页…”），表明执行该菜单命令后将打开对话框。

● 如果某个菜单项有快捷方式命令（如，剪切Ctrl+X），则表示该命令可用相应快捷键执行命令。

● 如果菜单命令后面有▶符号，则表示该菜单有子菜单选项。

要切换菜单，在各菜单项上移动鼠标即可。

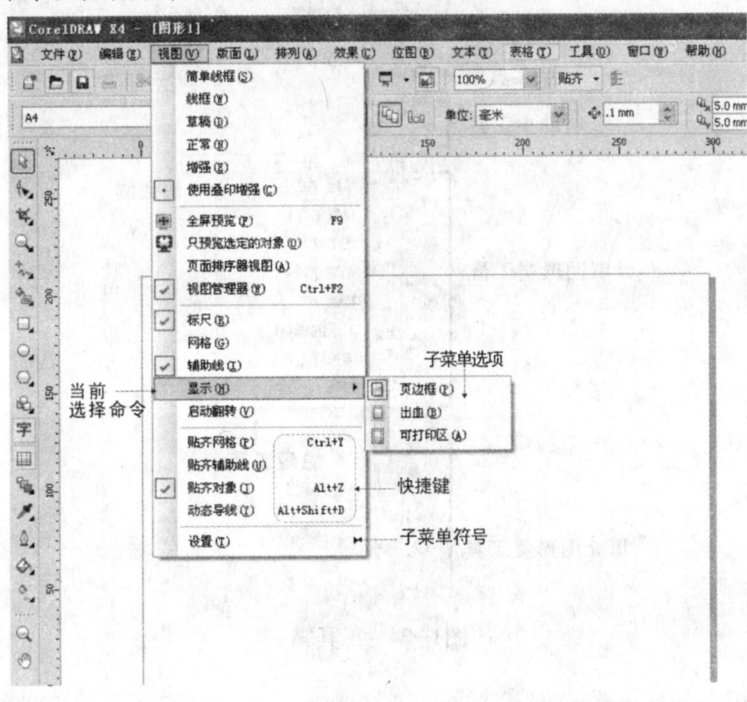


图1-02　菜单命令栏

## 1.1.2 工具栏和属性栏

工具栏和属性栏都在文档上方，它提供了一些按钮和下拉列表框，用来完成一些常用的操作，这让设计师在创作时操作更简捷有序，提高了工作效率。

属性栏位于屏幕上方，工具栏的下方。它提供了一些按钮和列表框，其位置也可以移动。属性栏是一个感应命令栏，它会随着选定的对象和工具的不同，而显示出不同且相应的命令按钮和列表框，缺省为页面属性，如图1-03所示。这给绘图操作带来了很大的方便，例如编辑段落文字的文本属性或者变换工具属性等。

图1-03　缺省状态下工具栏和属性栏

## 1.1.3 工具箱

CorelDRAW X4工具箱的默认位置在绘图区的左边，工具箱是CorelDRAW X4的重要组件，其中包含了绘制图形的所有工具。

操作者可以移动工具箱的位置并调整它的大小，单击相应工具即可选择该工具进行绘图操作。有三角形标志的工具，单击该工具按钮并按住鼠标左键稍停一会儿，就会展开相应的工具组栏，用鼠标拖曳展开的工具组栏左侧的双竖线，可以改变该工具栏的位置，并将其改变为浮动的形式，如图1-04所示。

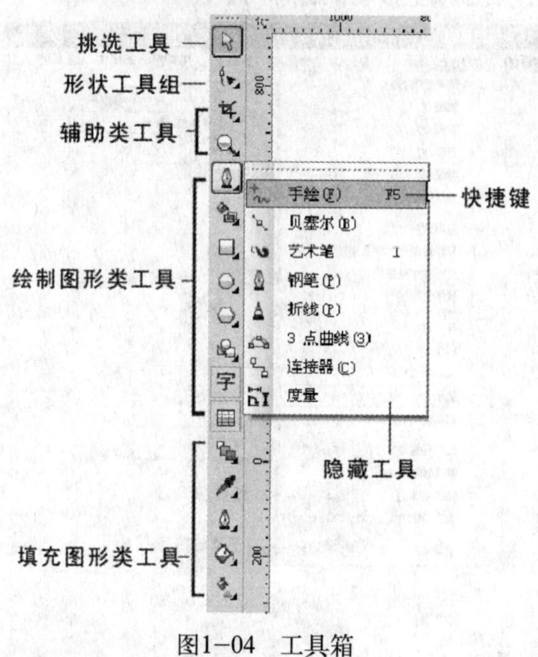


图1-04　工具箱

## 1.1.4 工作区和绘图页面

CorelDRAW可在“工具”/“选项”命令，在“选项”对话框里根据个人习惯指定和保存工作区。

页面绘图区位于工作区中心的矩形区域，根据不同的工作需要（缺省是A4），可以调节页面大小和方向。

一个文档可以有多个绘图页面，可以在菜单“版面”里插入页面，也可以在页面控制栏单击鼠标右键插入或删除页面。

页面控制栏一般在绘图区下边水平滚动条的左边，利用它可以显示绘图页面的页数、改变当前编辑的绘图页面和增加新的绘图页面，如图1-05所示。

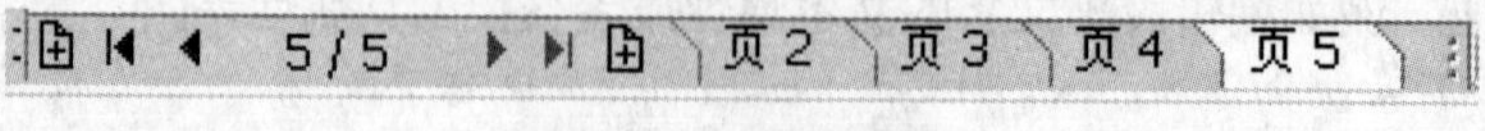

5/5 页2 页3 页4 页5

图1-05　页面控制栏

(1) 插入页面。

根据创作绘图的不同需要，操作者有时需要插入多个页面，鼠标右键单击页面控制栏，在弹出菜单栏里选择插入页面项，可选择在当前页面前插入或在当前页面后插入，“再制页面”选项可复制当面前页面，并复制所有工具的属性。

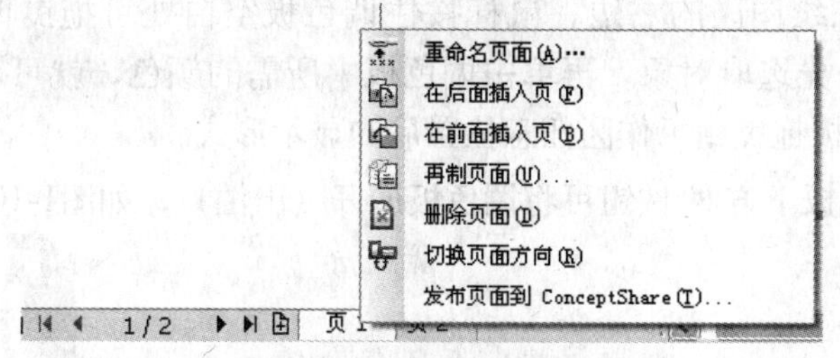


图1-06　页面控制栏弹出菜单

（2）删除页面。

右键单击该页面，在弹出的菜单中选择“删除页”命令，即可删除当前页面，单击“▶”或“◀”按钮，可以使当前编辑的绘图页面向后或向前跳转一页。

（3）重命名页面。

用鼠标右键单击页面控制栏的快捷菜单中“重命名页面”按钮，弹出如图2-07所示对话框，可编辑当前页面名称。

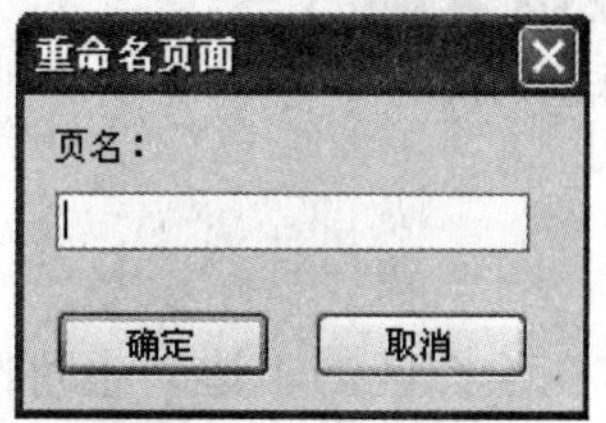


图1-07　重命名页面

## 1.1.5 折叠泊坞窗

泊坞窗是Corel DRWE X4中最具特色的窗口，因为它可以停泊在窗口边缘，故称之为泊坞窗。泊坞窗的最大特点就是收放自如，用户通过单击右上角“折叠泊坞窗”按钮，即可展开或折叠窗口，也可以打开多个泊坞窗，这时打开的泊坞窗会按打开顺序在右边排成一列，如图1-08所示。

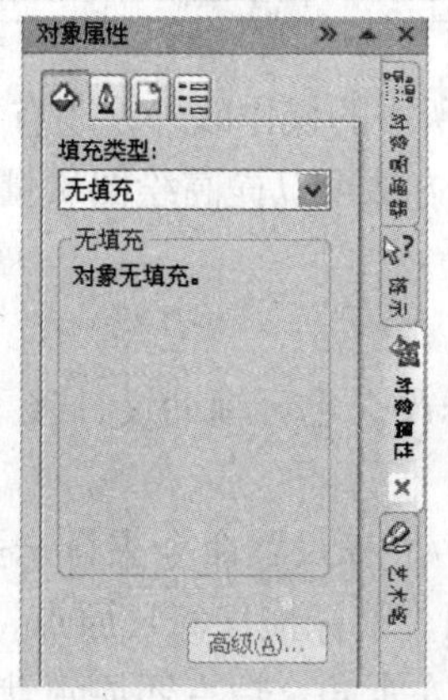


图1-08　打开多个泊坞窗

### 1.1.6 调色板

调色板通常在绘图区的右边，鼠标按住调色板空白处可拖曳调色板到工作区任意位置，使用时，先选取对象，再单击调色板中所需的颜色，就可对图形进行快速填充。图1-09为调色板拖曳到工作区任意位置后的显示形式。

鼠标单击调色板下方 ◀ 按钮可将调色板展开（出泊），如图1-10所示。

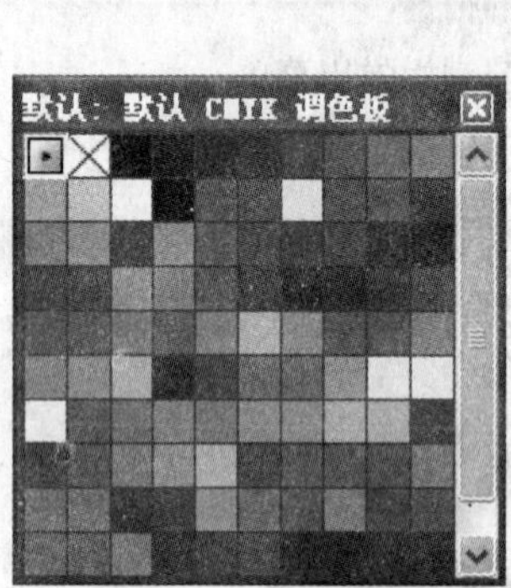

图1−09　工作区的调色板

图1−10　展开调色板

### 1.1.7 信息行

信息行也称状态栏，通常在绘图区的下边，也可以通过“选项”对话框将它的位置设置在窗口上边的标题栏与菜单栏之间，还可以调整状态栏的大小和显示的行数等，它的作用是用来显示被选定的对象或操作的有关信息以及鼠标指针的坐标位置等，如图1-11所示，为绘制圆角矩形信息行所提示的信息。



图1−11　信息行

## 1.2 辅助设置

CorelDRAW X4中除了以上所讲的操作以外，还有很多辅助设置，如标尺、网格、辅助线等，掌握这些辅助设置的方法可以提高绘图质量和工作效率。

### 1.2.1 标尺

标尺分为水平标尺和垂直标尺，它可辅助设计者了解绘制的图形所在页面的位置和图形的大小。

用户可以通过执行“视图”/“标尺”命令来显示或隐藏标尺，如图1-12所示。标尺显示在当前页面的顶部和左侧，鼠标拖移标尺原点（默认左顶点为0,0）可以从页面的指定点开始测量，双击标尺的左上角，原点还原到默认位置，如图1-13所示。

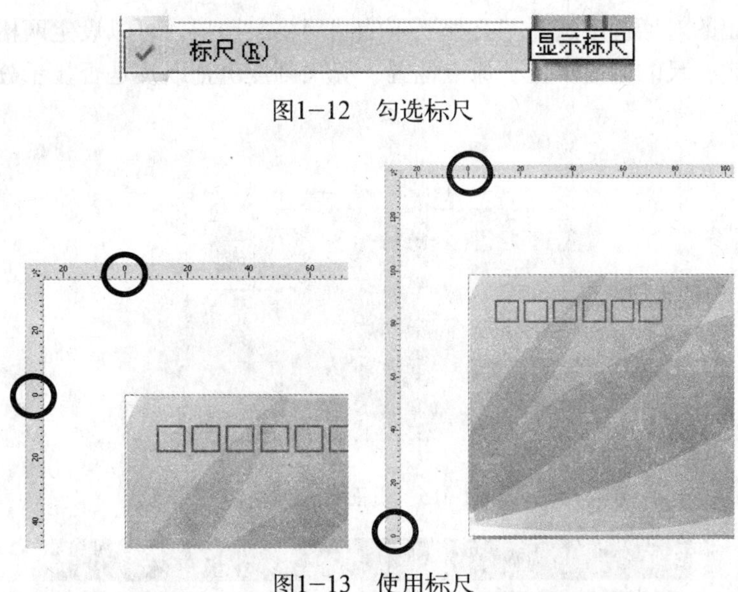


图1-12　勾选标尺

图1-13　使用标尺

## 1.2.2 度量工具

度量工具 分为自动度量工具、水平测量工具、垂直测量工具、倾斜度量工具、标注工具和角度量工具，能够准确地测量出两个对象或两点间的距离，测量距离时鼠标单击选择第一个点拖动鼠标再选择第二个点单击，即可测量出准确的距离数据，如图1-14所示。

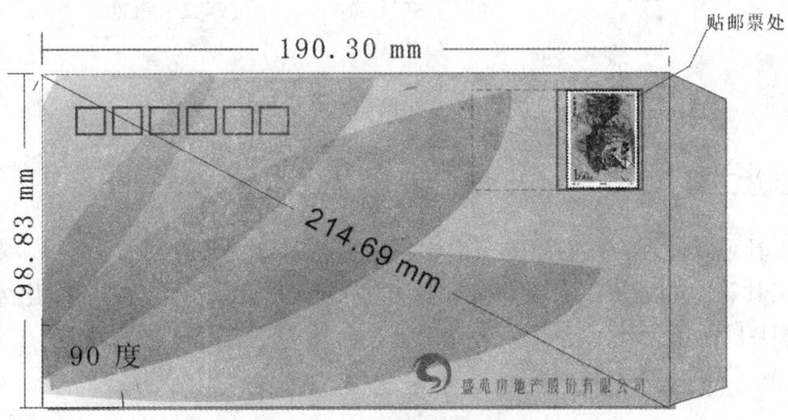


图1-14　使用各种度量工具

## 1.2.3 辅助线和网格

辅助线是可以放置在绘图窗口中任意位置的线条，用来帮助用户定位对象和调整图形大小。在某些应用程序中，辅助线被称作导线。

辅助线分为三种类型：水平、垂直和倾斜。默认情况下，应用程序总是显示绘图窗口的辅助线，操作时用户随时都可以将它们隐藏起来。

单击“视图”/“网格”菜单命令，可以显示背景网格，单击“工具”/“选项”

命令，在弹出的对话框中选择“文档”下的“网格”选项，可以设定网格的频率、网格间距和确定标尺的刻度单位、原点位置、标尺刻度疏密以及是否显示分数等，如图1-16所示。

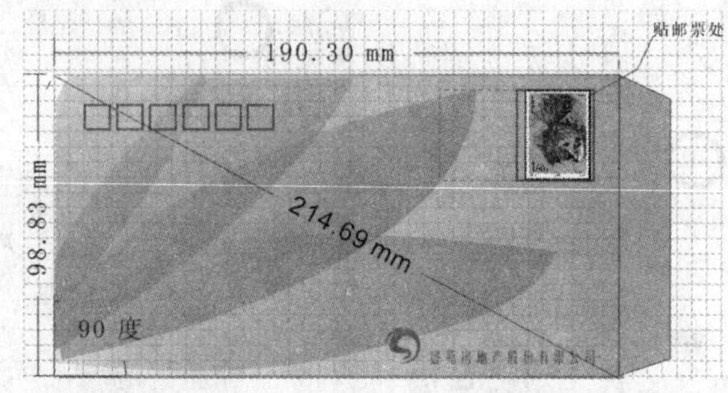


图1-15　页面背景网格

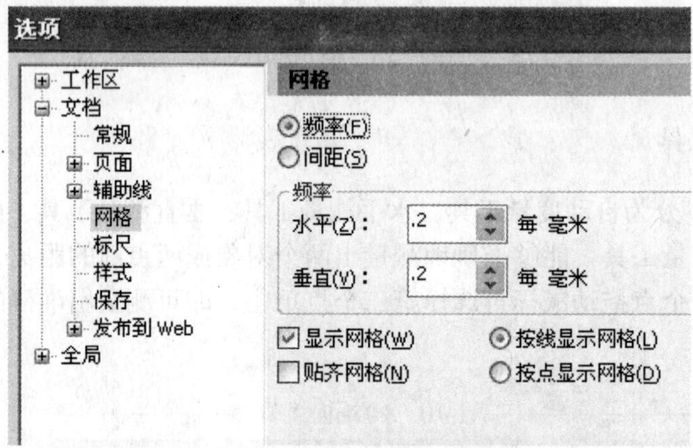


图1-16　标尺与网格设置

## 1.2.4 缩放工具

缩放工具可以使用户在有限的窗口中自由地将对象放大或缩小。

单击工具箱中的缩放工具按钮，鼠标变成形状，属性栏中显示出缩放工具的属性，如图1-17所示。

图1-17　缩放工具属性

在页面上单击，可放大视图显示比例，鼠标拖画一个范围即可放大局部图像，如图1-18所示；单击属性栏中缩小工具按钮，在页面上单击即可缩小全部视图的显示比例，鼠标拖画一个范围即可缩小图像的某一部分。

缩放工具的属性栏中的按钮分为放大、缩小、缩放选定范围、缩放全部对象、显示页面、按页宽显示、按页高显示。用户可根据不同的需要进行放大缩小。

图1-18　局部放大

## 1.2.5 手形工具

单击缩放工具按钮右下方三角形按钮会打开工具列表，选择手形工具，鼠标按住页面不放拖动页面可以移动视图，也可以显示用户需要的某个页面。

## 1.2.6 界面的基本设定

1．工作区设置

通常情况下，CorelDRAW X4启动时工作区的设置是系统默认的选项。单击“工具”/“选项”菜单命令或“工具”栏内的“选项”按钮，即可调出“选项”对话框，如图1-19所示。

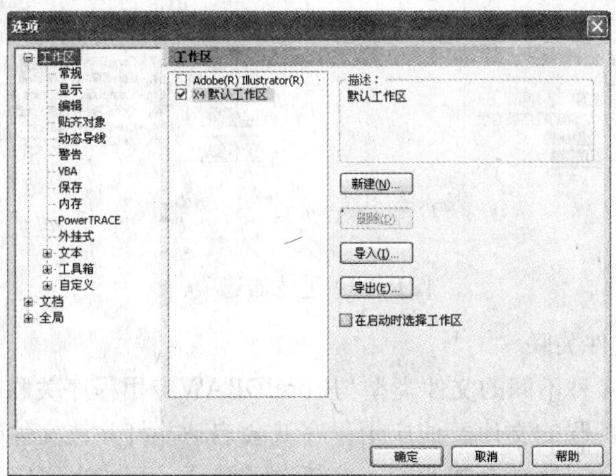



图1-19　设置“选项”

用户利用“选项”对话框，可以按自己的操作习惯重新设置工作区。在该对话框内“工作区”栏中，选择不同的复选框（只可以选择一个），可以切换不同的工作区。例如，我们可以选择具有Adobe Illustrator外观效果的工作区。还可以将当前工作区重置为默认设置。另外，还可以利用该对话框来保存设置好的当前工作区或导入以前保存的工作区设置。

工作区选项中的“文本”、“工具箱”、“自定义”等其他选项设置可根据用户的实际操作需要进行设置保存，如“自定义”/“命令栏”下可以显示和设置该工具栏内按钮的大小和外观等。

2．文档设置

利用该对话框，可以完成当前页面的各种设置，包括常规、页面、辅助线、网格、标尺、样式及保存哪种网页格式等。

其中“页面”设置可以完成当前绘图页面的大小、分辨率、背景、样式和卷标的设置，“辅助线”设置可以设置辅助线的颜色、是否显示辅助线和图形是否与辅助线对齐等，在这里不一一介绍，在后面的课题讲解中会深入学习这些相关的设置并进行利用。

3．全局设置

在“全局”选项设置下，可以设置打印（驱动程序的兼容性）、位图效果及过滤器等属性。

（1）自定义过滤器。

过滤器共分为四类：点阵、向量、文本和动画，如图1-20所示。用户可以通过添加或移除过滤器来自定义过滤器设置，这样就可以只装入需要的过滤器。也可以改变过滤器列表顺序以及将其重置为默认设置。

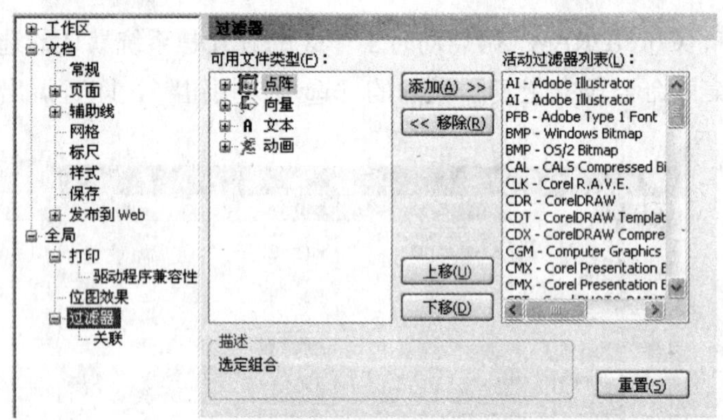


图1-20　过滤器选项

（2）自定义文件关联。

该功能可以将多种不同的文件类型与CorelDRAW应用程序关联起来。双击已与某个应用程序建立了关联的文件，该应用程序就会启动并打开该文件，也可以断开不再需要的文件类型关联。这项功能我们一般都选择默认，用户也可以根据实际的操作需要进行设置。

## 1.3　文件操作

了解了工作环境之后，下面来介绍一下CorelDRAW的文件操作，包括新建文件、打开文件、保存文件、导入文件、导出文件、打印文件和发布网页等。

## 1.3.1 新建文档

在绘制图形前，首先要新建一个文档，建立一个新的图形文件除了在欢迎屏幕对话框中完成以外，还有如下方法。

1．新建空白文档

打开CorelDRAW X4，进入工作界面后，单击“文件”/“新建”命令即可新建立一个空白文档，用户也可以通过单击标准工具栏上工具按钮新建空白文档。

新建的空白文档默认尺寸是“A4，210mm×297mm,”文件方向为纵向，文件名为“图形1”，若当前页没有保存或关闭，再次新建空白文档，则文件名自动命名为“图形2”、“图形3”等，依此类推。

2．从模板新建文档

CorelDRAW X4提供了丰富的模板，为初学CorelDRAW的用户提供了很大的便利，操作者可以利用这些预设的样式作为绘图创作的基础。

单击“文件”/“从模板新建”命令，弹出“从模板新建”对话框，如图1-21所示。

图1−21　“从模板新建”对话框

在对话框中选中模板样式，单击“打开”按钮，即可打开此模板文档，如图1-22所示。

图1−22　从模板新建的文档

## 1.3.2 打开文件

如果用户需要打开上一次使用CorelDRAW编辑过的图形文件进行绘制和修改，可以在欢迎屏幕对话框中直接单击“打开其他文档”按钮来打开上次编辑过的文件，打开文件的方法还有如下几种。

（1）单击“文件”/“打开”菜单命令，即弹出“打开绘图”对话框，如图1-23所示。在该对话框内选择文件类型、文件目录和文件名，再单击“打开”按钮，即可将选定的图形文件打开。

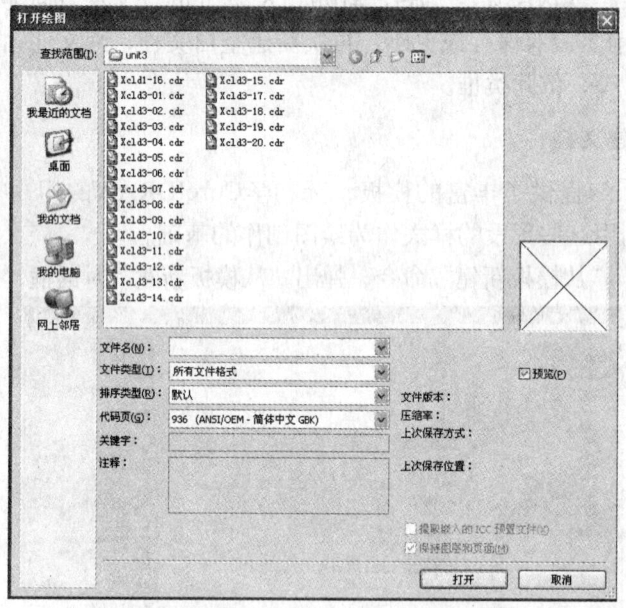


图1－23　打开绘图对话框

（2）通过单击标准工具栏上的打开按钮打开文档。

（3）单击“文件”/“打开最近用过的文件”命令，在菜单栏里可以直接选择最近编辑过的文档。

## 1.3.3 保存文档

用户绘制好图形后，需要将图形存储到硬盘上，以便下次打开进行编辑修改。每个应用软件都有自已的文件格式扩展名，以供识别，例如Photoshop的文件扩展名为*.psd，word文件的扩展名为*.doc，默认情况下，CorelDRAW绘图保存的文件格式为*.cdr，并且与最新的应用程序版本相兼容。

### 1．保存文件

绘制完成图形后可执行“文件”/“保存”命令对文件进行保存，也可直接单击标准工具栏保存按钮，保存当前文件，如图1-24所示，默认文件名为“图形1”，用户可根据创作需要给文件命名，然后选择用来保存文件的位置保存该绘图。

图1-24　“保存绘图”对话框

如果希望文档与以前版本的CorelDRAW版本相兼容，可以从“版本”列表框中选择版本。

如果希望将当前绘图文档保存为CorelDRAW之外的矢量文件格式，可以在“保存类型”列表框中选择文件格式。

● AI格式：CorelDRAW X4程序为所有的AI文件格式（包括Adobe Illustrator CS3）提供完全支持。

● CLK格式：CLK-Corel R.A.V.E.文件格式是本地的动画文件格式。

● CDR格式：是CorelDRAW X4程序的存储文档默认格式，文件主要是矢量图形绘图。

● CDT格式：用于Corel DESIGNER或CorelDRAW模板的文件格式。

● CGM格式：一种开放式的、不依赖于平台的图元文件格式，用于存储和交换二维图形。它支持RGB颜色。CGM文件可以包含矢量图形和位图，但通常只包含其中一种图形类型，很少同时包含两者。

● CMX格式：一种图元文件格式，它支持位图和矢量信息以及PANTONE、RGB和CMYK全色范围。以CMX格式保存的文件可以在其他Corel应用程序中打开和编辑。

● CSL格式：CSL文件用来存储可在其他文件中使用的符号。CSL文件可以存储在本地或网络上，使符号集的分类和管理更加简便。

● DES格式：可以打开或导入Corel DESIGNER（以前为Micrografx Designer）文件。版本10及更高版本的文件的扩展名为 .des。

● DWG格式：用作AutoCAD 绘图的本地格式的矢量文件。

● DXF格式：AutoCAD数据交换格式，图形交换格式是一种AutoCAD本地文件格式。它已成为交换CAD绘图的标准。图形交换是基于矢量图形的格式，它支持 256 种颜色。

● EMF格式：一种增强的图元文件格式。

● FMV格式：用于Frame Vector Metafile。

● PAT格式：用于图样文件。

● PCT格式：PCT文件格式是Macintosh PICT文件格式，可以同时包含矢量和位图。广泛应用于 Macintosh应用程序中。

● PLT格式：基于矢量的文件格式，它用在打印绘图仪上的绘图程序（如AutoCAD）中。

● SVG格式：一种开放的标准图形文件格式。SVG文件是用可扩展标记语言（XML）描述的，它们是矢量图形图像，可以提供比位图更多的细节，下载速度也更快。

● SVGZ格式：压缩的SVG文件的文件扩展名为“.svgz”。

● WMF格式：此文件格式用于存储矢量和位图信息，用于将图形导出到Windows程序中。

● WPG格式：从根本上讲，这是一种矢量图形格式，但它可以同时存储位图和矢量数据。WPG文件可以包含多达256种颜色，这些颜色是从具有一百多万种颜色的调色板上选出来的。

**2．文档另存为**

如果用户因为创作需要，要将同一个文件以其他名称保存或另存到硬盘其他位置，可执行“文件”/“另存为”命令，在“文件名”列表框中键入新的文件名，选择用来保存文件的路径保存该绘图，该命令的对话框与图1-24保存文档对话框相同。

**3．另存为模板**

如果预设模板不符合我们的要求，可以根据创建的样式或采用其他模板的样式创建模板。用户可以将页面布局设置与样式保存至模板中。

保存模板时，CorelDRAW允许添加参考信息，例如页码、折叠、类别、行业和其他重要注释。尽管添加模板信息是可选的，但是添加这些信息可使日后编辑和定位模板更加容易。例如，向模板添加描述性注释可让操作者随时通过输入注释中的文本来搜索该模板。

### 1.3.4 导入文档

用户根据创作需要，可以通过执行“文件”/“导入”命令，打开“导入”对话框，选择创作所需的其他格式的文件导入到CorelDRAW X4中，如图1-25所示。还可以单击标准工具栏中的“导入”按钮导入文件。例如，可以导入TIFF、JPEG等图像文档或DOC等文本文件，导入如Adobe Illustrator（AI）、Macromdia Freehand（FH）等文件。

图1–25 “导入”对话框

可以将导入的文件作为对象放置在应用程序当前的页面窗口中。也可以在导入文档时调整文件大小并使文件居中，导入的图形或图像即成为创作对象的一部分。导入位图时，可以对位图重新取样以缩小文件大小或者裁剪位图以去除图像中未使用的区域。也可以通过剪裁位图，只选择导入的图像的局部区域。

## 1.3.5 导出文档

在创过过程中，用户有时需要将在CorelDRAW X4程序里绘制创作的*.cdr图形文件导出为其他程序兼容的文件格式。

### 1．导出文档

单击“文件”/“导出”命令，选择要保存该文件的文件夹，从“保存类型”列表框中选择一种文件格式，包括矢量图形格式和位图图像格式，在“文件名”列表框中输入文件名。

也可以单击“导出”按钮打开导出格式的对话框，导出文档。

### 2．导出到Office

单击“文件”/“导出到Office”，弹出“导出到Office”对话框，如图1-26所示。选择相应列表选项，估计的文件大小会出现在对话框的左下角。然后单击“确定”按钮，选择需要将文件保存到的位置，在“文件名”列表框中输入文件名，单击“保存”按钮导出该文档。

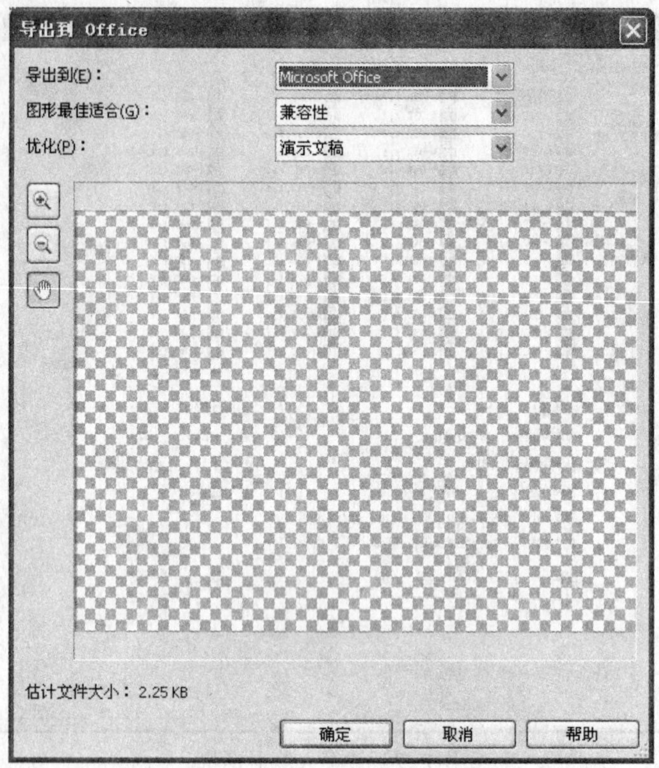


图1-26 导出到Office

在“导出到”列表对话框中有以下两个选项：

● Microsoft Office。可以设置选项以满足Microsoft Office应用程序的不同输出需求。

● WordPerfect Office。可以通过将Corel WordPerfect Office图像转换为WordPerfect图形文件（WPG）来优化图像。

在“图形最佳适合”列表框中的选项如下：

● 兼容性。可以将绘图另存为Portable Network Graphic （PNG）位图，当将绘图导入办公应用程序时，可以保留绘图的外观。

● 编辑。可以在Extended Metafile Format（EMF）中保存绘图，这样可以在矢量绘图中保留大多数可编辑元素。

“优化”列表框中选项如下：

● 演示文稿。可以优化输出文件，如幻灯片或在线文档（96dpi）。

● 桌面打印。可以保持用于桌面打印良好的图像质量（150dpi）。

● 商业印刷。可以优化文件以适合高质量打印（300dpi）。

## 1.3.6 获取图像

### 1. 扫描图像

单击“文件”/“获取图像”/“选择来源”命令，从“来源”列表中选择扫描仪，扫描仪可能同时具有WIA或TWAIN驱动程序来源，如图1-27所示。如果正在扫描48位色图像，则需要选择TWAIN驱动程序。如图1-27所示。

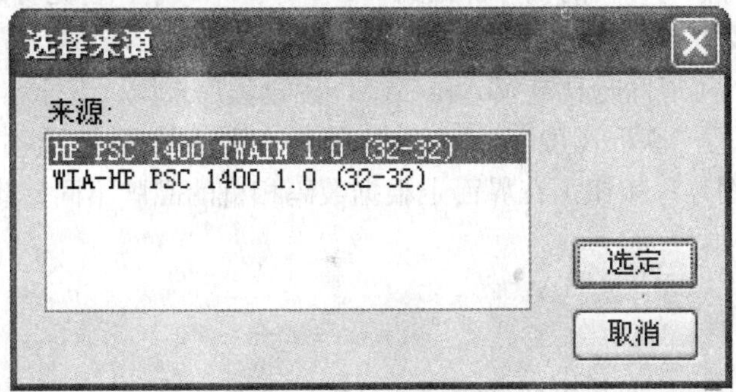


图1-27 获取来源对话框

单击“文件”/“获取图像”/“获取”命令，将会显示扫描仪的驱动程序界面。可以使用该界面来扫描加载图像，选项根据扫描仪的不同而异，如图1-28、图1-29所示。

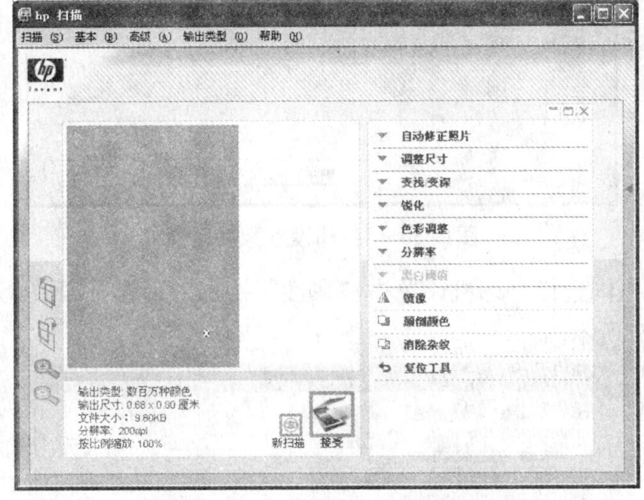


图1-28 TWAIN驱动获取图像对话框

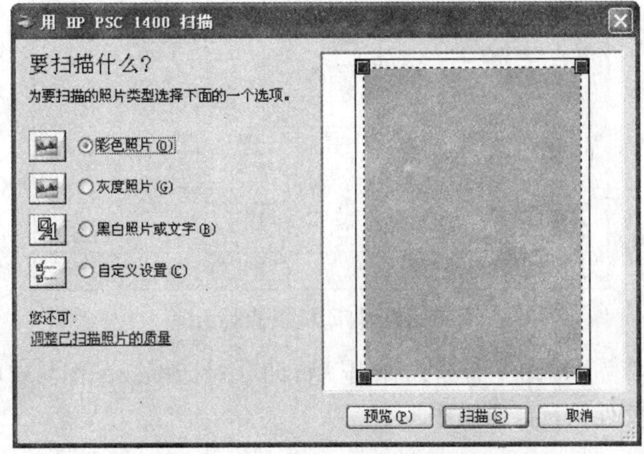


图1-29 HP扫描仪驱动扫描图像对话框

2．从数码相机中加载相片

如果用户想将数码相机的相片加载到CorelDRAW X4中，首先将数码相机连接到计算机上，单击“文件”/“获取图像”/“选择来源”命令，从“来源”对话框中选择数码相机，数码相机可能同时具有WIA和TWAIN驱动程序来源。

单击“文件”/“获取图像”/“获取”命令，从出现的对话框中选择要加载的图像，单击“获取图片”按钮。在界面上根据数码相机的品牌不同，此按钮可能具有不同的名称。

## 1.3.7 打印文件

几乎所有应用程序都会用到打印文件功能，如果要打印多个文件，可在打印前先进行打印设置，执行“文件”/“打印设置”命令，弹出设置对话框，如图1-30所示。

图1-30 “打印设置”对话框

在“名称”栏内选择打印机，单击“属性”按钮，设置打印质量、打印区域大小等选项，如图1-31所示。

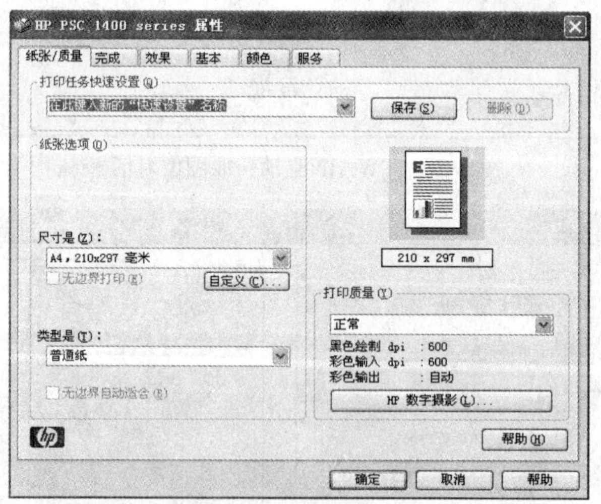


图1-31 打印机属性对话框

单击“文件”/“打印”命令，弹出“打印”对话框，如图1-32所示，单击“打印”按钮即可对文件执行打印操作。

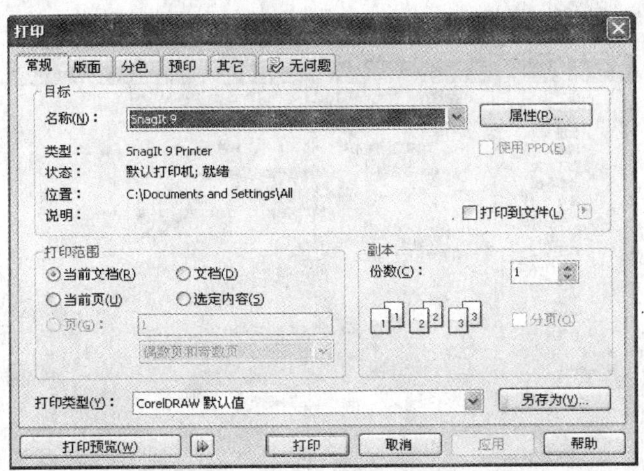

图1-32　“打印”对话框

打印作品前，可以查看打印作业的问题摘要，也可以预览打印文件，显示打印文件在纸张上的位置和大小，要详细查看，可以缩放一个区域。还可以通过隐藏图形来加快打印预览的速度。

输出与打印的设置在本教程中不详细讲解。

## 1.3.8　关闭文件或退出

如果用户完成绘制图形或暂时不再使用和编辑某文档，可以先关闭该文档，以节省内存空间。

用户可以直接单击文档窗口右上角关闭按钮 直接将文档关闭，也可以单击菜单“文件”/“关闭”命令执行关闭文件操作。

如果用户不需要用CorelDRAW X4程序绘制图形，可执行“文件”/“退出”命令，退出该应用程序。或直接单击程序标题栏关闭按钮退出程序。

“关闭”命令是指关闭应用程序内当前工作文档，“退出”命令是指关闭所有CorelDRAW X4文档并退出该程序。

## 1.3.9　备份和恢复文件

CorelDRAW X4程序可以自动保存绘图的备份副本，并在发生系统错误重新启动程序时，提示用户恢复备份副本。

自动备份功能保存已打开并修改过的绘图。可以设置自动备份文件的时间间隔，并指定保存文件的位置，默认情况下，将保存在临时文件夹中。

重新启动CorelDRAW X4程序时，可以从临时文件夹或指定的文件夹中恢复备份文件。也可以选择不恢复文件；但正常关闭程序时，该文件将被自动删除。

设置自动备份文件的方法，单击“工具”/“选项”命令，在“工作区”类别列表中，单击“保存”按钮，启用“自动备份间隔”复选框，然后从“分钟”列表框中选择一个时间值，在“始终备份到”区域，选择“用户临时文件夹”，用于将自动备份文件保存到系统默认的临时文件夹中；也可以选择“特定文件夹”，用于指定保存自动备份文件的文件夹位置，如图1-33所示。

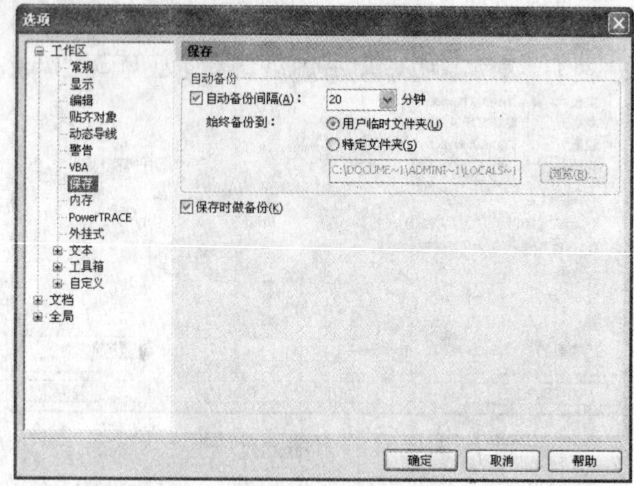


图1-33　设置自动备份文件对放框

如果想每次保存文件时自动创建备份文件，可以勾选启用“保存时做备份”复选框。

如果想禁用自动备份功能，可以从“分钟”列表框中选择“永不”。

## 1.4　为彩色输出中心做准备

单击“文件”/“为彩色输出中心做准备”命令，弹出“配备‘彩色输出中心’向导”对话框，如图1-34所示。可以指导用户完成将文件发送到彩色输出中心的全过程。该向导可简化许多过程，例如创建PostScript和PDF文件、收集输出图像所需的不同部分以及将原始图像、嵌入图像文件和字体复制到用户定义的位置等。

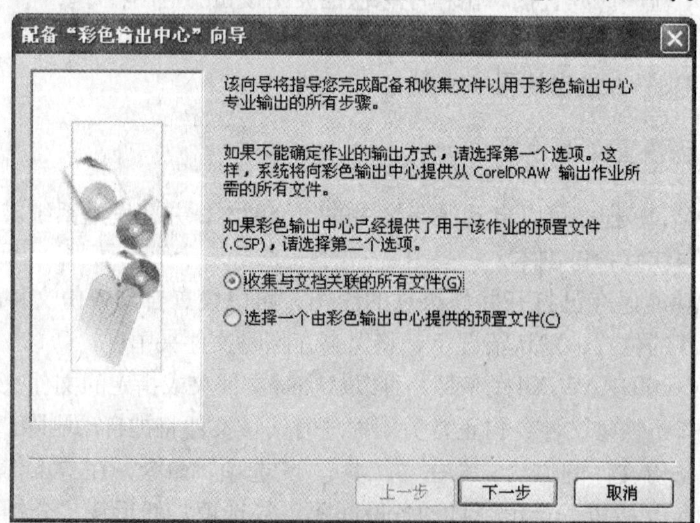


图1-34　彩色输出中心向导

# 第2章 基础知识

使用CorelDRAW X4进行绘制图形或处理图像有很多种方式，可以新建一个空白文档进行绘制，也可以打开或导入一个已有的图形文件，在原有基础上进行编辑修改，还可以导入位图图像，对位图进行处理，产生具有各种艺术特效的电脑绘画作品。

在CorelDRAW X4中设计绘制图形时，要求正确使用基本图形工具，为基本图形进行填充，在默认的情况下，新绘制的图形都包含了纯色填充和渐变填充，也可以用图案或底纹等默认花式来进行填充，根据设计需要灵活运用。

在运用CorelDRAW X4进行设计时，绘制基本图形是基础操作，对基本图形进行复制、填充颜色、粘贴编辑也是我们学习的重点。

**本章主要技能考核点：**

- 导入图形。
- 绘制图形。
- 填充图形。
- 步长和重复。
- 基本编辑。
- 保存文件。

**评分细则：**

本章有5个概括基本点，每题考核5个方面。

| 序号 | 评分 | 分值 | 得分条件 | 判分要求 |
|---|---|---|---|---|
| 1 | 导入图片 | 5 | 正确设置页面大小，导入图片 | 与要求不符扣除相应分数 |
| 2 | 绘制图形 | 5 | 根据要求绘制/编辑图形 | 未按要求或形状不正确扣除相应分数 |
| 3 | 填充图形 | 4 | 达到填充要求效果 | 与要求不符扣除相应分数 |
| 4 | 步长和重复 | 1 | 完成图形的粘贴编辑 | 不符要求不得分 |
| 5 | 基本编辑 | 5 | 达到图形的变换要求 | 与要求不符合扣除相应分数 |

## 2.1 样题示例

**操作要求**

绘制信封外观图形，并将素材文件放置其中，如图2-01所示。

图2-01 最终效果

新建文档，在页面上绘制信封基本图形，如图2-01所示。

（1）绘制图形：使用矩形工具、椭圆工具和自由曲线工具绘制图形。

（2）填充图形：使用渐变填充工具对图形进行填充，颜色要求用指定颜色。

（3）基本编辑：对图形进行复制和步长调整。

（4）导入图形：导入素材Y2-02 A邮票图形和公司名称，如图2-02所示。

将最终效果以Xcld2-01.cdr为文件名保存在考生文件夹中。

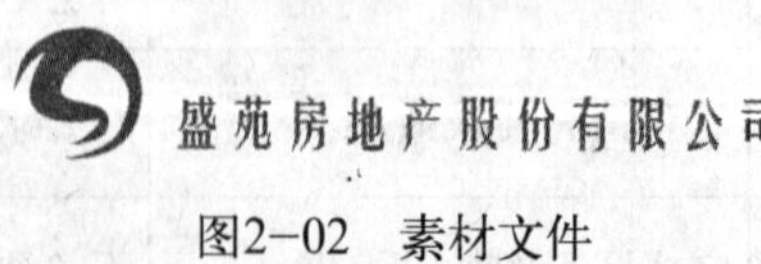


图2-02 素材文件

## 2.2 样题分析

本题主要考核如何建立新文档，对页面大小、分辨率、出血位、页面方向和页面背景色进行正确的设置等知识点，这也是学习CorelDRAW的入门之路。

首先要掌握如何使用绘图工具绘制图形，并对图形进行编辑和粘贴操作。

然后要掌握如何正确导入所需图形或图像，也是学习CorelDRAW的必学知识。

试题使用到绘制基本图形、变换、粘贴编辑和导入图形几个过程。解答这些题目需要掌握绘制和编辑等相关的操作，我们的学习就从了解掌握这些基本绘制和编辑开始，这样才能在设计绘图时得心应手。

由以上分析可以看出，从整体构思、建立文档、绘制图形到填充颜色、导入图像，最后形成了完整的作品创作过程。

## 2.3　绘制图形

CorelDRAW允许用户在创作时先绘制基本形状，再根据需要使用特殊效果工具和重塑工具修改这些形状，本节从绘制基本图形工具讲起。

### 2.3.1　绘制基本图形

使用工具箱中的基本绘图工具绘制图形是最常用、最基本的绘图方法，其中包括矩形工具、椭圆形工具、多边形工具、螺线工具、图纸工具、预设造形工具、贝塞尔工具和艺术笔工具等基本绘图工具。

1. 矩形工具

（1）矩形工具可以让用户便捷地绘制矩形或方形，通过使用矩形工具沿对角线拖动鼠标绘制矩形或正方形。

选择工具箱中的矩形工具，光标移至选择的绘图位置，当光标变成十字形状时按下鼠标不放，向右下角拖动鼠标，绘制出一个矩形图形，单击松开鼠标，完成矩形绘制操作，如图2-03所示。通过属性栏中“轮廓样式选择器”设置轮廓的虚线或实线。

绘制完图形后可以在属性栏里按需要自行设置矩形图形大小、图形所在页面中位置，其属性栏如图2-04所示。

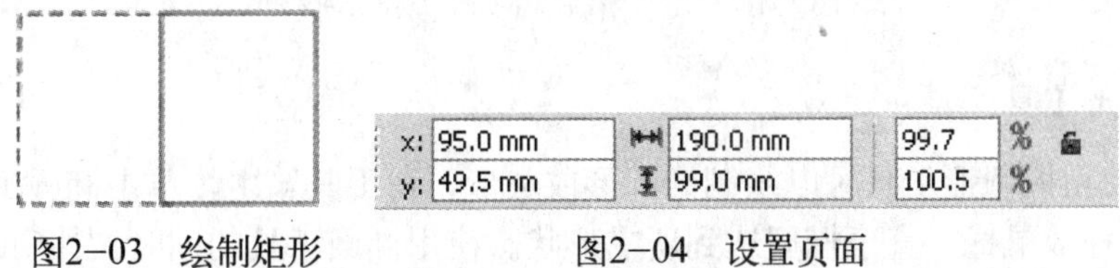


图2－03　绘制矩形　　　　图2－04　设置页面

（2）绘制矩形或方形之后，用户还可以通过属性栏，设置其圆角大小来改变它的形状，如图2-05所示。

圆角矩形是矩形的延伸图形，可以通过调整四个角度的角度值使各角度变得圆滑，效果如图2-06所示。

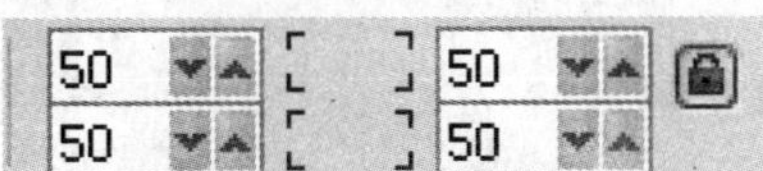


图2－05　设置圆角矩形参数

图2–06 绘制圆角矩形

（3）也可以使用“3点矩形”工具指定宽度和高度后绘制矩形或正方形。

选择“3点矩形”工具，光标移至页面所要绘图的位置，指向要开始绘制矩形的地方单击，拖动鼠标以绘制宽度，然后松开鼠标键，移动鼠标指针绘制高度，再单击，图形绘制完成。

要调整矩形的大小，请在属性栏上的“对象大小”框中键入相应的值。

“3点矩形”工具创建矩形时，可以先绘制基线，再绘制高度，产生的矩形是有角度的，允许你以需要的角度快速绘制矩形，如图2-07所示。

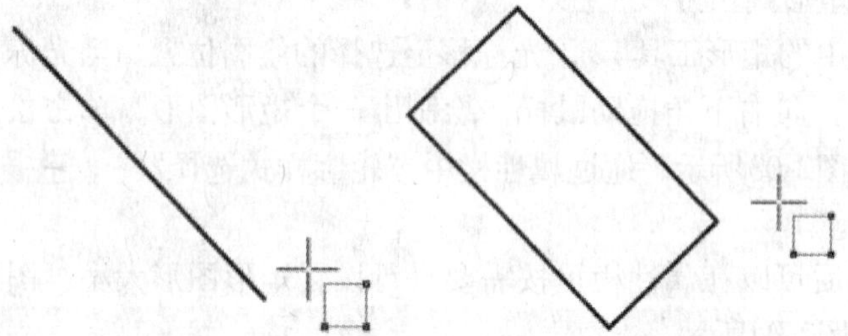

图2–07 “3点矩形”工具创建矩形

2. 椭圆形工具

（1）使用椭圆形工具可以绘制椭圆形或圆形，在工具箱中，单击椭圆工具，在绘图窗口中拖放鼠标，直至椭圆达到所需形状。使用椭圆工具的同时按住Ctrl键，在绘图窗口中拖动鼠标，可以绘制标准圆形，如图2-08所示。

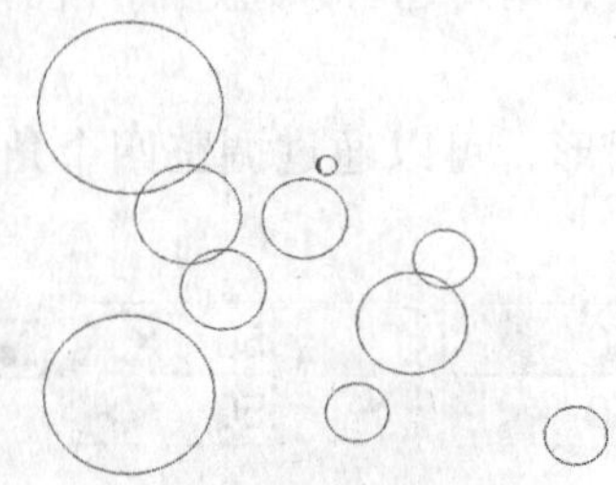

图2-08 绘制圆形

（2）使用“3点椭圆形”工具可以按指定的宽度和高度绘制椭圆形，“3点椭圆形”工具允许以一个角度快速创建椭圆形，这样就不必旋转椭圆形了。

单击工具箱中“3点椭圆形”工具，在当前绘图窗口中，拖动鼠标以所需角度绘制椭圆形的中心线，中心线横穿椭圆形中心，并且决定椭圆形的宽度，移动鼠标指针以定义椭圆形的高度，然后单击鼠标，椭圆图形绘制完成，如图2-09所示。

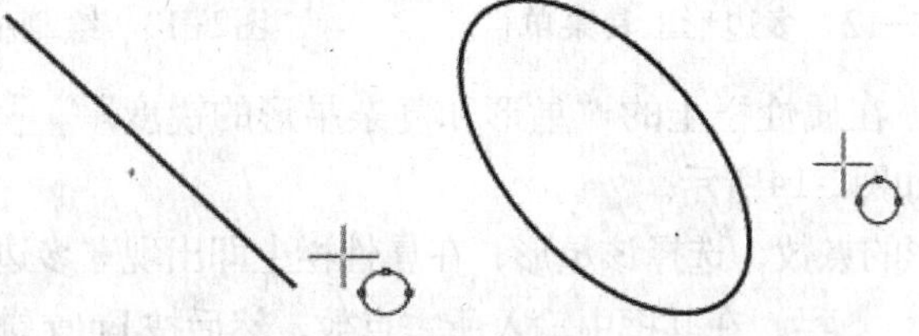

图2-09 使用“3点椭圆形”工具绘制图形

（3）绘制弧形或饼形。

如果绘制弧形，先在工具箱中单击“椭圆形”工具，在属性栏上单击“弧形”按钮，在绘图窗口中拖动鼠标，直至弧形达到所需形状，单击鼠标完成弧形绘制，如图2-10所示。

如果要绘制饼形，在工具箱中，单击“椭圆形”工具，选择属性栏上的“饼形”按钮，在绘图窗口中拖动鼠标，直至饼形达到所需形状，单击鼠标完成图形绘制，如图2-10所示。

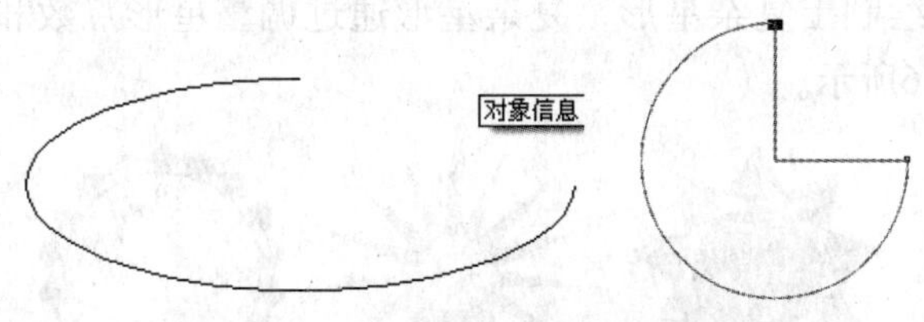


图2-10 绘制弧形和饼形图形

3. 多边形工具

基本绘图工具除了矩形工具和椭圆工具以外，最具变化且最常用的就是多边形工具，多边形工具可以绘制完美和复杂的各种图形。

单击工具箱中“多边形工具”，然后在绘图窗口中拖动鼠标，即可绘制多边形，可以在属性栏中 5 调整多边形的边数，如图2-11所示。

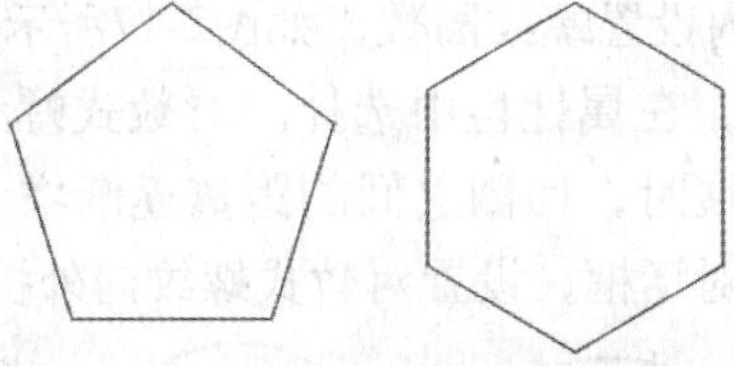

图2-11 绘制多边形

绘制星形，单击工具具箱中“多边形”工具，弹出多边形工具菜单栏，如图2-12所示。在工具栏中选择“星形”工具，在绘图页面上拖动鼠标即可绘制星形形状，如图2-13所示。

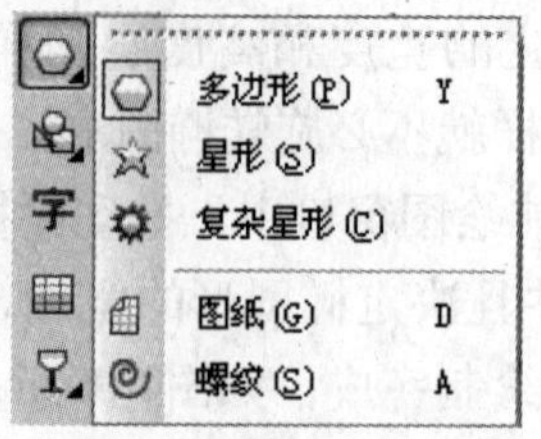


图2-12　多边形工具菜单栏

图2-13　绘制星形

选择一个星形，在属性栏上的“星形和复杂星形的锐度”框中键入值，可以鲜明化星形的点，如图2-14所示。

如果要更改星形的点数，选择该星形，在属性栏上即出现“多边形、星形或复杂星形上的点数或边数”栏，在其框中输入所需点数，然后按Enter键，如图2-15所示。

图2-14　调整星形的锐度

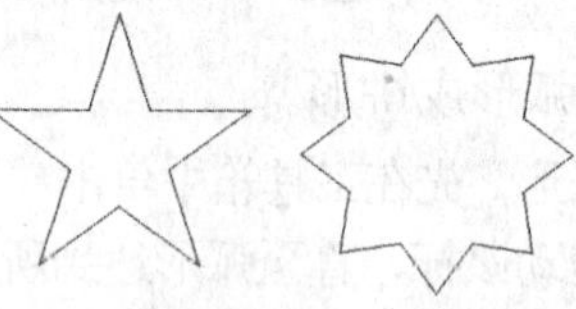

图2-15　设置星形点数

绘制复杂星形，单击工具箱中“多边形”工具的菜单栏中“复杂星形”工具，即可在绘图窗口中绘制出复杂星形，复杂星形通过调整星形点数和锐度来改变星形的形状效果，如图2-16所示。

图2-16　绘制复杂星形

4. 螺纹工具

“螺纹”工具可以绘制两类螺纹：对称式螺纹和对数式螺纹。单击工具箱中“螺纹工具”，在其属性栏中选择“对称式螺纹”，在绘图页面中沿对角线拖动鼠标，直至螺纹达到所需大小。对称式螺纹扩展均匀，每个回圈之间的距离相等，也可以在属性栏“螺纹回圈”内设置螺纹圈数，如图2-17所示。

在不改变工具的状态下，在属性栏中选择“对数式螺纹”即可在页面中绘制对数式螺纹，对数式螺纹扩展时，回圈之间的距离逐渐增大，如图2-17所示。可以通过设置属性栏中对话框，设置对数式螺纹向外扩展的参数值。

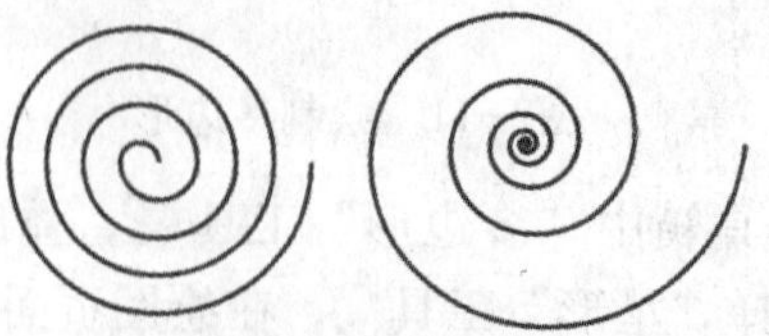

图2-17　绘制螺纹图形

### 5. 图纸工具

主要用于绘制网格，在绘制曲线图或编辑位图等其他对象时辅助用户精确排列对象，该工具在底纹绘制、VI设计时特别有用。

单击工具箱中的“多边形”工具，从弹出菜单中选择“图纸”工具，在“图纸”工具属性栏中的框中设置纵、横方向的网格数，在绘图页面中，单击拖动鼠标就可以绘制出所需的网格图形，如图2-18所示。

图2-18 “图纸”工具绘制网格

### 6. 预设图形工具

工具箱里预设图形工具包括“基本形状”工具、“箭头形状”工具、“流程图形状”工具、“标题形状”工具和“标注形状”工具，默认情况下在工具箱中显示“基本形状”工具。鼠标单击该工具右下角的小三角形即弹出其他工具的菜单栏，如图2-19所示。

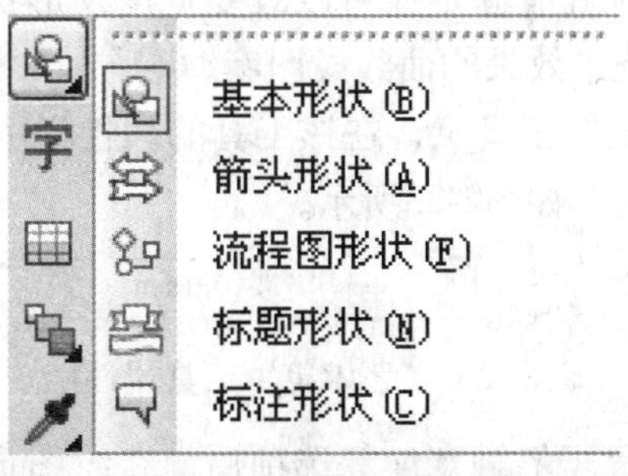


图2-19 预设工具菜单栏

单击菜单栏中“基本形状”工具等预设工具，即在属性栏中弹出“完美形状”按钮，单击该按钮右下方的小三角形，即可弹出完美形状的挑选器，如图2-20所示。单击选择一种形状，在绘图窗口中拖放鼠标，直至该形状达到所需大小，如图2-21所示。其他工具图形的绘制限于篇幅，在这里不一一讲解。

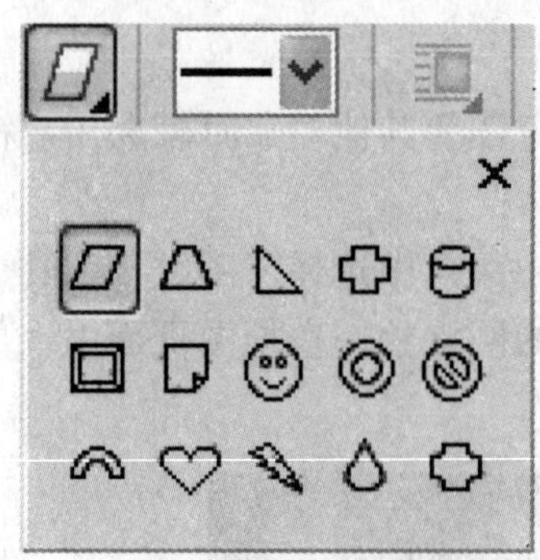
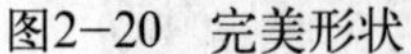

图2-20　完美形状

图2-21　完美形状工具绘制的图形

### 7. 贝塞尔工具

“贝塞尔”工具绘制的曲线是由节点连接而成的线段，允许用户多点控制一条直线或曲线，每个节点都有控制手柄，用户可以拖移手柄修改线条的形状，如图2-22所示。

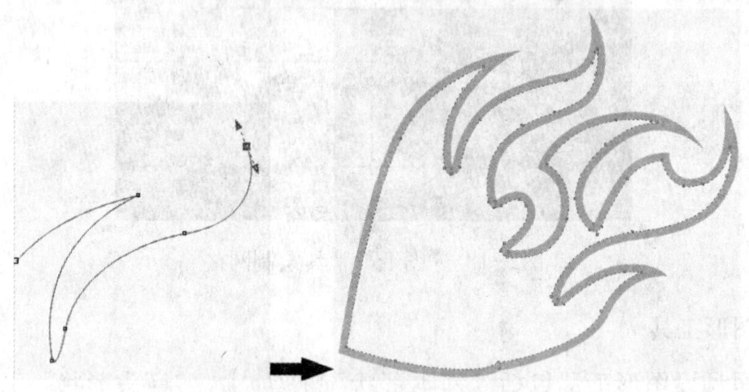

图2-22　贝塞尔工具绘制的图形

### 8. 艺术笔工具

“艺术笔”工具是一种具有固定或可以改变宽度及形状的特殊的画笔工具。使用该工具可以创建具有特殊艺术效果的曲线或图案。

单击工具箱中“艺术笔”工具，在该工具的属性栏中，即出现 5 个功能各异的笔形按钮及其功能选项设置，如图2-23所示。

图2-23　“艺术笔”工具属性栏

用户选择了笔形并设置了笔触宽度等选项后，在绘图页面中单击并拖动鼠标，即可绘制出丰富多采的图案效果。

（1）预设按钮，该选项按钮用于预置各种艺术笔触的形状，在100滑块栏中可设置画笔笔触的平滑程度；在“艺术笔工具宽度”10.0 mm选项栏中可设置画笔笔触的宽度；在下拉列表栏中可选择CorelDRAW X4提供的几十种画笔的形状，如图2-24所示。

图2-24　预设艺术笔工具绘制图形

（2）单击“艺术笔”工具属性栏中“笔刷”艺术笔工具，该工具的笔触列表即弹出，选择所需要的笔触，即可在页面上绘制图形。

（3）喷罐艺术笔的属性栏如图2-25所示。

图2-25　喷罐艺术笔的属性栏

按下“喷罐”按钮后，可以在“喷涂文件列表”下拉列表栏中选择所需喷笔的图案，在栏中设置喷涂图案的大小，在列选栏中选择喷绘方式为“随机”、“顺序”或“按方向”，单击按钮可把已选定的绘制满意的图案添加到喷笔图案列表中，并可以按按钮，在弹出的对话框中编辑喷笔图案列表，如图2-26所示。在栏中可以调整要喷绘对象的小块颜色数量和间距，单击按钮，可以在弹出的对话框中设置喷绘对象的旋转角度，单击按钮可以在其对话框中设置喷绘对象的偏移值及偏移方向，按按钮可以重置属性栏参数值。

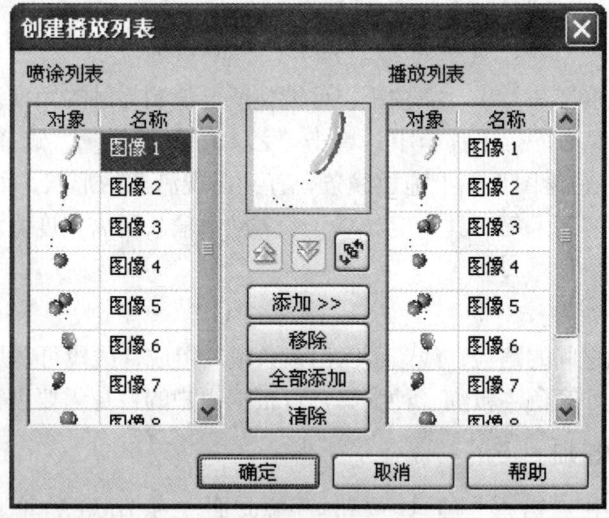


图2-26　编辑喷笔图案

图2-27即为艺术笔触绘制的图形。

图2-27　利用预置笔形、笔刷和喷笔绘制的效果

（4）“书法艺术笔”工具可以让用户在绘制线条时模拟书法钢笔的效果。书法线条的粗细会随着线条的方向和笔头的角度而改变。默认情况下，书法线条显示为铅笔绘制的闭合形状。通过改变相对于所选的书法角度绘制的线条的角度，可以控制书法线条的粗细。

当用户绘制的线条与书法角度垂直时，该线条就达到笔触宽度所规定的最大宽度。

单击工具箱中“艺术笔”工具，在该工具的属性栏单击“书法笔”工具按钮，其属性栏如图2-28所示。

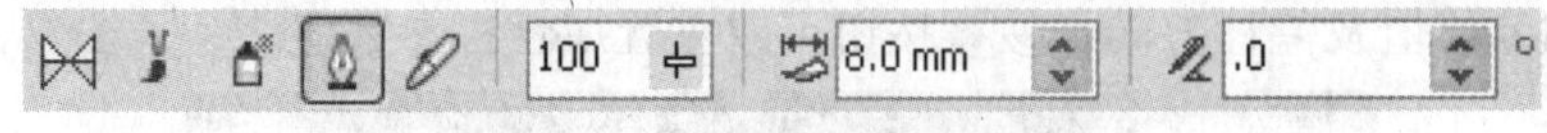


图2-28　“书法笔”工具属性栏

单击“书法角度” .0 按钮，可调整所要绘制笔触的角度。

（5）压力艺术笔，在工具箱中，单击“艺术笔”工具，选择属性栏上的“压力”按钮，鼠标在绘图页面上拖放线条，直到出现满意的形状，如果要更改线条宽度，在属性栏上的“艺术笔工具宽度” 10.0 mm 栏中输入所需宽度值。

## 2.3.2 编辑线条

线条是两个点之间的路径，线条可以由多条线段组成，线段可以是曲线也可以是直线，线条的属性（如颜色、粗细、种类等）可根据用户的自身需要进行自定义设置。

### 1. 设置线条的粗细

单击工具箱中“矩形”工具按钮，在页面上绘制矩形轮廓，在属性栏中 .706 mm 输入相应数值设置线条宽度。也可以通过单击工具箱中“轮廓”工具选择轮廓粗细。

2. “轮廓笔”对话框

单击工具箱中“轮廓” 工具，在弹出菜单中选择“轮廓笔” 轮廓笔...，即弹出“轮廓笔”对话框，如图2-29所示。也可以双击状态栏右下角 黑 发丝 轮廓颜色弹出“轮廓笔”对话框。

（1）单击颜色 颜色(C): 下拉按钮，打开颜色列表，从中选择线条颜色。

（2）单击宽度 宽度(W): 发丝 毫米 左侧按钮下拉列表，即可选择线条的宽度，在右侧按钮下拉列表中设置线条宽度单位。

（3）单击样式 样式(S): 下拉按钮，在列表中选择线条的样式，如图2-30所示。

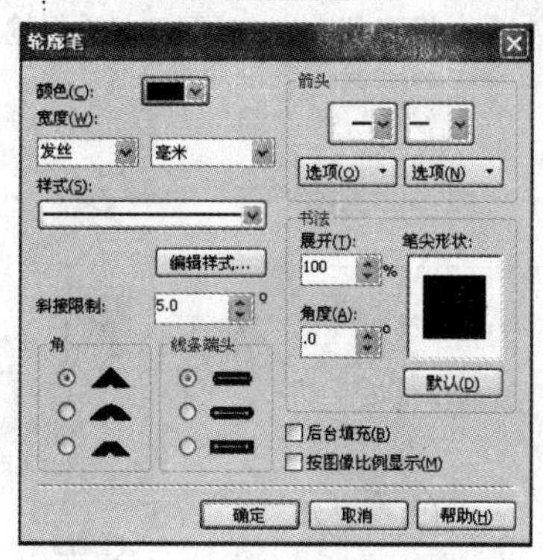


图2-29　“轮廓笔”对话框

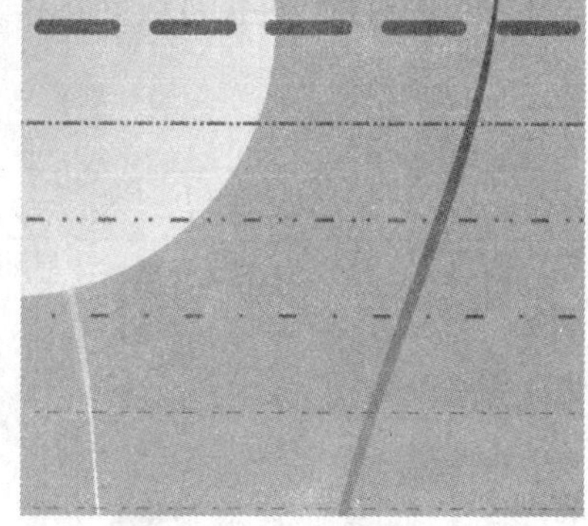

图2-30　不同样式的线条

单击“编辑样式” 编辑样式... 按钮，可以编辑线条样式，如图2-31所示。

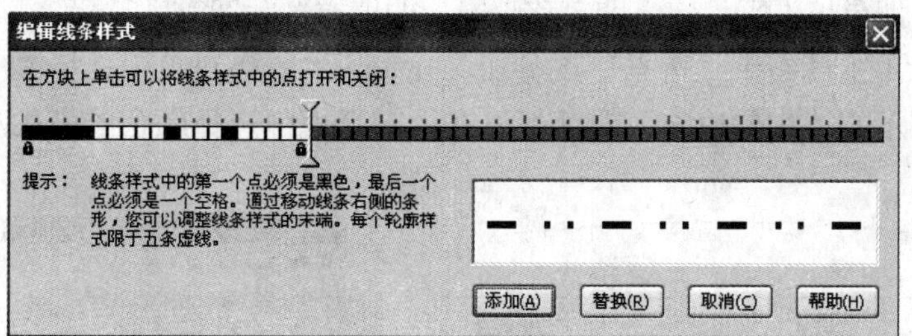


图2-31　编辑线条样式

（4）在“箭头” 下方下拉列表中提供了许多样式的箭头，用户可选择一种线条箭头样式，如图2-32所示。

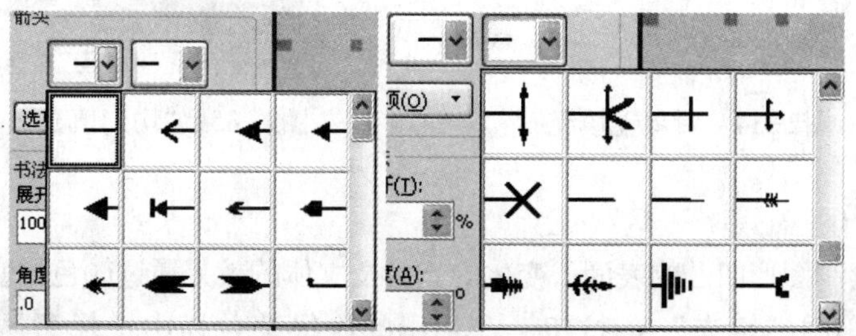


图2-32　箭头的各种样式

线条的绘制与编辑在绘图中最常用且应用范围最广，在以后的章节中还会更详细地讲解。

## 2.3.3 填充对象

颜色填充对作品的表现力是非常重要的，CorelDRAW X4让我们可以在绘制的对象或其他闭合绘图区域里添加颜色填充、图样填充、底纹填充以及其他填充。也可以自定义填充颜色，并将其设为默认填充，这样就可以使在当前页面里绘制的每个对象都具有相同的填充。

### 1. 均匀填充

是最普通的一种填充方式，可以使用颜色模型、调色板里选择或创建的颜色进行填充。

选择要填充颜色的对象，在调色板里单击颜色块，颜色即填充至图形，如图2-33所示。

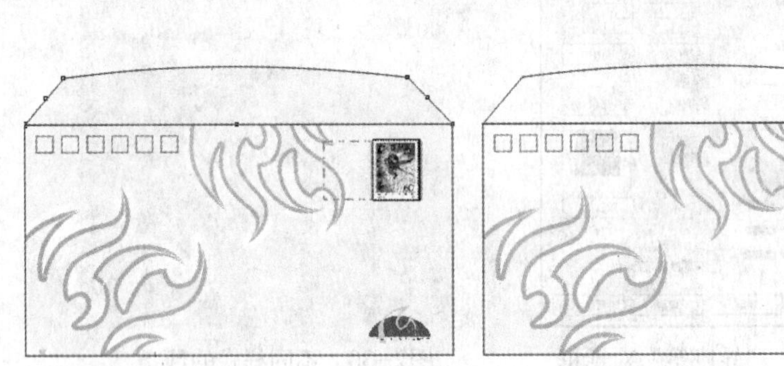

图2−33　均匀颜色填充

鼠标单击调色板上☒按钮，即可移除对象的填充，如图2-34所示。

也可以单击工具箱中“填充”按钮，在弹出的次级菜单中选择 均匀填充...，弹出如图2-35所示的“均匀填充”对话框，在该对话框中选择颜色的模式和颜色为对象进行均匀填充。

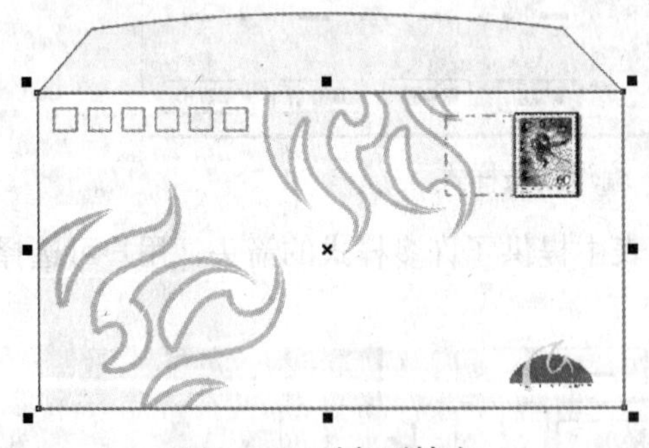

图2−34　对象无填充

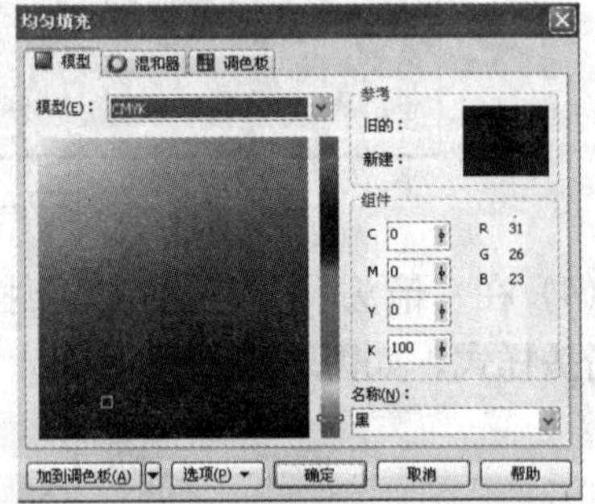


图2−35　“均匀填充”对话框

### 2. 渐变填充

它能将所绘制图形凹凸的表面、变化的光影及立体的效果通过颜色的变化表现出来。

单击工具箱中“填充”按钮，在弹出的次级菜单栏中选择 渐变填充...，即弹出“渐变填充”对话框。该对话可以设置渐变的类型、渐变角度和渐变的颜色等，还可以使用预设渐变颜色，如图2-36所示。

渐变的类型包括线性渐变、辐射渐变、锥形渐变和方形渐变。线性渐变填充沿着对象作直线变化，锥形渐变填充产生光线落在圆锥上的效果，辐射渐变填充从对象中心向外辐射，而方形渐变填充则以同心方形的形式从对象中心向外扩散。每种渐变都可以在选项里改变渐变的角度。

（1）预设渐变填充，在“渐变填充”对话框中，从“预设”列表框里 预设(R): 17 - 柱面 - 01 选择一种渐变样式填充图形，还可以对填充的角度进行调整，如图2-37所示。

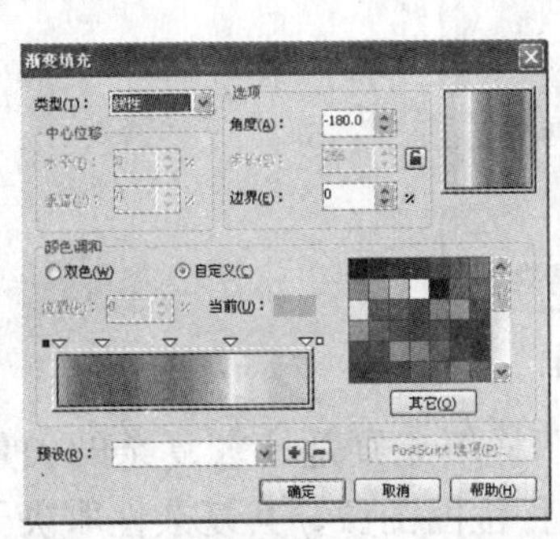
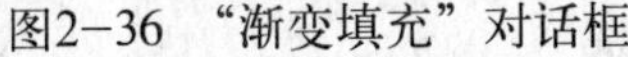

图2-36 “渐变填充”对话框

图2-37 应用预设渐变填充

（2）双色渐变填充，从“渐变填充”对话框中“颜色调合”选项栏里 颜色调和 ◉双色(W) ○自定义(C) 选择“双色”单选按钮，在颜色栏 中选择两种不同的颜色，即可用双色渐变填充图形，如图2-38所示。

（3）自定义渐变填充，选择对象，在工具箱中单击“渐变填充”按钮，从弹出的“渐变填充”对话框里“类型”列表框中选择一种渐变填充方式，启用“自定义”选项，分别单击颜色条上方区域的小三角形 ，然后单击调色板上的一种颜色，即可设定所需的渐变颜色，如图2-39所示。

图2-38 射线式双色渐变

图2-39 自定义方角式渐变填充

### 3. 图样填充

单击工具箱中“填充”按钮 ，在弹出的次级菜单栏中单击 图样填充...，弹出“图样填充”对话框，如图2-40所示。用户可以选择双色、全色或位图图样来填充对象。

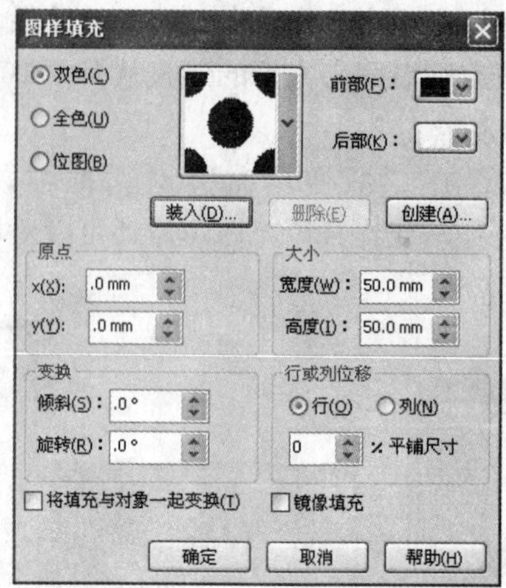


图2−40　图样填充对话框

双色图样填充仅由所选的两种颜色组成。全色图样填充则是比较复杂的矢量图形，可以由线条和图形填充组成。位图图样填充是一种位图图像，其复杂性取决于位图的大小、图像分辨率和颜色深度，其填充如图2-41所示。

图2−41　图样填充图形

4. 底纹填充

底纹填充是随机生成的填充，可用来赋予对象自然的外观。CorelDRAW X4中提供了预设的底纹，而且每种底纹均有一组可以更改的选项。可以使用任一颜色模型或调色板中的颜色来自定义底纹填充。底纹填充只能包含RGB颜色，但可以将其他颜色模型和调色板用作参考来选择颜色。

可以更改底纹填充平铺的大小，增加底纹平铺的分辨率时还可以通过设置平铺原点来准确指定填充的起始位置。CorelDRAW允许我们偏移填充中的平铺。相对于对象顶部调整第一个平铺的水平或垂直位置时，会影响其余的填充。

选择对象，单击工具箱中“填充”按钮，在弹出的次级菜单栏中选择底纹填充..，即弹出“底纹填充”对话框，如图2-42所示。从“底纹库”列表框中选择一个底纹库，从“底纹列表”中选择一种底纹，即可以把对象填充底纹。也可以通过“底纹选项”或“平铺”对话框来旋转、倾斜、调整图样大小，如图2-43所示，还可以更改底纹中心来创建自定义填充，如图2-44所示。

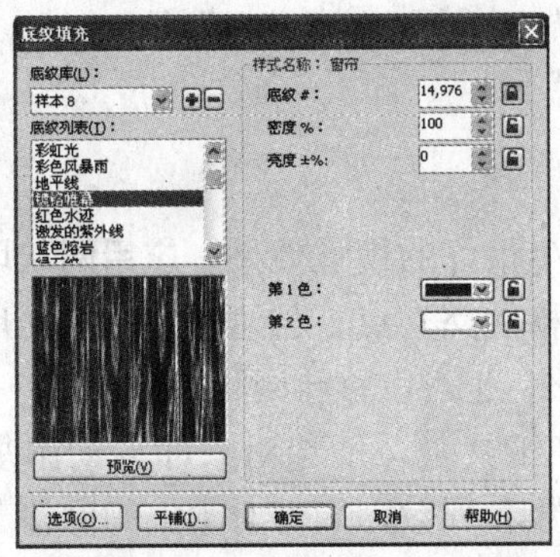

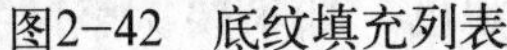


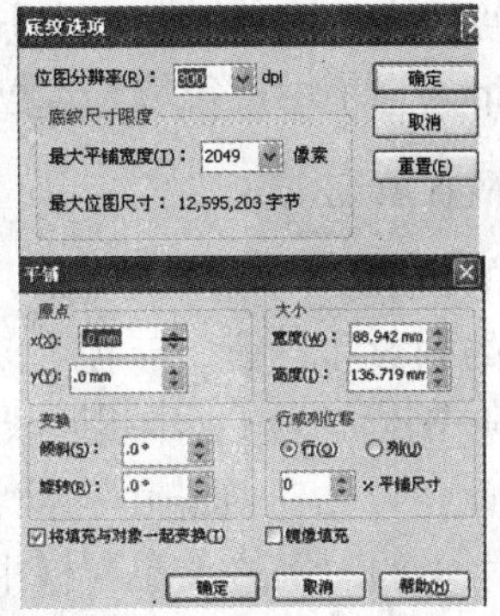


图2-42　底纹填充列表　　　图2-43　底纹“选项”和“平铺”对话框

图2-44　底纹填充图形

5. PostScript**底纹填充**

PostScript底纹填充是使用PostScript语言创建的。有些底纹非常复杂，因此，包含PostScript底纹填充的大对象的打印或屏幕更新可能需要较长时间。填充可能不显示，而显示字母“PS”，这取决于使用的视图模式。

在应用PostScript底纹填充时，可以更改大小、线宽、底纹的前景和背景中出现的灰色量等参数。

选择对象，单击工具箱中“填充”按钮，在弹出的次级菜单栏中选择PostScript，即弹出“PostScript底纹”对话框，如图2-45所示。从填充底纹列表框中选择一种PostScript填充，效果如图2-46所示。

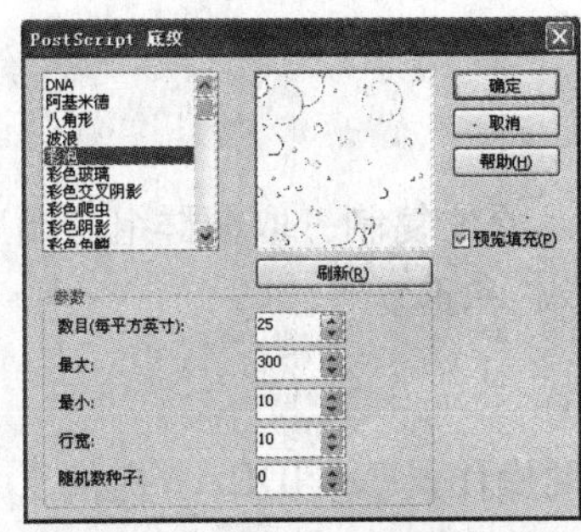


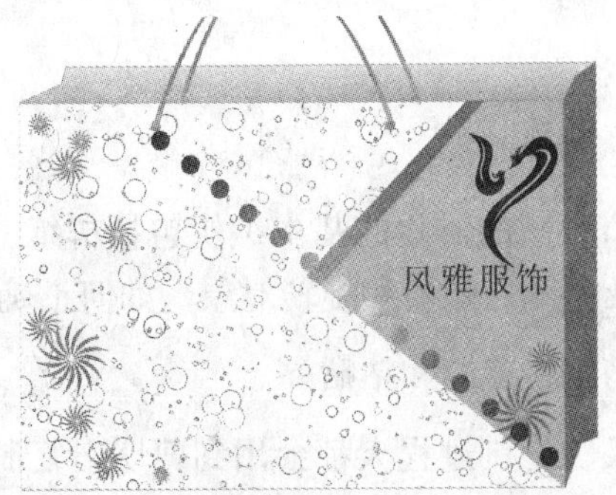


图2-45　“PostScript底纹”对话框　　　图2-46　PostScript底纹填充图形

如果要更改底纹填充，双击状态栏右下角的 彩泡 “颜色”填充按钮，即可在弹出的PostScript对话框中进行填充参数修改。

6. 应用网状填充

在绘制的图形中应用网状填充，可以产生很好的视觉效果。应用网状填充时，可以指定网格的列数和行数，而且可以指定网格的交叉点。创建网状对象之后，可以通过添加和移除节点或交点来编辑网状填充网格，也可以移除网状。

选择对象，单击工具箱中“网状填充”工具，所选对象即自动添加网格，也可以在属性栏上的“网格大小”框中输入行数和列数，调整对象上的网格节点，如图2-47所示。选择节点，单击所需的颜色即可填充颜色，如果要调整网状填充的形状，将节点拖到新位置即可，如图2-28所示。

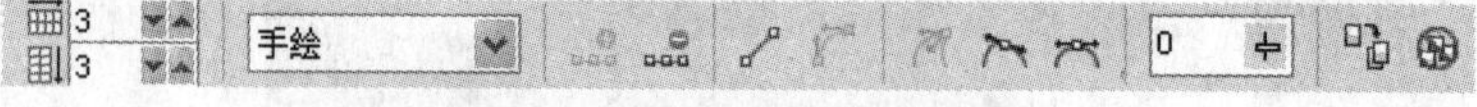


图2-47　网状工具属性栏

图2-48　应用网状填充对象

还可以添加或移除交点。在网格里面单击，然后单击属性栏上的“添加交点”按钮，即可添加交点。移除节点或交点，单击一个节点，然后单击属性栏上的“删除节点”按钮，移除网状填充，单击属性栏上的“清除网状”按钮。

网状填充只能应用于闭合对象或单条路径。如果要在复杂的对象中应用网状填充，首先必须创建网状填充的对象，然后将它与复杂对象组合成一个图框精确剪裁对象。

## 2.3.4 基本编辑

本节讲解的对象的基本编辑包括群组、复制、原位复制、取消群组、顺序和拆分命令以及移动、倾斜和旋转对象，如何正确设置步长和重复等。

1. 剪切、复制和粘贴

作品的绘制过程大都会用到剪切、复制和粘贴操作，CorelDRAW提供了多种复制对象的方法。当不再需要某个对象时，还可以将其删除。用户可以剪切或复制对象，

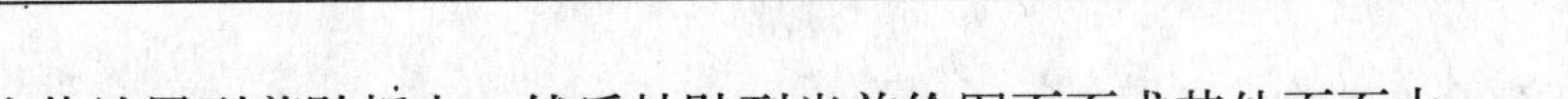



将其放置到剪贴板上，然后粘贴到当前绘图页面或其他页面中。

剪切对象可以将其放置到剪贴板上，并从绘图中移除该对象；复制对象可以将其放置在剪贴板上，而在绘图中保留原始对象。

选择对象，单击菜单栏里“编辑”/“剪切”命令，即可将对象剪切到剪贴板中，也可直接用快捷键Ctrl+X剪切对象，再单击“编辑”/“粘贴”命令将该对象粘贴到绘图页面中，也可用快捷键Ctrl+V来粘贴对象。

再制对象可以在绘图窗口中直接复制一个副本，而不使用剪贴板。再制的速度比复制和粘贴快。同时，再制对象时，可以沿着*X*和*Y*轴指定副本和原始对象之间的偏移距离。

选取对象，单击菜单“编辑”/“再制”命令，即弹出“再制偏移”对话框，可对图形的水平偏移和垂直偏移进行设置，如图2-49所示。

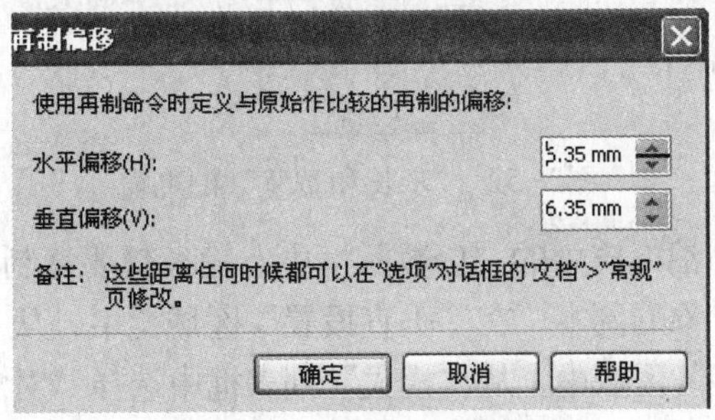


图2-49 “再制偏移”对话框

用户可根据绘制需要输入图形的水平偏移距离和垂直偏移距离，然后单击“确定”按钮，页面上即复制出一个相同的图形。如果要更改偏移距离可单击菜单“工具”/“选项”命令，在“选项”对话框中单击“文档”类别列表中的“常规”，并在“水平”偏移和“垂直”偏移框中输入数值即可更改再制的距离，如图2-50所示。

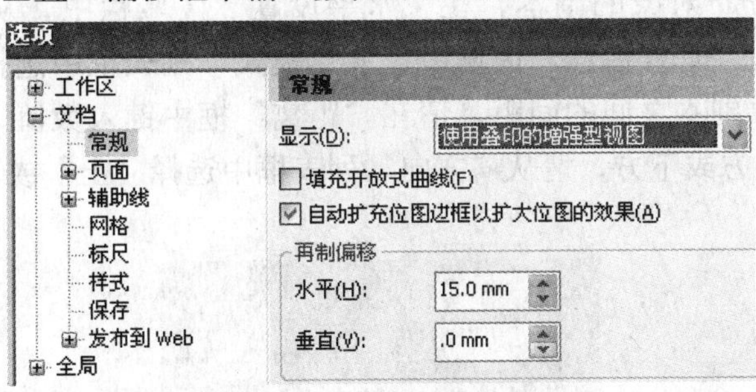


图2-50 更改再制距离

按快捷键Ctrl+D可按设定的参数继续将对象再制下去，如图2-51所示。

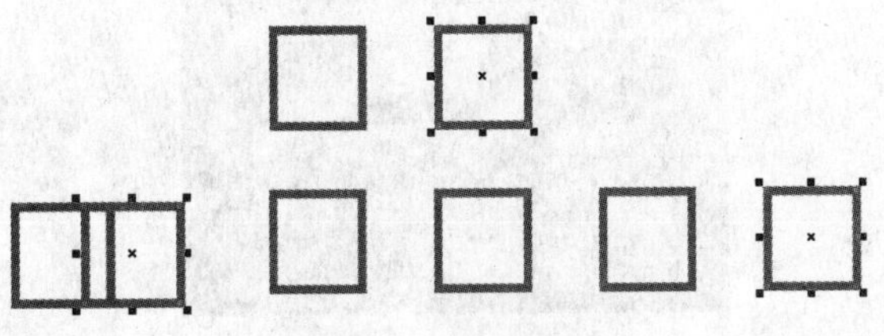

图2-51 再制对象

### 2. 应用步长和重复命令

步长和重复的设置可让用户在指定位置创建对象副本。

选择对象，单击“编辑”/“步长和重复”命令，“步长和重复”窗口即出现在泊坞窗中，如图2-52所示。

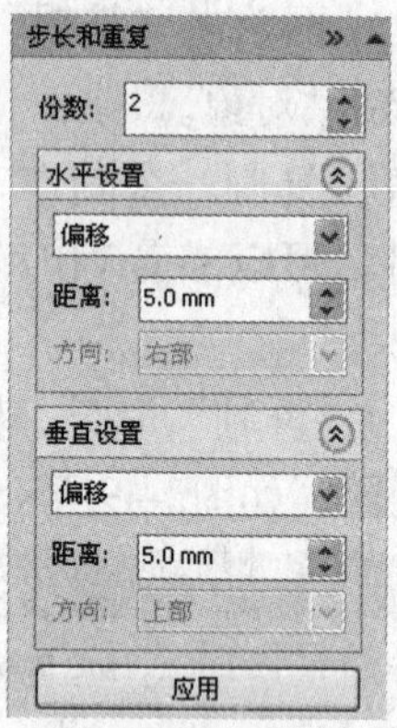


图2-52 “步长和重复”泊坞窗

在“步长和重复”泊坞窗中的“份数”框中，输入想要复制的份数。

如果要水平分布对象的副本，在“垂直设置”区域栏中，从“模式”框中选择“无偏移”，在“水平偏移”区域中，从“模式”列表框中选择“对象之间的间隔”，要指定对象副本之间的间距，请在“距离”框中输入数值，要在原始对象的右侧或左侧放置对象副本，请从“方向”列表框中选择“右”或“左”。效果如图2-53所示。

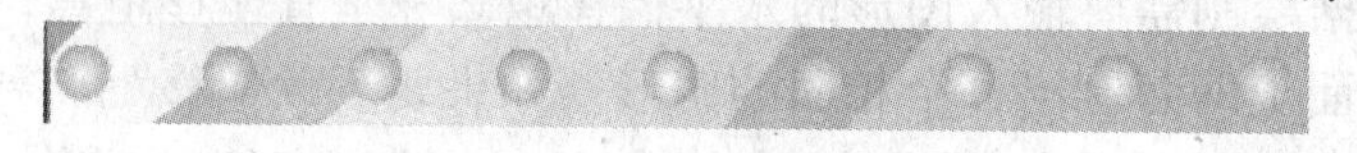

图2-53 水平分布对象副本

如果要垂直分布对象的副本，在“水平设置”区域栏中，从“模式”框中选择“无偏移”，在“垂直偏移”区域中，从“模式”列表框中选择“对象之间的间隔”，要指定对象副本之间的间距，请在“距离”框中键入数值，要将对象副本放置在原始对象的上方或下方，请从“方向”列表框中选择“上”或“下”，效果如图2-54所示。

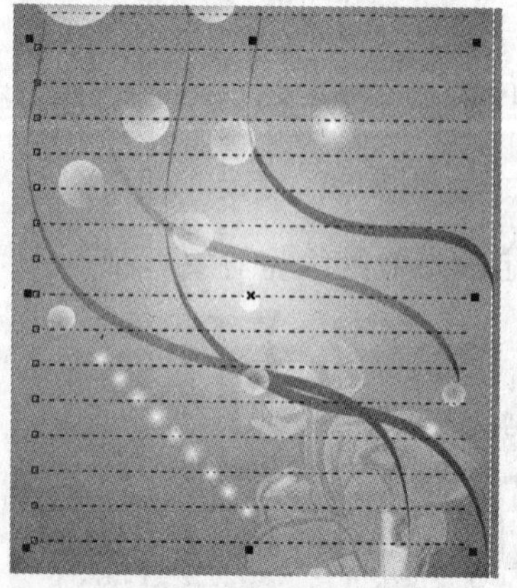

图2-54 垂直分布对象副本

如果要按指定距离偏移对象的所有副本，在“水平偏移”和“垂直偏移”区域中，从“模式”列表框中选择“偏移”，然后在“距离”框中键入数值，效果如图2-55所示。

图2−55　偏移对象的所有副本

### 3. 群组和解散群组

任何一幅作品都是由多个对象组成的，在绘制作品时为了操作便捷通常要把对象群组，这样就可以把两个或两个以上的对象群组成一个整体对象，方便用户编辑或变换。

选择要群组的多个对象，单击菜单“排列”/“群组”命令，即可将多个对象群组成一个对象，如图2-56所示。也可以用快捷键Ctrl+G进行对象群组。

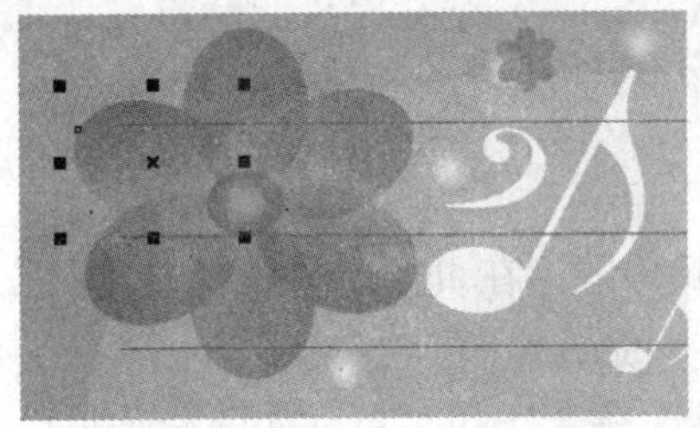
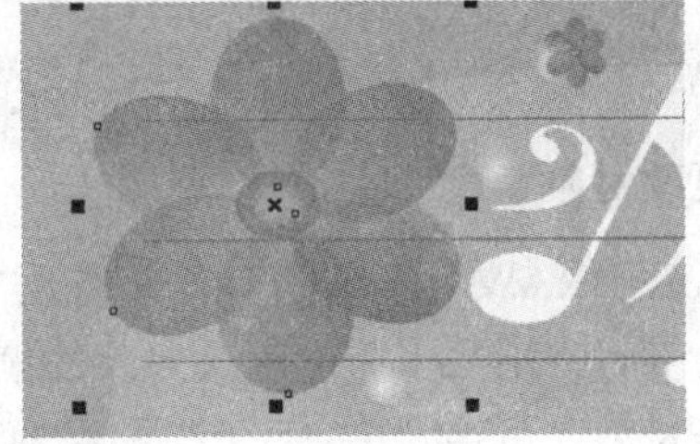

图2−56　群组对象

如果用户需要对群组中的某个对象进行编辑，可选择对象，单击“排列”/“取消群组”命令，即可将对象解散，如图2-57所示。

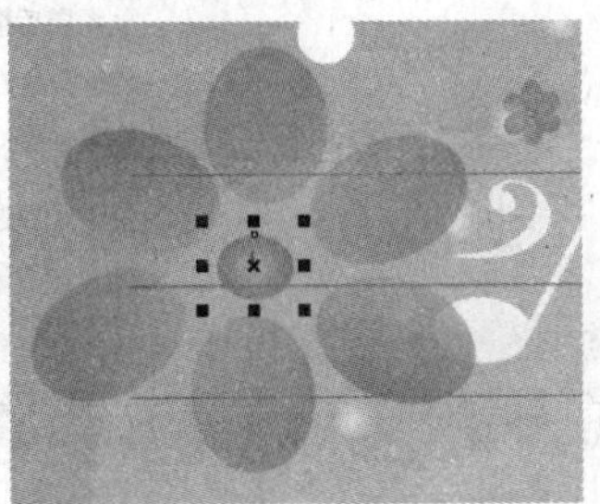

图2−57　取消对象群组

4. 合并和打散

合并对象与群组对象类似，都是将多个对象集合在一起，合并后的对象可以创建具有共同填充和轮廓属性的单个对象。可以合并矩形、椭圆形、多边形、星形、螺纹、图形或文本，并将这些对象转换为单个曲线对象。

选择要合并的对象，单击“排列”/“结合”命令，如图2-58所示。

图2-58　合并对象

如果需要修改合并的对象的属性，可以单击“排列”/“打散”命令来拆分合并的对象，如图2-59所示。

图2-59　拆分合并的对象

5. 更改对象顺序

在CorelDRAW中绘制的对象是有层次顺序的，在页面上先绘制的对象位于后绘制的对象的下方，用户可通过更改对象的顺序来完成绘制。

选择对象，单击“排列”/“顺序”命令，弹出下拉菜单，如图2-60所示。

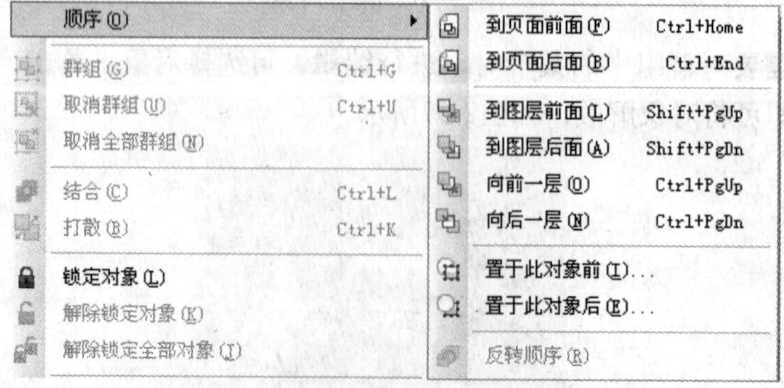


图2-60　顺序菜单栏

在下拉菜单栏中有下列选项。

（1）到页面前面：将选定的对象移到页面上所有其他对象的前面，如图2-61所示。

图2-61　将对象移到页面前面

（2）到页面后面：将选定的对象移到页面上所有其他对象的后面，如图2-62所示。

（3）到图层前面：将选定的对象移到活动图层上所有其他对象的前面，如图2-63所示。

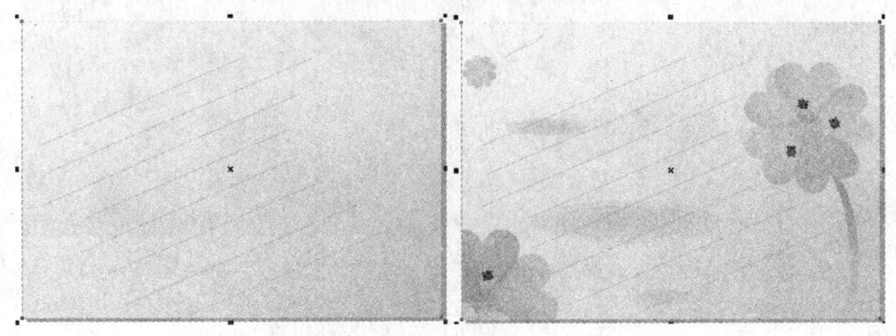

图2-62　把对象移到页面后面

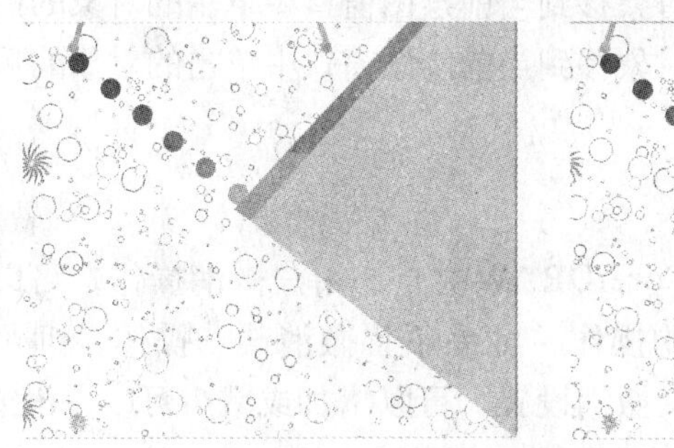

图2-63　将选定的对象移至其他对象前面

（4）到图层后面：将选定的对象移到活动图层上所有其他对象的后面，如图2-64所示。

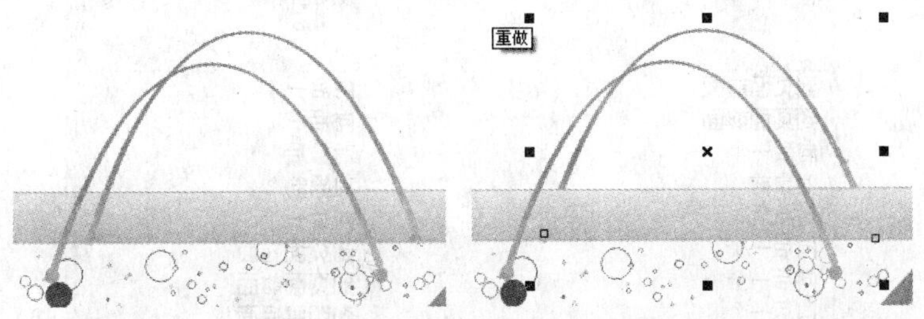


图2-64　将选定的对象移至其他对象后面

（5）向前一层：将选定的对象向前改变一个位置顺序，如果选定的对象位于活动图层上所有其他对象的前面，则将移到图层的上方，如图2-65所示。

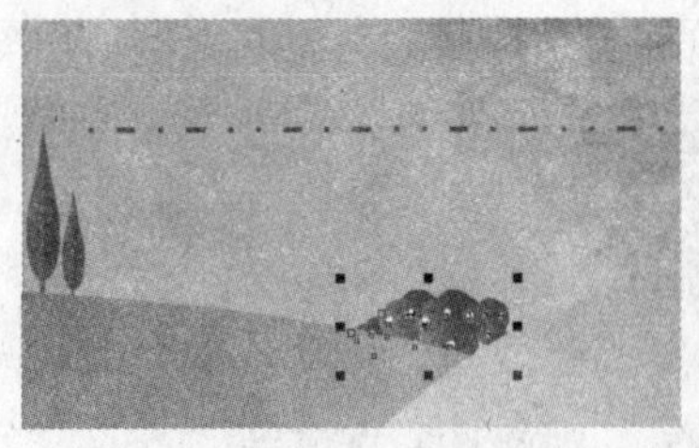
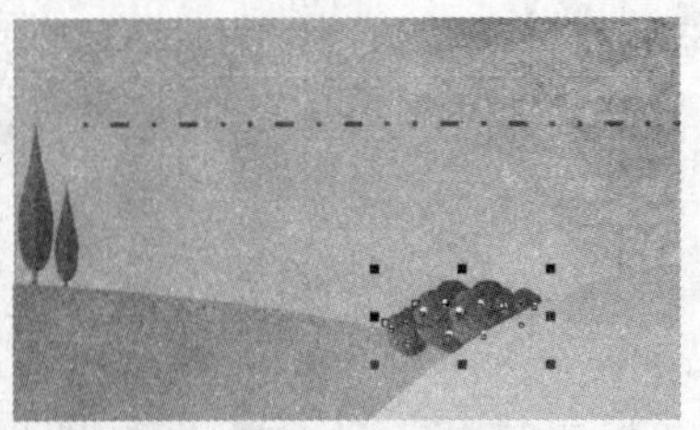

图2-65　把对象移至前一层

（6）向后一层：将选定对象向后改变一个位置顺序，如果选定对象位于所选图层上所有其他对象的后面，则将移到图层的下方，如图2-66所示。

图2-66　向后一层移动对象

（7）置于此对象前：将选定对象移到当前绘图窗口中单击的对象的前面。

（8）置于此对象后：将选定对象移到当前绘图窗口中单击的对象的后面。

6. 对象的基本操作

（1）撤消、重做和重复操作。

如果执行了错误的操作，在CorelDRAW中允许用户撤消操作。可以从最近的操作开始，撤消用户在绘图中执行的操作，如果不想撤消某一操作，则可以重做该操作，还原为上次操作，通过自定义撤消设置，可以增加或减少可以撤消或重做操作的次数。

单击工具栏上的“撤消”按钮，将弹出要撤消的操作步骤下拉菜单，如图2-67所示。

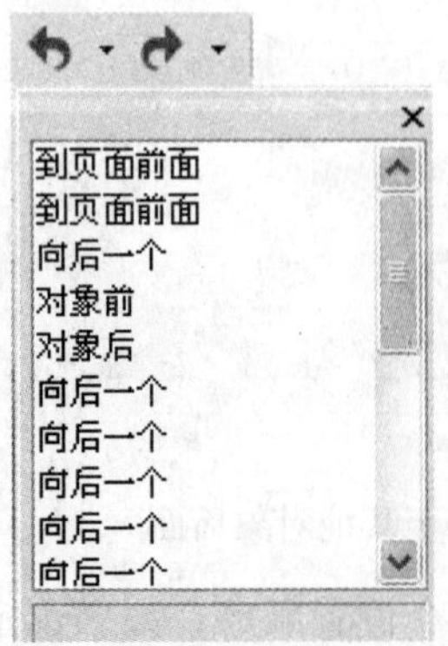


图2-67　撤消按钮下拉列表

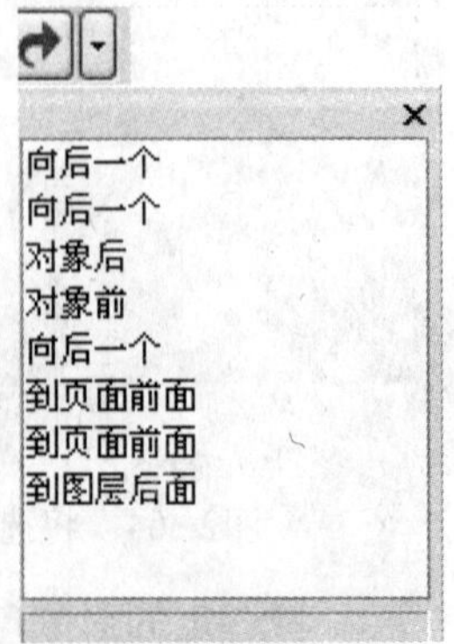


图2-68　重做按钮下拉列表

如果想重做撤消的操作，单击工具栏上的“重做”按钮，在下拉列表中选择要重做的步骤，如图2-68所示。

（2）移动对象。

移动对象之前首先要选择对象，移动对象的方法有如下几种。

单击工具箱中挑选工具，选择要移动的对象，被选择的对象周围出现8个控制点，对象的中间会出现标志，鼠标移到该对象上按住鼠标左键不放并在页面上拖动即可移动该对象。

也可以在选定对象后按方向键使对象按指定的位置移动。

上面两种方法只能粗略地移动动象，要想精确定位对象在页面中的位置，可以通过在属性栏上的“对象位置”数值框中输入精确数值移动对象，如图2-69所示。

还有一种方法，单击菜单“窗口”/“泊坞窗”/“变换”/“位置”命令，则“变换”添加到泊坞窗中，如图2-70所示。确定所要移动对象的目标位置，在水平和垂直框中输入数值，单击“应用”按钮，即可移动对象到指定位置。

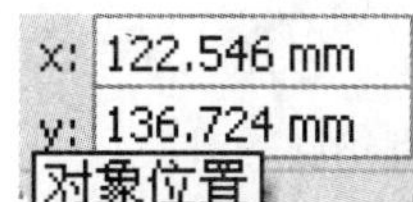


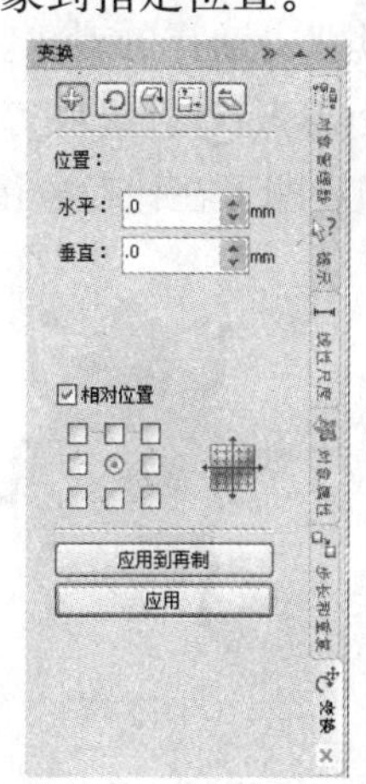


图2-69 设置对象位置栏　　图2-70 “变换”泊坞窗

（3）倾斜对象。

现在来介绍CorelDRAW中倾斜对象的方法。

可以直接用鼠标拖移。选择对象，单击工具箱中“挑选工具”，在对象上单击一下，对象周围出现八个控制点，再单击一下旋转控制手柄和倾斜控制手柄。鼠标单击倾斜控制手柄，光标即变成标志，在该标志状态下随意拖移鼠标即可倾斜对象，如图2-71所示。

图2-71 倾斜对象

也可以通过输入数值来倾斜对象。选择对象，单击工具箱中“变换”工具，再单击属性栏上的“自由扭曲工具”，在倾斜角度栏中输入倾斜值即可。

还可以选择要倾斜的对象，执行“窗口”/“泊坞窗”/“变换”/“倾斜”命令，单击“变换”泊坞窗中的“倾斜”按钮，在倾斜数值框内输入倾斜数值即可，如图2-72所示。

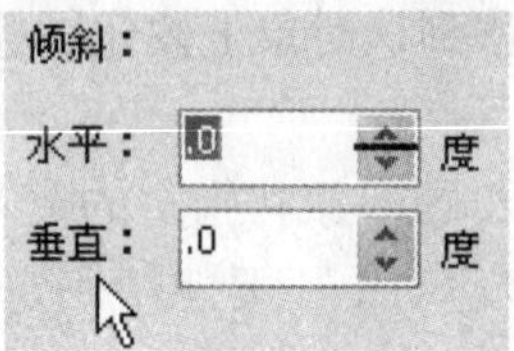


图2-72　在泊坞窗设置倾斜

（4）旋转对象。

在创作的过程中，用户常常需要将对象进行旋转。旋转对象的方法也有以下几种。

可以用挑选工具双击选择的对象，对象的周围会出现四个旋转控制手柄，对象中心出现旋转控制中心点，鼠标置于旋转控制手柄上即出现旋转标志，在该标志状态下按下鼠标拖动即可在让对象围绕中心点旋转，如图2-73所示。

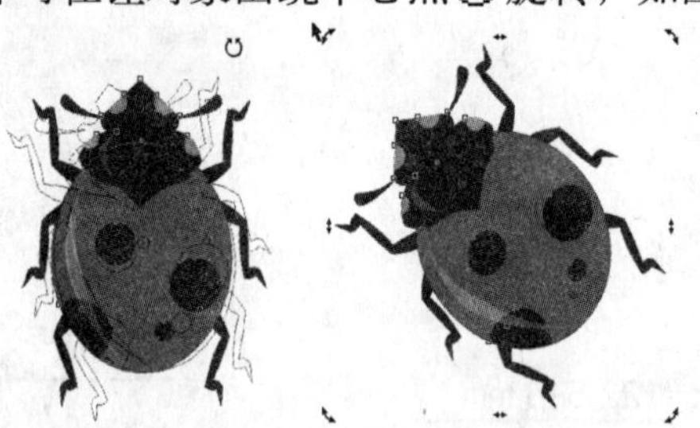

图2-73　挑选工具直接旋转对象

第二种方法是使用“自由变换工具”，选择将要旋转的对象，单击工具箱里的“自由变换工具”，在属性栏里出现如图2-74所示的数值栏，单击“自由旋转工具”，在“旋转角度”和“旋转中心的位置”栏中输入数值旋转对象。

图2-74　自由旋转工具属性栏

也可以直接用“自由旋转工具”单击要旋转的对象，被旋转的对象即出现一根导线，可以以该导线为基线旋转对象，如图2-75所示。

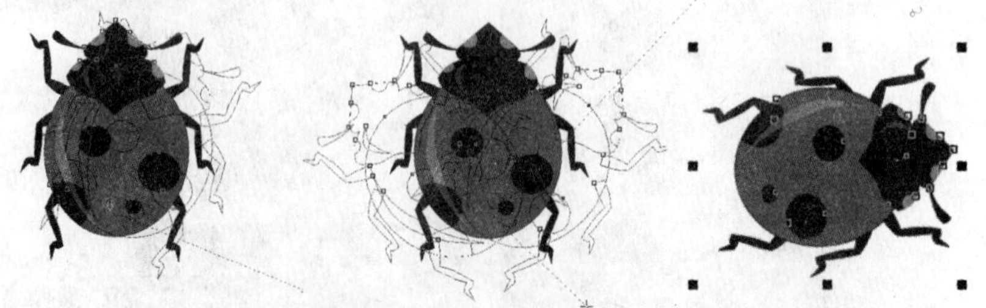

图2-75　利用“自由旋转工具”旋转对象

第三种方法是选择要旋转的对象，在“变换”泊坞窗中单击“旋转”按钮，选中☑相对中心下的旋转中心，在“角度”和“中心”下的“水平”和“垂直”数值框中输入数值即可旋转对象，如图2-76所示。

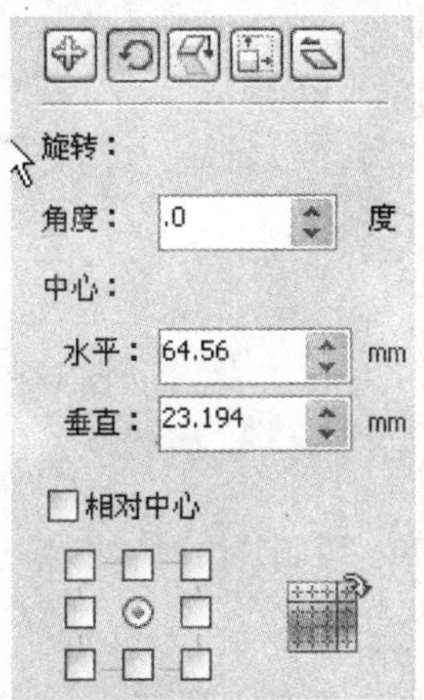


图2-76　“旋转”泊坞窗

## 2.4　样题解答

（1）执行“文件”/“新建”命令，即在窗口中新建了一个绘图窗口，在属性栏190.0 mm 99.0 mm纸张宽度和高度中设置宽和高分别为190mm、99mm，选择纸张横向，在“版面”/“页面控制”弹出对话框中，设置文档分辨率为150dpi，如图2-77所示。

单位(T)：像素　分辨率(U)：150

图2-77　绘制信封轮廓图形

（2）选择工具箱中“矩形工具”，先在页面上绘制一个信封轮廓图形，在属性栏190.0 mm 99.0 mm“对象大小”数值框中分别输入矩形的宽度为190mm，高度为99mm，设置轮廓宽度为“发丝”发丝，选择工具箱中“渐变填充”为矩形执行线性双色渐变填充，颜色为从C：20、M：0、Y：20、K：0到C：0、M：0、Y：0、K：0。

再用“贝塞尔工具”绘制一个大小为16mm×99mm的信封折边粘贴处，将底色填充为C：20、M：0、Y：20、K：0，轮廓宽度为“发丝”，如图2-78所示。

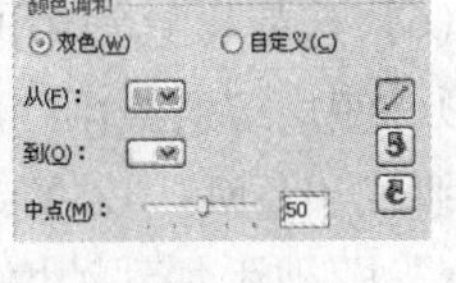


图2-78　绘制信封轮廓图形

（3）选择工具箱中的“钢笔工具”，在绘制的信封轮廓左方绘制装饰图形，渐变颜色为从C：20、M：0、Y：20、K：0到C：0、M：0、Y：0、K：0填充，如图2-79所示。

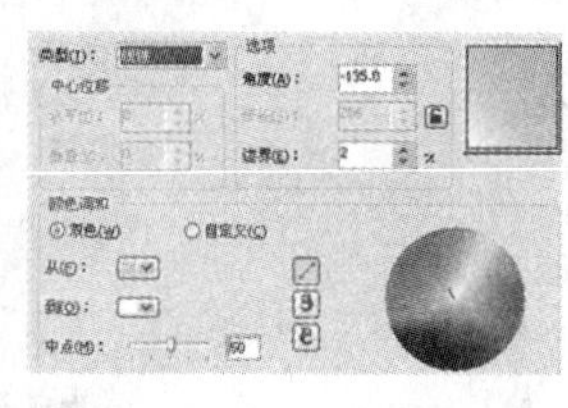

图2-79 绘制装饰图形并填充颜色

（4）选择“矩形工具”，在信封的右上角绘制贴邮票处，在属性栏对象大小数值框中输入大小为26mm、30mm，对象位置为156：80。填充类型为无，轮廓宽度为0.8mm，轮廓颜色为C：0、M：0、Y：0、K：0，执行“编辑”/“再制”命令，将再制的矩形平行置于先前绘制的矩形左侧，在属性栏“轮廓样式选择器”中更改矩形轮廓样式为虚线，如图2-80所示。

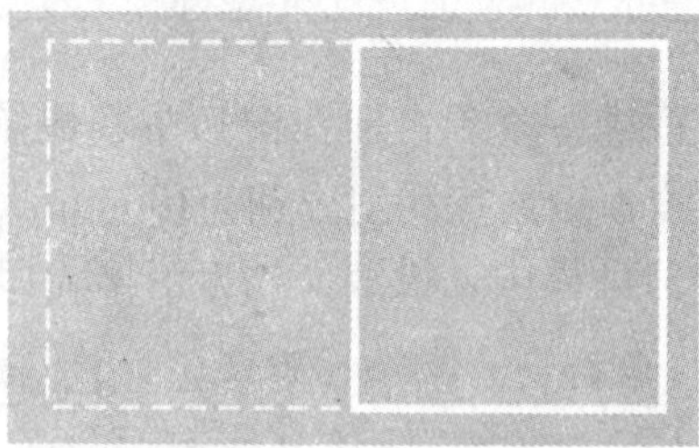

图2-80 绘制贴邮票处

（5）使用矩形工具绘制一个大小为8mm×8mm的矩形，颜色为无填充，轮廓颜色为C：60、M：0、Y：20、K：20，并执行再制命令。执行“工具”/“选项”/“文档”/“常规”命令，设置再制偏移，水平为13，垂直为0，如图2-81所示。

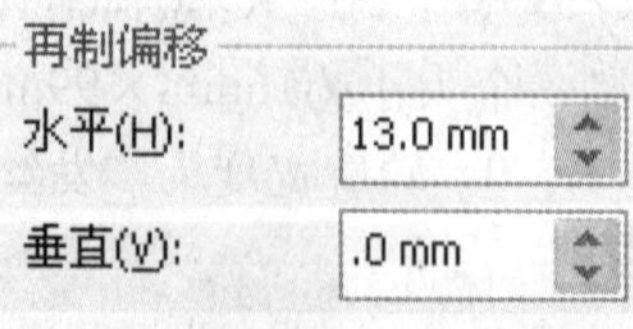


图2-81 设置再制偏移参数

（6）选择工具箱中的“椭圆形工具”绘制一个大小为5.3mm×5.3mm的圆形装饰图形，使用“射线渐变填充”为该圆形填充渐变，颜色为从C：20、M：0、Y：20、K：0到C：0、M：0、Y：0、K：0渐变，执行“编辑”/“步长和重复”命令，“步长和重复”即被添加到泊坞窗中，设置份数为8，在水平设置栏选择“对象之间的间隔”选项，设置距离为9mm，方向为右部，垂直设置栏选择“无偏移”，如图2-82所示。单击“应用”按钮即将圆形复制成多个装饰图形，如图2-83所示。

图2-82 设置步长和份数泊坞窗　　图2-83 绘制邮政编码框和再制圆形图形

（7）执行“文件”/“导入”命令或单击属性栏中“导入”按钮，导入C:\2008CDR\Unit1\Y1-01A.cdr，将导入的标志颜色填充为C：20、M：0、Y：0、K：40，在属性栏中更改大小为12mm×12mm，在“对象位置”数值框中输入对象位置为118mm和10mm。

将导入的文本颜色填充为C：20、M：0、Y：0、K：40，在属性栏“对象大小”数值框中更改大小为55mm×4.8mm，在“对象位置”数值框中输入对象位置为155mm和10mm。

在属性栏“对象大小”数值框中，将导入的邮票大小调整为25mm×30mm，使用“挑选工具”选择邮票，执行“编辑”/“再制”命令再制一个邮票（也可以直接按快捷键Ctrl+D执行再制命令），选择这两个邮票，执行“排列”/“群组”命令，在属性栏“对象位置”数值框中将对象位置设置为155mm:80mm。

执行“文件夹”/“保存”命令，将文档命名为Xcld1-01. CDR，并保存在指定文件夹里，最终效果如图2-84所示。

图2-84 最终效果

# 第3章　编辑图形形状

在绘制创作的过程中，由于对作品有不同要求，常常要把绘制好的图形进行编辑或修改，例如用辅助线精确定位图形的位置和调整其大小，这就需要我们很好地掌握辅助线的使用技巧，这也是我们学习CorelDRAW X4需要掌握的重点知识。

如果绘制的图形不符合创作的要求，可以通过变形工具调整对象的形状，变形工具只能应用于曲线图形上，所以在调整图形形状之前一定要先把对象转换成曲线。在本章主要讲解使用笔刷工具和粗糙工具调整对象形状。

在CorelDRAW X4中，表格工具使用了新增的交互式表格功能创建和导入表格，为文本和图形在绘图中的结构布局提供了非常便捷的操作，用户可以轻松地对齐表格和单元格、调整大小或对其进行编辑，以使它们符合设计创作的要求。

在CorelDRAW X4中进行创作绘图时，对绘制的基本图形的形状进行调整和修改是学习CorelDRAW必须要掌握的技巧，表格的绘制与修改虽然在CorelDRAW X4中并不常用，但也需要我们很好地掌握与使用该工具的操作技巧。

**本章主要技能考核点：**

- 设置辅助线。
- 调整物体形状。
- 形状工具的应用。
- 转换成曲线图形。
- 表格工具。

**评分细则：**

本章有5个概括基本点，每题考核5个方面。

| 序号 | 评分 | 分值 | 得分条件 | 判分要求 |
|---|---|---|---|---|
| 1 | 设置辅助线 | 2 | 正确设定辅助线与标尺 | 与要求不符不给分 |
| 2 | 调整物体形状 | 4 | 正确修改图形，保持与原图像一致 | 与原图像不符不给分 |
| 3 | 形状工具的应用 | 3 | 正确修改图形，保持与原图像一致 | 与原图像不符不给分 |
| 4 | 转换成曲线图形 | 1 | 对文字、多边形、矩形、圆形要用形状工具，修改时，正确转为曲线 | 不符要求不给分 |
| 5 | 表格工具 | 2 | 正确绘制与编辑表格 | 与要求不符不给分 |

## 3.1　样题示例

**操作要求**

结合辅助线和表格工具，按给出的立体包装图形，剖析绘制包装盒的平面刀模图，如图3-01所示。

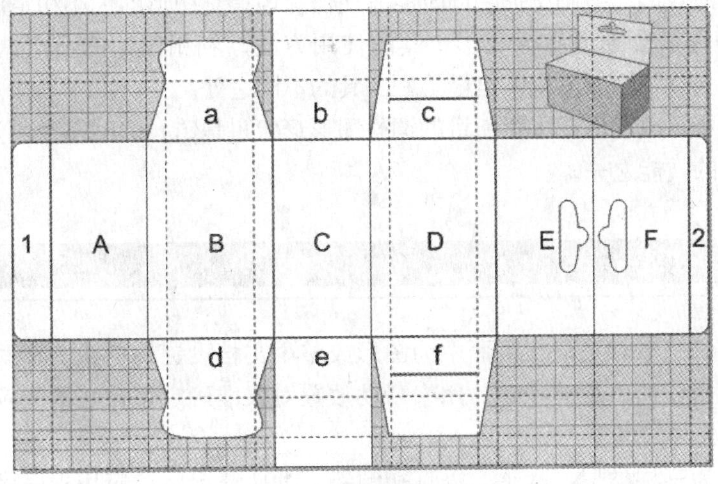


图3−01　包装平面图效果

新建文档，导入素材C:\2008CDR\Unit3\Y2-02.cdr作为参照图，绘制包装的基本平面图形，如图3-02所示。

图3−02　素材图

（1）设置辅助线：在页面上为将要绘制的图形添加定位辅助线，要求用数值准确定位辅助线的位置。

（2）绘制表格：使用工具箱中的表格工具绘制表格，要求按指定的行数和列数进行编辑操作。

（3）将图形转换成曲线：将要调整形状的基本图形转换成曲线图形。

（4）调整图形形状：绘制基本图形，使用形状工具调整图形形状。

将操作结果以Xcld3-01.cdr为文件名保存到考生文件夹。

## 3.2 样题分析

本题主要考核如何添加辅助线、删除辅助线、对辅助线的位置进行精确定位等知识点，此方法使我们在绘制图形的同时能方便快捷地调整图形的大小和定位其位置。

在本节中还需要熟练掌握变形工具的使用方法，利用图形的节点调整对象的形状，了解形状工具与涂抹笔刷、粗糙笔刷工具的不同之处。

由以上分析可以看出，本章所讲的调整图形形状也是CorelDRAW X4绘图工作者必须要重点掌握的技能之一。

## 3.3 设置辅助线

用户在绘制图形时可以在页面中为图形或整个文档设置辅助线。辅助线是可以放置在绘图页面中任何位置的线条，用来帮助放置对象准确定位，在某些应用程序中，辅助线也被称作导线或参考线。

辅助线分为三种类型：水平、垂直和倾斜。默认情况下，应用程序显示可以添加到绘图窗口的辅助线，随时都可以将辅助线隐藏。

用户在需要添加辅助线的任何位置都可以任意添加辅助线，添加辅助线后，可以对辅助线进行选择、移动、旋转、锁定或删除等操作。辅助线使用以标尺单位为指定的测量标准。

### 3.3.1 显示或隐藏辅助线

执行“视图”/“辅助线”命令，“辅助线”命令左边的✓复选标记表示已显示辅助线，如图3-03所示。

可以使对象贴齐辅助线，执行“视图”/“贴齐辅助线”命令，“贴齐辅助线”命令左边的复选标记✓表示已贴齐辅助线，如图3-04所示。这样当对象移近辅助线时，对象就只能位于辅助线的中间，或者与辅助线的任意一端贴齐，如图3-05所示。也可以隐藏辅助线，效果如图3-06所示。

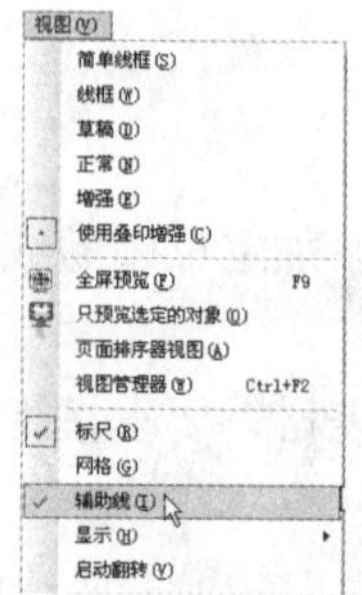

图3-03 显示或隐藏辅助线

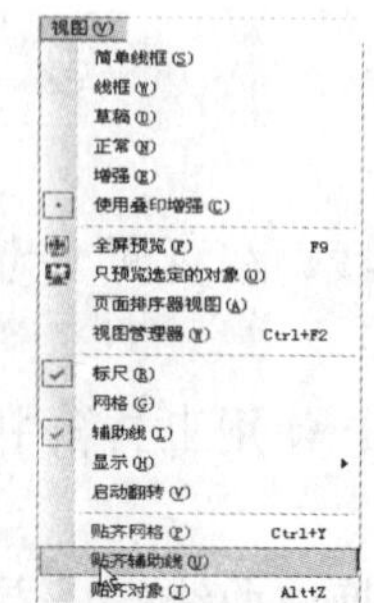

图3-04 贴齐辅助线命令

图3−05　图形贴齐辅助线

图3−06　隐藏辅助线

## 3.3.2 添加水平或垂直辅助线

执行“视图”/“设置”/“辅助线设置”命令，在选项列表中，若想添加水平辅助线，则单击“水平”选项，在 35.000 毫米 数值框中输入数值，然后单击“添加”按钮即可在页面上添加一条水平辅助线。

若想添加垂直辅助线，则单击“垂直”选项，在 35.000 毫米 数值框中输入数值，然后单击“添加”按钮即可在页面上添加一条垂直辅助线，如图3-07所示。

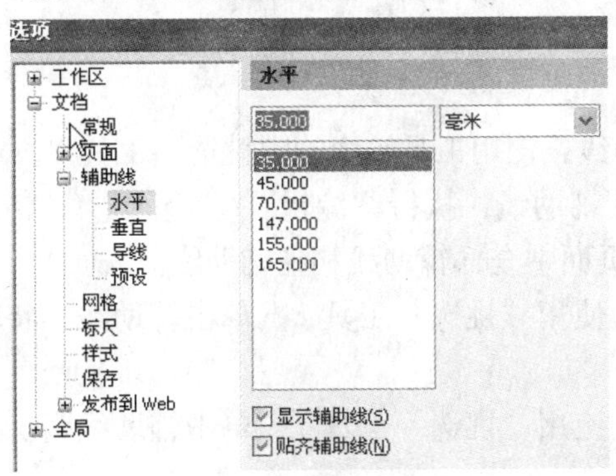


图3−07　设置辅助线对话框

## 3.3.3 添加倾斜辅助线

单击“视图”/“设置”/“辅助线设置”命令，在“辅助线”类别列表中单击“导线”，在“指定”列表框中有以下选项，如图3-08所示。

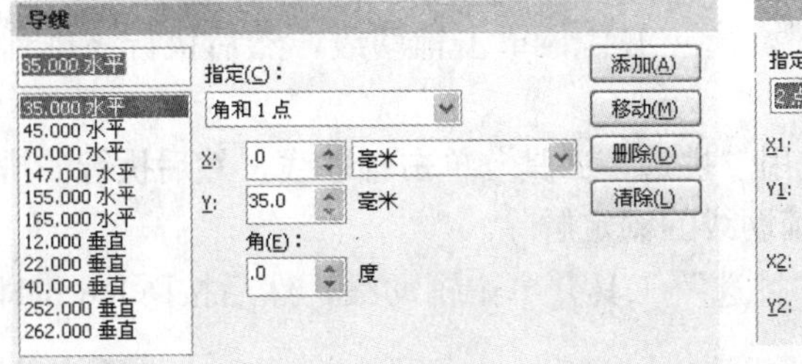

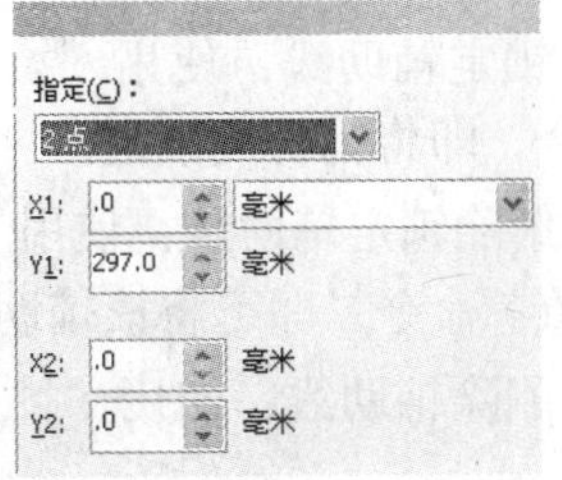


图3−08　添加倾斜辅助线对话框

- 2点：可以指定要连接的两点，以创建一条辅助线。

● 角和1点：可以指定一个点和一个角度，辅助线以指定的角度穿过该点，从列表框中选择测量单位，指定X轴、Y轴和角度，单击“添加”按钮即在页面上添加一条倾斜的辅助线。如果要更改辅助线的倾斜角度，可以返回到该对话框，在X轴、Y轴内输入更改后的角度，单击“移动”按钮即可。

也可以单击水平或垂直的辅助线，辅助线的颜色将发生改变，还将出现旋转中心⊙标志，其两边将出现旋转手柄↘，将鼠标置于该手柄上，鼠标指针变成形状时，即可旋转该辅助线，如图3-09所示。

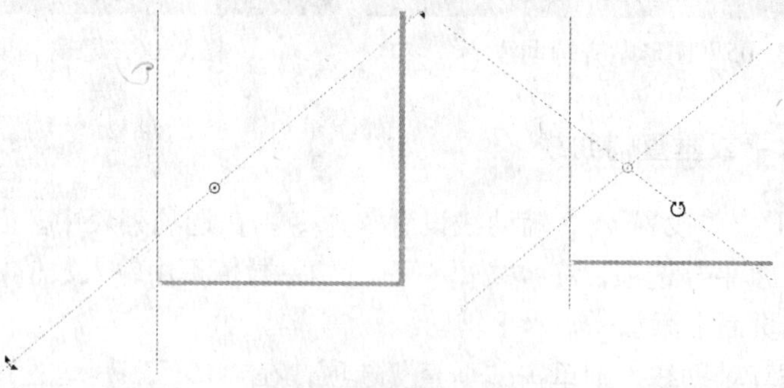

图3-09　旋转辅助线操作

## 3.3.4 修改辅助线

（1）选择单条辅助线：使用工具箱中的“挑选”工具，单击辅助线。

（2）全选页面上的辅助线：执行“编辑”/“全选”/“辅助线”命令（如图3-10所示），即可选中绘图页面中全部辅助线和主辅助线。

（3）移动辅助线：使用“挑选”工具，单击辅助线，将辅助线拖到绘图窗口中的其他位置。

（4）旋转辅助线：使用“挑选”工具，单击辅助线两次，待倾斜手柄出现时旋转辅助线。

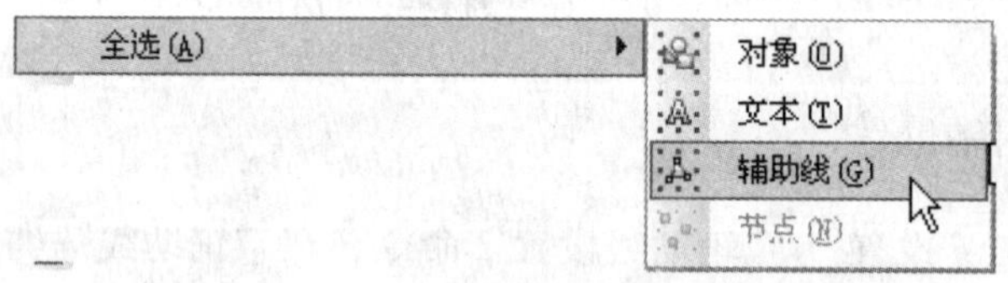


图3-10　全选辅助线菜单命令

（5）锁定辅助线：使用“挑选”工具单击辅助线，然后执行“排列”/“锁定对象”命令，即将辅助线锁定。

（6）解除锁定辅助线：使用“挑选”工具单击辅助线，然后执行“排列”/“解除锁定对象”命令，即可将该辅助线的锁定解除。

（7）删除辅助线：使用“挑选”工具单击辅助线，然后按Delete键即可删除该辅助线。

也可右键单击辅助线，在弹出的菜单中执行锁定对象、解除或删除等操作，如图3-11所示。

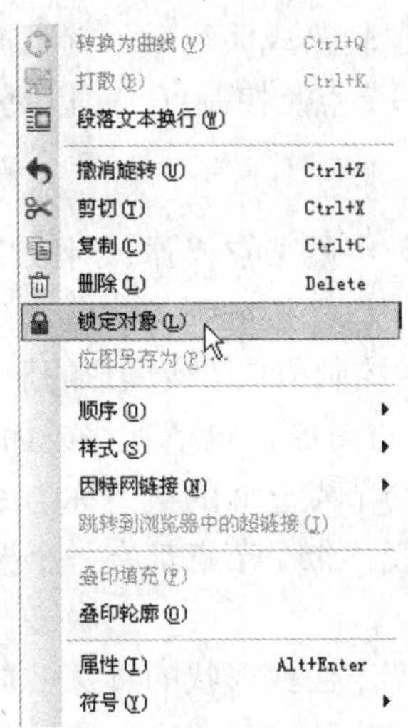


图3-11　右键单击辅助线出现的菜单命令

## 3.4　改变物体的形状

Corel DRAW中提供了许多改变物体形状的工具，如“形状工具”、“涂抹工具”、“粗糙工具”、“自由变换工具”、“裁剪工具”、“橡皮擦工具”、“刻刀工具”等。

### 3.4.1　转换成曲线图形

除螺纹、手绘线条和贝塞尔线条外，使用绘图工具绘制的几何图形、文本工具输入的文本或其他添加到绘图中的对象，都不是曲线对象，这类图形的节点比较少或没有节点，编辑操作也比较简单。如果想要自定义对象形状或文本对象，就必须将它们转换成具有较多节点的曲线图形对象。

1．对象

在 CorelDRAW 中创建的曲线对象遵循向其提供定义形状的路径。路径可以是开放的（如直线）也可以是闭合的（如椭圆），有时还可以包括子路径。

选择对象，单击属性栏中“转换为曲线”按钮 即可将所选对象转换成曲线，还可以通过执行“排列”/“转换成曲线”命令将对象转换成曲线，如图3-12所示。

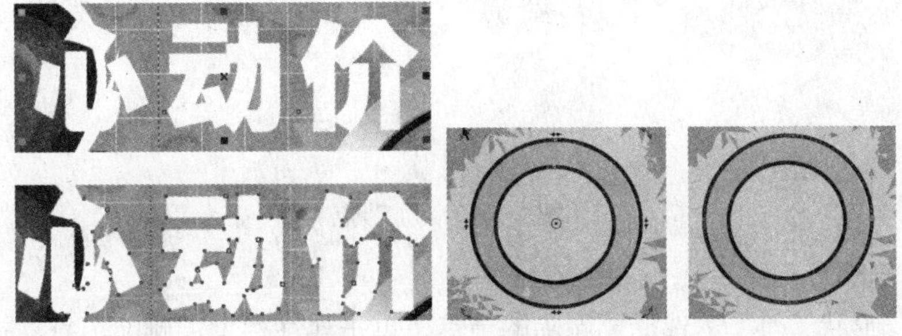

图3-12　将对象转换成曲线

由上图我们可以看出，对象转换成曲线后，就不再具有原来的属性，而是成为普通的封闭曲线，同时具有较多的节点及控制点，可以更改线条的宽度。

2．节点

节点是对象造型的关键，熟练的节点操作，对改变对象的形状有很大帮助。在前面讲解的绘制基本图形中，我们已经接触到了节点，初步了解到矢量图形的形状是由节点控制的，并能简单地通过由控制节点改变图形的形状。

曲线对象可以是任何形状的图形，包括直线或曲线，对象的节点是很小的正方形，出现在对象的轮廓上。两个节点之间的线条称为线段，线段可以是曲线或直线，对于连接到节点的每个曲线线段，每个节点都有一个控制手柄，控制手柄有助于调整线段的曲度。

控制手柄是节点上的用于调节曲线形状的特殊工具。由于曲线的形状是由曲线上的节点及节点上的控制手柄所决定的，因此通过移动节点和调节节点的控制手柄，可以改变曲线的形状。而几何图形（如矩形 、椭圆和多边形等）因其向量描述与曲线不同，只具有节点和线段，而没有控制手柄，如图3-13所示。

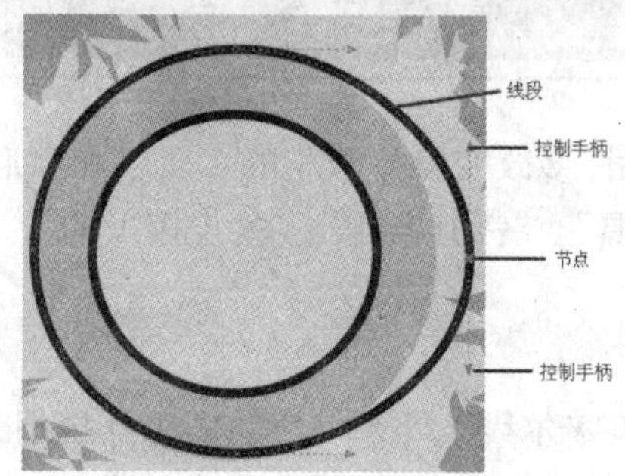


图3－13　曲线图形控制手柄、线段和节点

节点的操作可在属性栏中（减少节点 0）进行设置。

（1）添加节点。

使用“形状工具”单击对象上要添加节点的位置，线段上将出现一个黑点，单击属性栏中“添加节点”按钮，即在曲线上添加了一个节点，如图3-14所示。

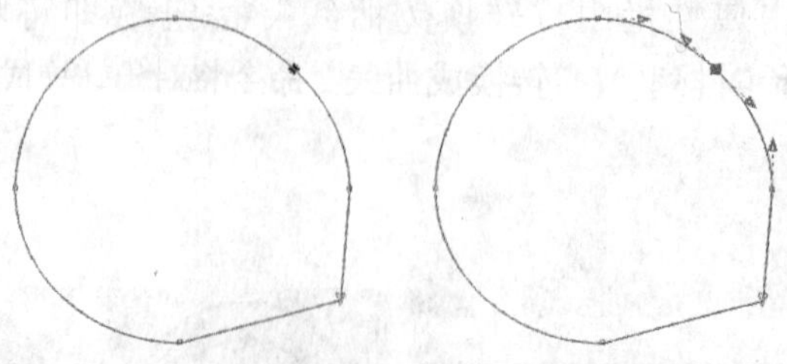

图3－14　添加节点

（2）删除节点。

使用“形状工具”选择要删除的节点，单击属性栏上“删除节点”按钮，即可删除该节点。也可以在选择节点后直接按Delete键删除，如图3-15所示。

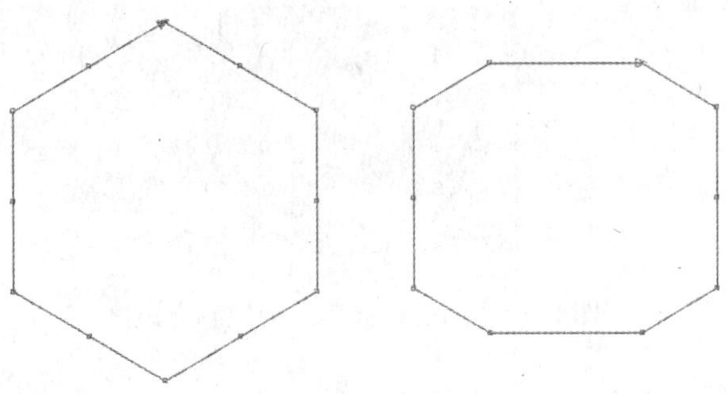

图3−15　删除节点

（3）尖突节点。

在线段转急弯或突起的会时候会用到尖突节点，它具有两个相互独立运动的控制点。也就是说，尖突节点的控制点是独立的，移动一个控制点，另外一个控制点并不一起移动，从而在改变节点一侧的线段形状的时候，对另外一侧的线段形状不产生影响。

选择工具箱中的“形状”工具，选择节点，在属性栏上，单击“使节点成为尖突”按钮，使节点尖突，如图3-16所示。

（4）平滑节点。

调节平滑节点可以生成平滑的曲线，它具有两个位于同一条直线上的控制点，这两个控制点是直接相关的，但移动一个控制点时，另外一个控制点也将随之移动。通过平滑节点连接的线段将产生平滑过渡，以保持曲线的形状。

在工具箱中，选择“形状”工具，单击节点，在属性栏上，单击“平滑节点”按钮，使节点平滑，如图3-17所示。

图 3−16　调节尖突节点

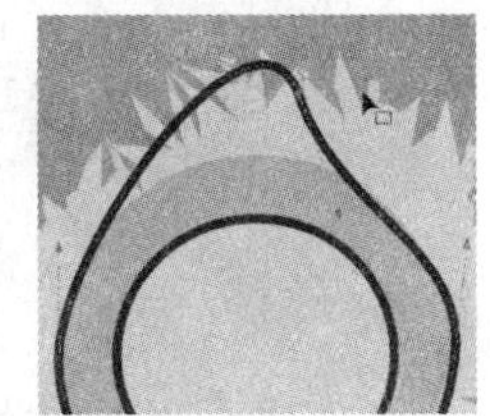

图 3−17　调节平滑节点

（5）对称节点。

对称节点类似于平滑节点。它们在线段之间创建平滑的过渡，但节点两端的线条呈现相同的曲线外观。

对称节点可以用来连接两条曲线，并使这两条曲线相对于节点对称。对称节点具有两个位于同一条直线上的、到节点距离相同的控制手柄。这两个控制手柄不仅直接相关，移动其中一个控制点时，另一个控制点也会发生移动，并保持两个控制点在同一直线上且到节点的距离相等，从而使得平滑节点两边的曲线的曲率也相同。对称节点的控制手柄相互之间是完全相反的，并且与节点间的距离相等。

在工具箱中，选择“形状”工具，单击节点，在属性栏上，单击“生成对称节点”按钮，使节点对称，如图3-18所示。

图3-18　调节对称节点的控制点距离

## 3.4.2 形状工具的应用

单击工具箱中的“形状工具”，弹出形状工具组的菜单栏，包括“形状”工具、“涂抹笔刷”、“粗糙笔刷”、“变换”工具共四种工具，如图3-19所示。

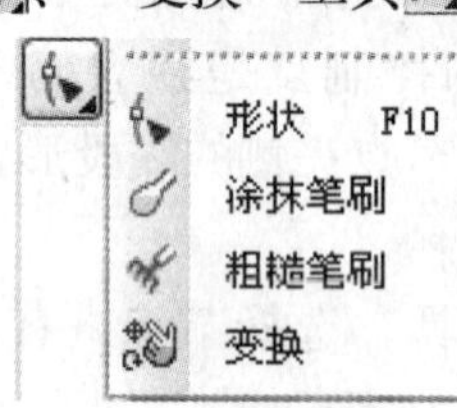


3-19　形状工具组

在这一节我们主要讲解“形状”工具、“涂抹笔刷”和“粗糙笔刷”。

1．形状

选取对象，单击工具箱中的“形状”工具，单击对象节点，即可以通过更改该节点的属性来改变对象的形状，如图3-20所示。

图3-20　形状工具通过节点改变对象形状

使用绘图工具绘制的各种图形，为保持其对称性，在不转换成曲线的状态下也可以改变其形状，需要选择工具箱中的“形状”工具直接拖动图形节点，以生成各种图形，如图3-21所示。

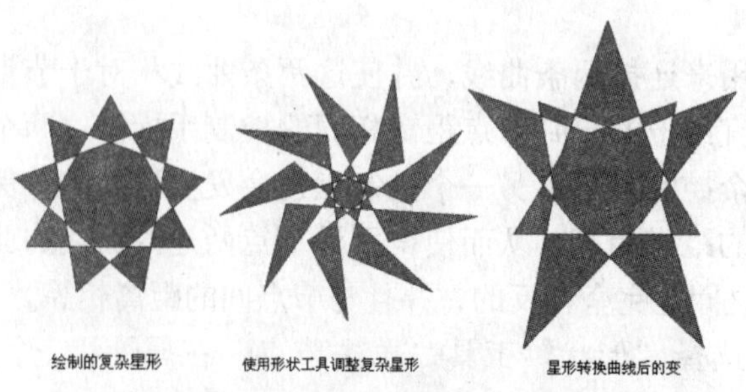


图3-21　图形变形的比较

2．涂抹笔刷

“涂抹笔刷”可用于通过拖放对象轮廓来使对象变形。将涂抹应用于对象时，一定要将对象转换成曲线，使用该工具调整图形可以控制变形的范围和形状。

涂抹效果会对旋转的角度以及图形涂抹笔触的斜移角度作出响应。旋转笔可以改变涂抹效果的角度，倾斜笔则可以调平笔刷尖并改变涂抹的形状。如果使用的是鼠标，则可以通过指定相应的值来模拟笔的持笔和斜移。增加0～359的持笔角度可改变笔触的角度。减少90～15的斜移角度时，可通过调平笔刷尖来改变涂抹的形状。

涂抹可以随压力的增大而变宽，随压力的减小而变窄。

使用“挑选”工具，选择对象，在工具箱中，单击“涂抹笔刷”工具，单击对象由外部向内拖动或单击对象由内部向外拖动，使之变形，如图3-22所示。

图3-22　涂抹对象

涂抹的对象，必须指定笔尖大小和其他相关属性设置。

笔尖大小决定应用于对象的涂抹宽度，若要改变笔刷笔尖的大小，在属性栏中的“笔尖大小”10.0 mm数值框中键入一个值，即可设定笔刷的大小。

使用图形笔时，单击属性栏的“使用笔压设置”按钮，即可对笔应用压力。

在属性栏上的“在效果中添加水份浓度”0数值框中键入一个-10~10的值，会使涂抹加宽或变窄。

在属性栏上的“为斜移设置输入固定值”21.0°数值框中键入一个15～90的值，指定涂抹笔触形状。

单击属性栏上的“使用笔斜移设置”按钮，可在使用图形笔时改变涂抹形状。

在属性栏上的“为关系设置输入固定值”30.0°数值框中键入一个0～359的值，可指定涂抹笔尖形状的角度。

单击属性栏上的“使用笔报告的设置”按钮，可在使用图形笔时改变涂抹笔尖形状的角度。

3．粗糙笔刷

粗糙笔刷，可以将锯齿或尖突的边缘应用于对象，包括线条、曲线和文本。可以进行笔刷缩进的大小、角度、方向以及数量等的设置。

粗糙效果取决于笔刷的移动或固定设置，或者取决于将垂直尖突自动应用于线条。将粗糙效果应用于对象时，可以通过改变笔的旋转角度来确定尖突的方向。

使用“挑选”工具，选择对象，在工具箱中，单击“粗糙笔刷”工具，将鼠标指针置于要变粗糙的轮廓上的区域，然后拖动轮廓，使之变形，如图3-23所示。

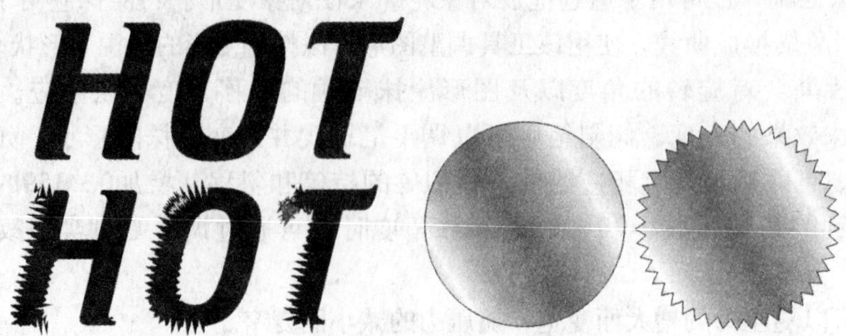


图3-23 粗糙对象

4．刻刀工具

刻刀工具可以将对象分割成多个部分，但是不会使对象的任何一部分消失。

使用“挑选”工具，选择对象，在工具箱中，单击“刻刀”工具，将“刻刀”工具定位在要开始剪切的对象轮廓上，如果定位正确，“刻刀”工具会竖直对齐，单击轮廓以开始剪切，将“刻刀”工具定位在对象轮廓上要停止剪切的位置，然后再次单击鼠标结束剪切，如图3-24所示。

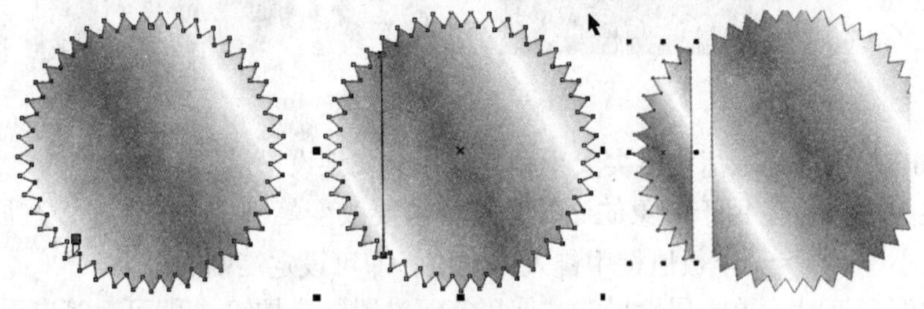

图3-24 使用“刻刀”工具剪切图形

指向要开始剪切的位置，然后拖曳至要结束剪切的位置，可以沿手绘线条拆分对象，如图3-25所示。

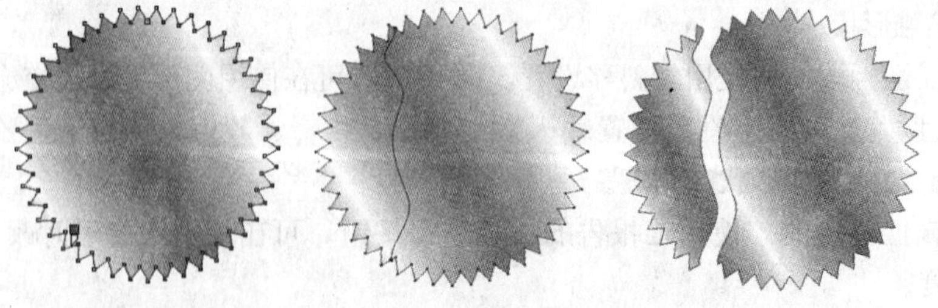

图3-25 沿手绘线条拆分对象

按住Shift键，单击要开始剪切对象的位置，然后将控制手柄拖动到要定位的下一个节点的位置，再次单击，可以沿贝塞尔曲线拆分对象。继续单击可以为该曲线添加更多直线线段，如果要添加曲线线段，请定位至要放置节点的位置，然后进行拖动以调整曲线造型。如果要以15° 的增量约束线条，则按Shift+ Ctrl组合键，如图3-26所示。

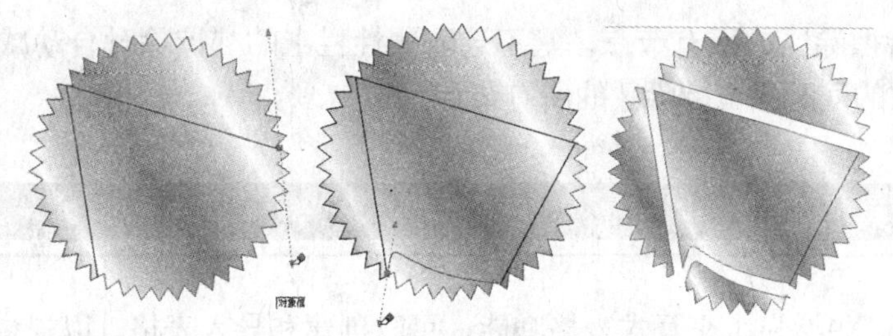

图3-26　沿贝塞尔线条拆分对象

选中属性栏上的“保留为一个对象”按钮，在该模式下可使对象拆分为两个子路径，如图3-27所示。

选中属性栏上的“剪切时自动闭合”按钮，可使对象拆分为两个闭合的图形，如图3-28所示。

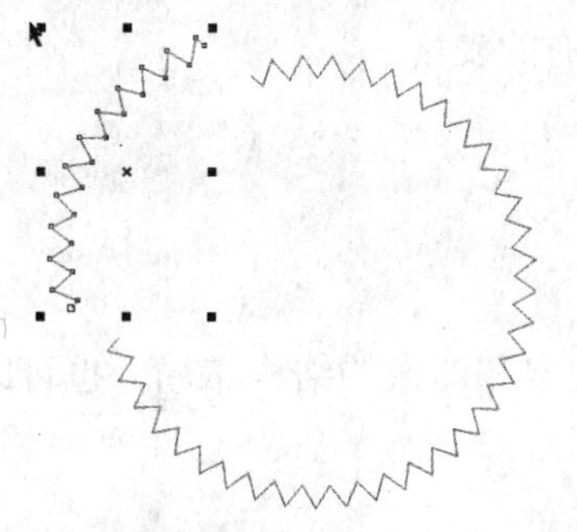

图3-27　将对象拆分为两个子路径

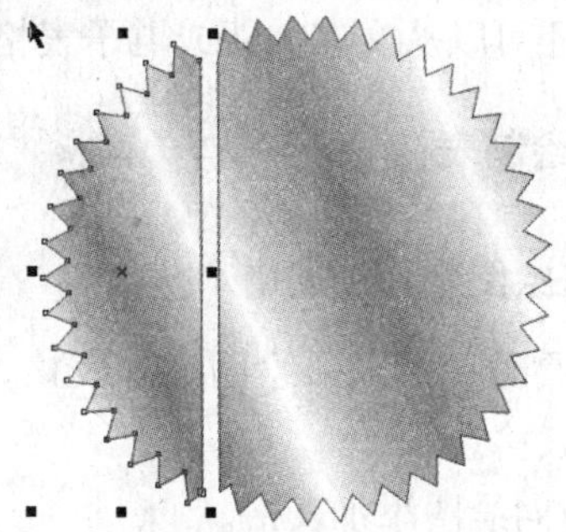

图3-28　自动闭合剪切对象

5．橡皮擦工具

“橡皮擦工具”可以擦除对象上不需要的部分，该工具和现实中的橡皮擦一样，想擦除哪部分就用“橡皮擦工具”擦除哪部分即可。

选择要擦除的对象，单击工具箱中的“橡皮擦工具”，在对象上要擦除的部分拖动鼠标即可，如图3-29所示。

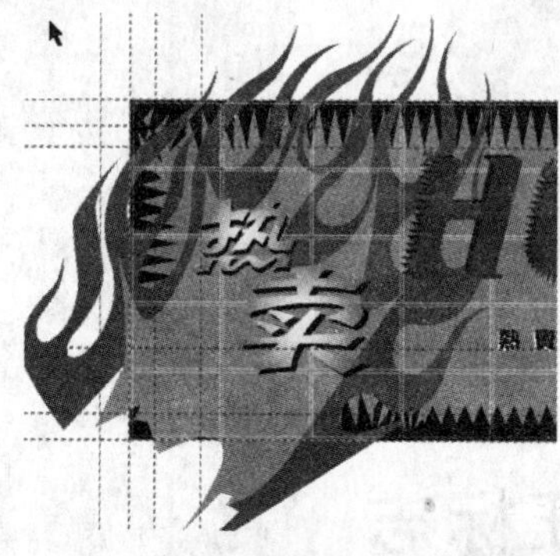

图3-29　擦除对象多余部分

在属性栏上的“橡皮擦厚度” 10.0 mm 数值框中输入一个值，然后按 Enter 键，即可改变橡皮擦笔尖的大小。

单击属性栏上的“圆形/方形”按钮，即可改变橡皮擦笔触的形状。

如果要保持擦除区的所有节点，则不选取属性栏上的“擦除时自动减少”按钮，即可在擦除对象的同时保留擦除区的所有节点。

## 3.5 表格工具

CorelDRAW X4增强了交互式表格功能，可以创建和导入表格，以提供文本和图形在绘图中的结构布局。用户可以轻松地对齐表格和单元格、调整它们的大小或对其进行编辑，以使它们符合设计要求。

CorelDRAW X4新的表格工具提供了一种结构布局，使用户可以在绘图中显示文本或图像。使用该工具可以绘制表格，也可以从段落文本创建表格。通过修改表格属性和格式，可以轻松地更改表格。由于表格是对象，因此用户可以用多种方式进行表格的处理，还可以从文本文件或电子表格中导入已有的表格。

### 3.5.1 绘制表格

**1．在绘图中添加表格**

在需要时，可以向绘图添加表格，以创建文本和图像的结构布局，也可以从现有文本创建表格。

（1）向绘图添加表格。

单击工具箱中的“表格工具”，在属性栏上的“行数”和“列数”数值框中输入要绘制表格的行数和列数，顶部输入的值用来指定行数，底部输入的值用来指定列数，在绘图页面沿对角线拖动鼠标即可绘制表格，如图3-30所示。

图3-30　行数和列数均为10的表格

（2）从文本创建表格。

单击工具箱中的“挑选”工具，选择要转换为表格的文本，执行“表格”/“将文本转换为表格”命令，弹出“将文本转换为表格”对话框，如图3-31所示。

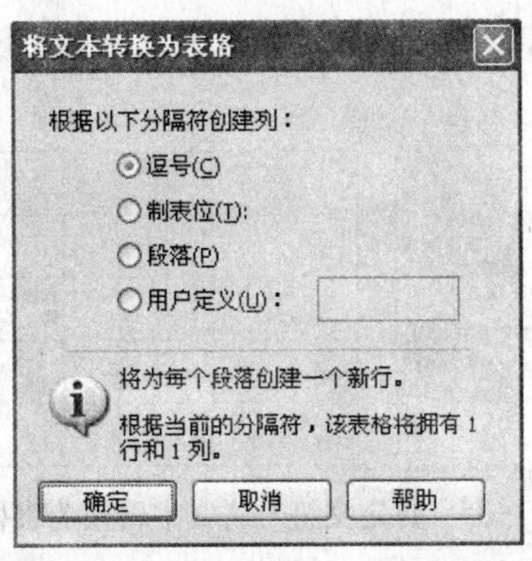


图3−31　将文本转换为表格对话框

在对话框中“根据以下分隔符创建列”区域中，有下列选项：

“逗号”选项可以使表格在逗号显示处创建列，在段落标记显示处创建行，如图3-32所示。

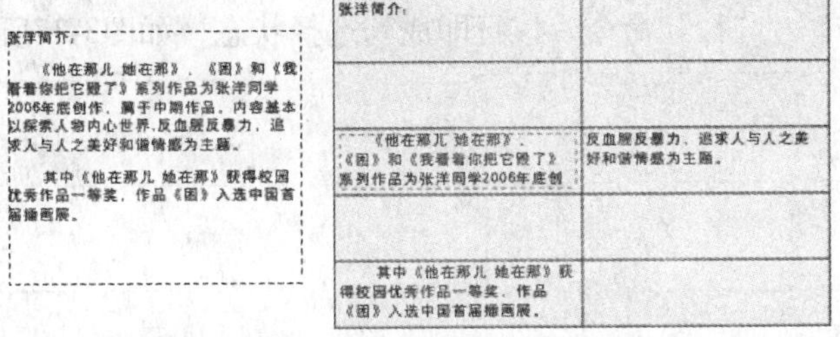

图3−32　根据“逗号”将文本转换为表格

制表位选项创建的表格在默认的状态下，有一个制表位的列和多个显示段落标记的行，用户可以在转换表格后在属性栏中“行数”和“列数”数值框中重新设置行数和列数的值，也可以单独在行中对文本进行变换，如图3-33所示。

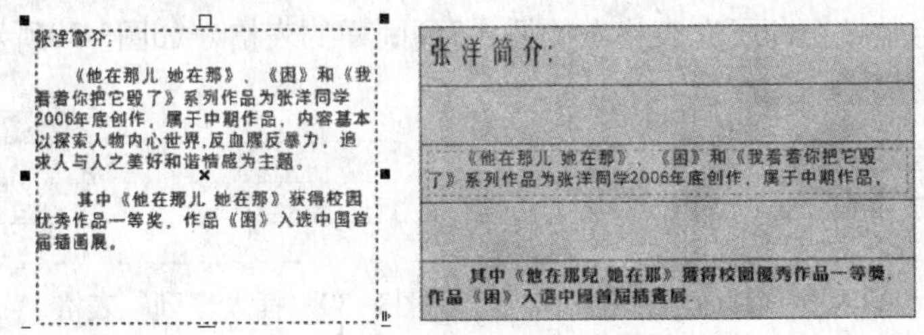

图3−33　根据“制表位”将文本转换为表格

“段落”选项可以将文本转换为段落，转换成多个显示段落标记的列，如图3-34所示。

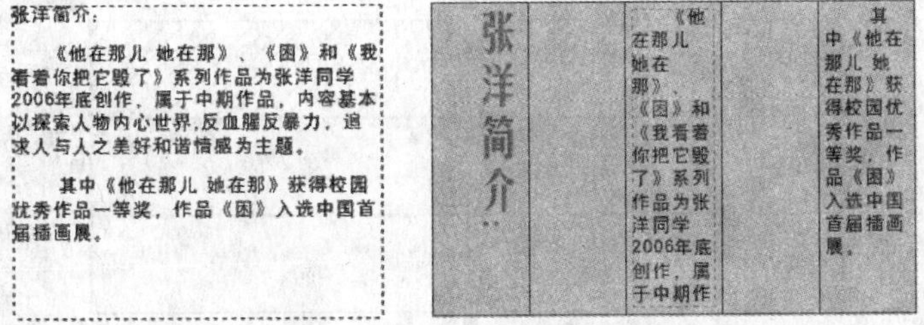

图3−34　根据“段落”将文本转换为表格

“用户定义”选项可以让用户以指定符号来创建显示该标记的列和显示该段落标记的行，如图3-35所示。

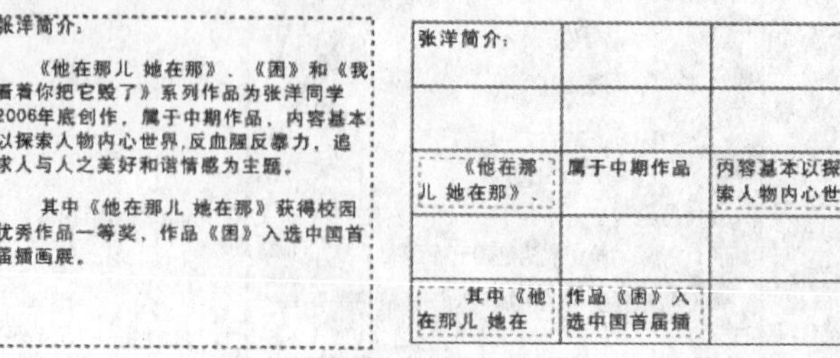


图3-35 自定义符号将文本转换为表格

2．处理表格

（1）插入表格。

在绘图页面中绘制一个3行1列的表格，如图3-36所示，用鼠标双击表格，执行菜单“表格”/“选择”/“行”命令，该行即成为选择状态，如图3-37所示。

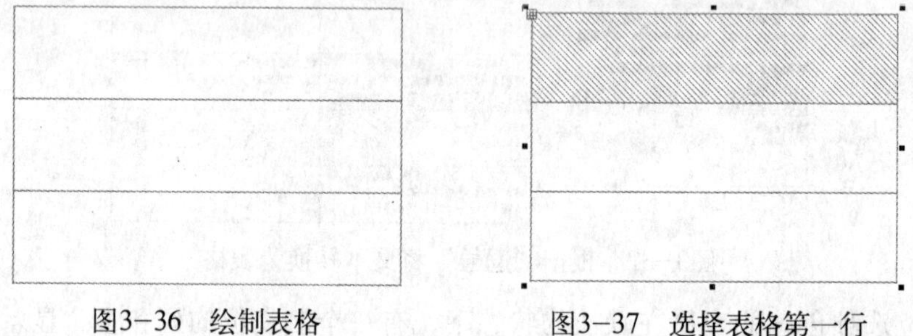

图3-36 绘制表格　　图3-37 选择表格第一行

单击“表格”/“插入”/列”命令，弹出“插入列”对话框，在栏数(N): 3 数值框中输入要插入的列数，在“位置”选项下选择要插入列的位置，如图3-38所示，单击“确定”按钮即可在表格左侧插入3列同样的表格，如图3-39所示。

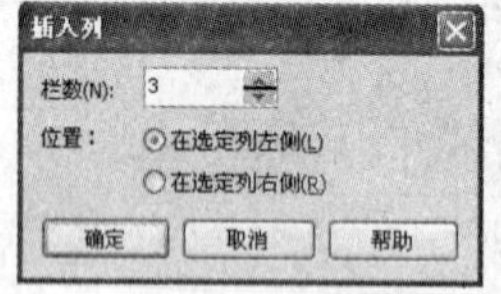


图3-38 “插入列”对话框

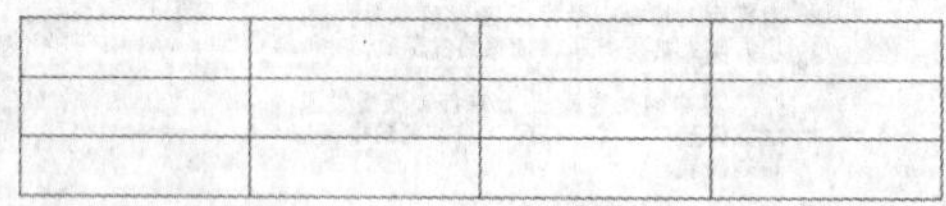

图3-39 插入“列”表格

在选取表格的状态下，执行“表格”/“插入”/“列左侧”命令即可在表格左侧插入表格，如图3-40所示。

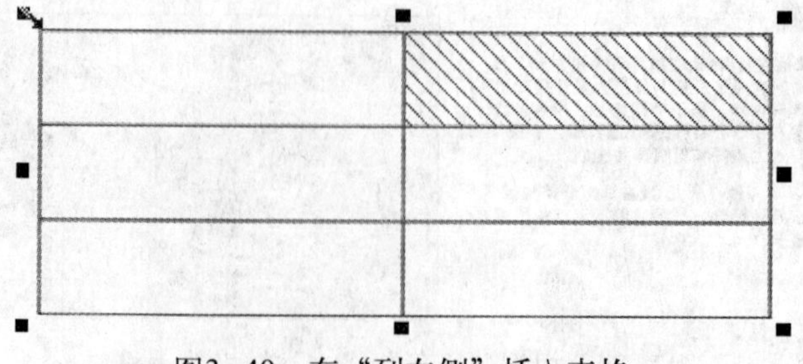

图3-40 在“列左侧”插入表格

在插入表格时，从“表格”/“插入”菜单中选择“行上方”命令或者“行下方”命令时，插入的行数或列数取决于所选择的行数或列数。

（2）删除表格。

如果要从表格中删除一整行，选择要删除的行，选择多行时鼠标会变成⊡标志，在该标志状态下可进行多行或多列的选择。执行“表格”/“删除”/“行”命令即可将选择的该行从表格中删除，如图3-41所示。

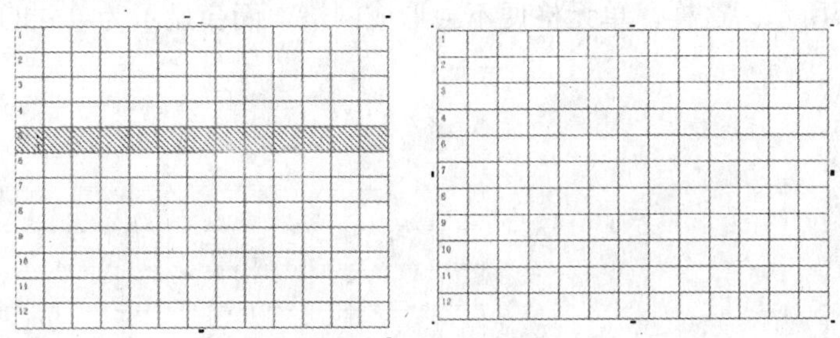

图3-41 删除表格中的行

如果要删除列，选择要删除的列，执行“表格”/“删除”/“列”命令即可将选择的该列从表格中删除，如图3-42所示。

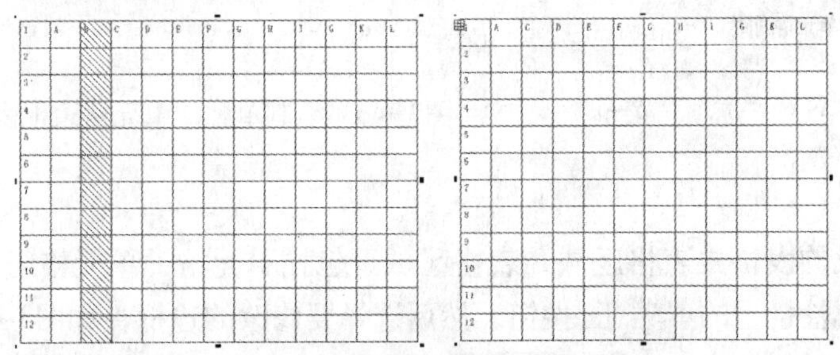

图3-42 删除表格中的列

（3）调整表格单元格、行和列的大小。

CorelDRAW X4中绘制的表格可以解散群组，再更改自己想要的表格外观，这对于编辑比较简单的表格比较适用。

选择要调整的表格，执行“排列”/“打散表格”命令，再执行“排列”/“取消群组”命令，表格就会被打散，打散后的表格曲线会变成节点状态，如图3-43所示。我们即可随意调整表格中的每一条线，如图3-44所示。

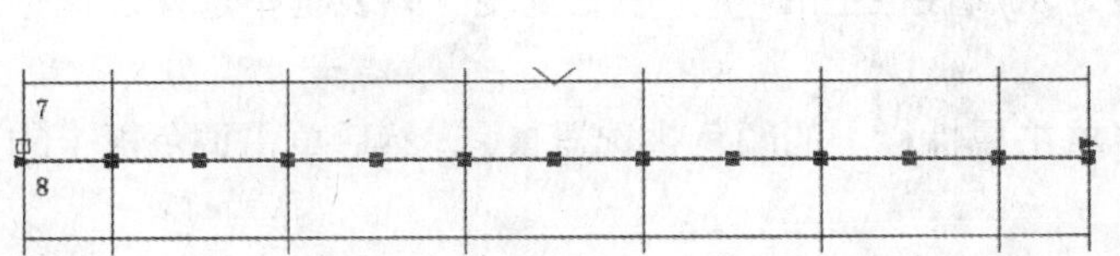

图3-43 打散表格后的曲线状态

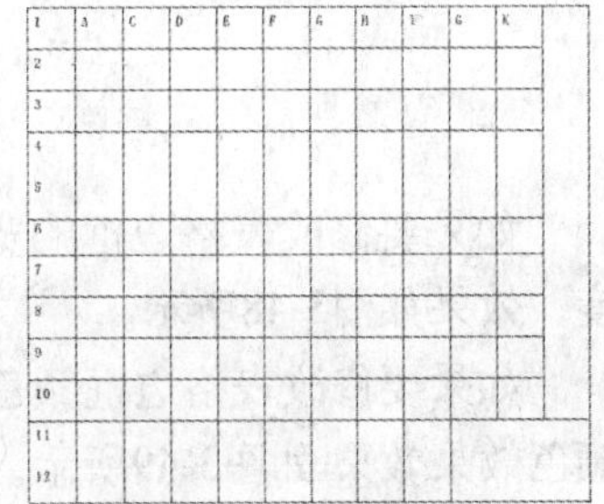

图3-44 调整表格

## 3.5.2 格式化表格和单元格

可以通过修改表格和单元格边框更改表格边框的宽度或颜色。

此外，还可以更改表格单元格页边距和单元格边框间距。单元格页边距可以增加单元格边框和单元格中的文本之间的间距。默认情况下，单元格边框会重叠从而形成网格。但是，可以单击属性栏上的选项，以增加单元格边框间距以移动边框使之相互分离，如图3-45所示。这样，单元格便不会形成网格，而会显示为单独的框，如图3-46所示。

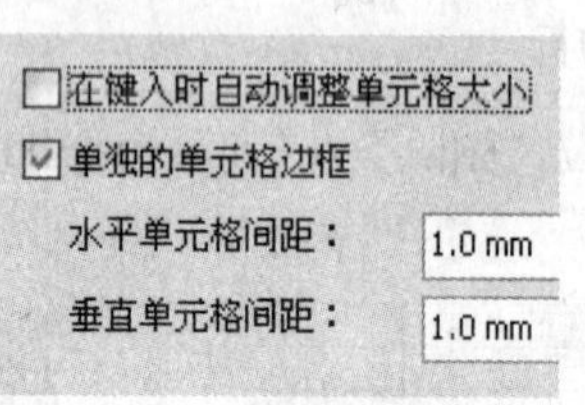


图3-45 “选项”菜单

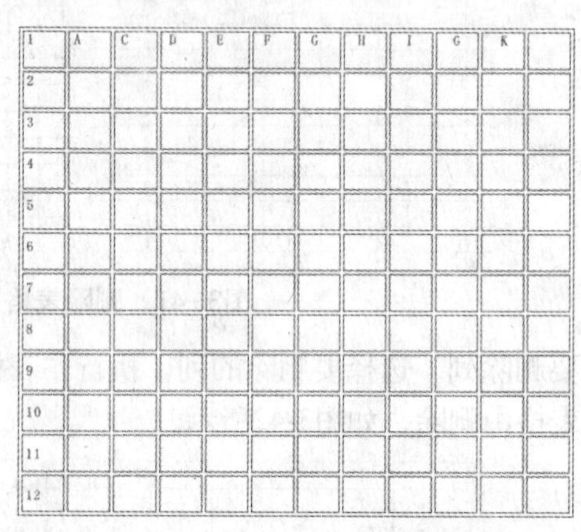

图3-46 绘制单独的单元格边框表格

1. “边框”选项

选择要修改的表格或表格区域，表格区域可包括单元格、单元格组、行、列或整个表格，单击属性栏上的边框：按钮，然后选择要修改的边框，如图3-47所示。

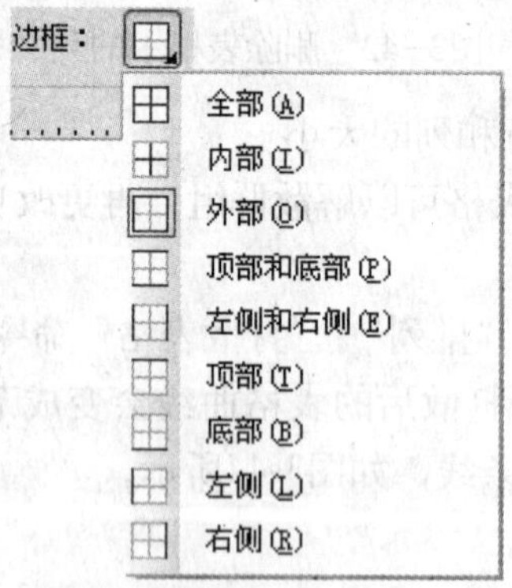


图3-47 表格边框按钮栏

如果要修改表格边框的宽度，从属性栏上的2.0 mm“宽度”列表框中选择边框宽度，效果如图3-48所示。

如果要修改表格边框颜色，单击属性栏上的颜色挑选器，然后单击调色板上的颜色效果效果 如图3-49所示。

如果要修改表格边框线条样式，单击属性栏上的“轮廓笔”按钮，然后在“轮廓笔”对话框中设置轮廓属性，如图3-50所示。

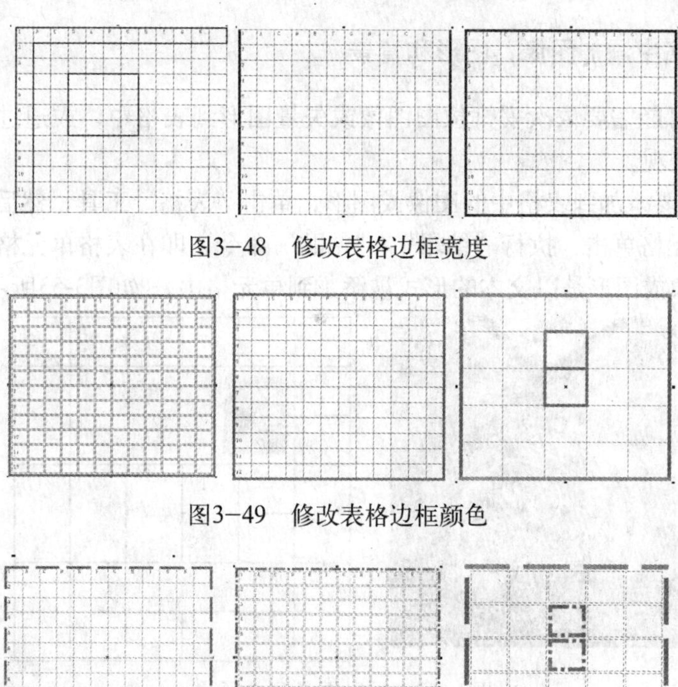

图3-48 修改表格边框宽度

图3-49 修改表格边框颜色

图3-50 修改表格边框的样式

2．合并和拆分表格单元格

可以通过合并或拆分单元格，来改变单元格的格式布局。

选择要合并的单元格，执行“表格”/“合并单元格”命令即可将选择的单元格合并，如图3-51所示。

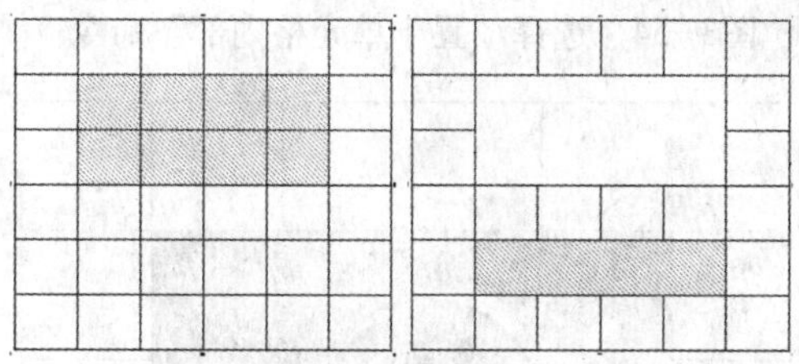

图3-51 合并单元格

选择要拆分的单元格，执行“表格”/“拆分单元格”命令即可将选择的单元格拆分，如图3-52所示。

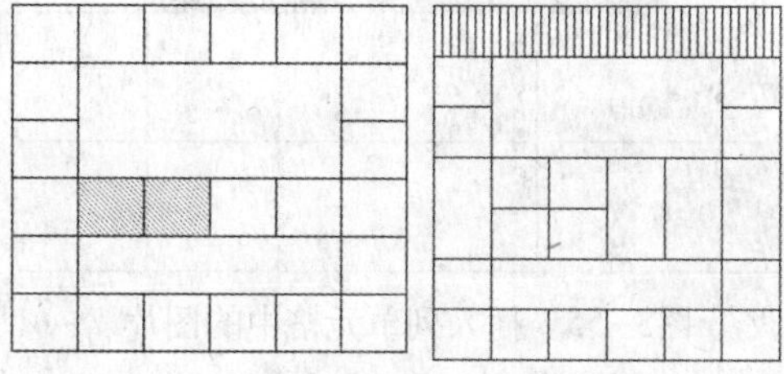

图3-52 拆分单元格

## 3.5.3 向表格中添加图像、图形和背景

在创作时可能需要依次安排位图图像或矢量图形到表格中，或通过添加背景颜色来更改表格的外观。

（1）复制要添加到表格中的图像或图形，单击“表格”工具，然后选择要插入图像或图形的单元格单击，执行“编辑”/“粘贴”命令，即在表格单元格中插入图像或图形，此时图像或图形是以文本的形式被添加到单元格中，如图3-53所示。

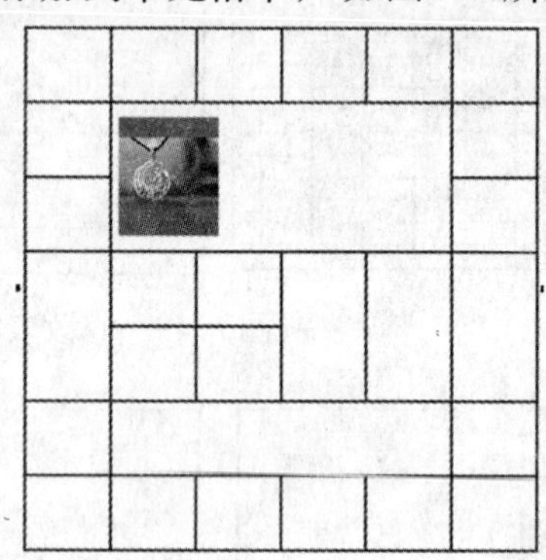

图3－53 粘贴图像到单元格

还可以通过在图像上按住鼠标右键，将图像拖动到单元格，松开鼠标右键，弹出如图3-54菜单。然后单击“置于单元格内部”命令来插入图形或图像，结果如图3-55所示。

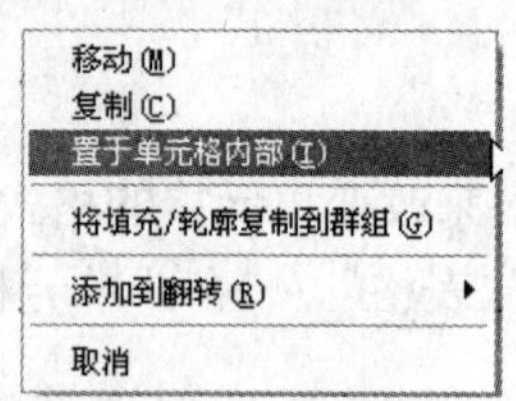


图3－54 选择“置于单元格内部”命令

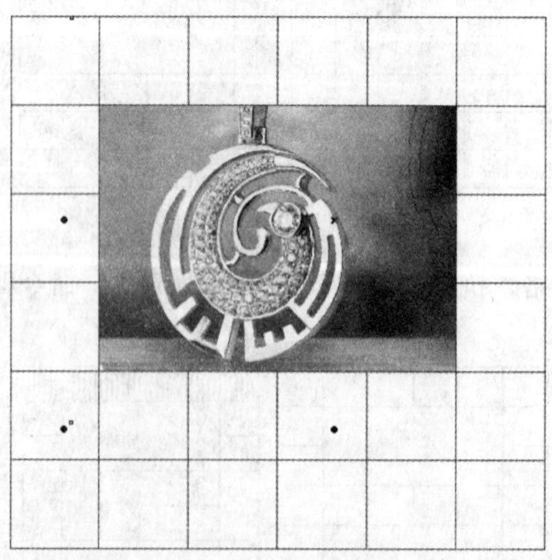

图3－55 插入列单元格中的图片

（2）如果要向表格添加背景颜色，单击“表格”工具，然后单击表格，单击属性

栏“背景颜色”背景: 挑选器，然后单击调色板上的颜色，即可为表格填充背景色，如图3-56所示。

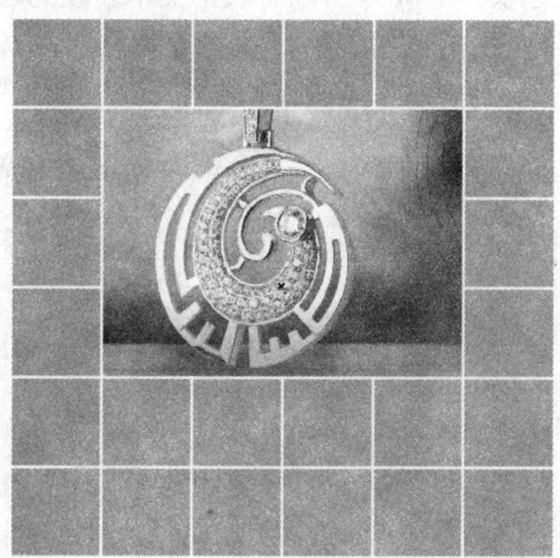

图3−56 为表格填充背景色

## 3.5.4 处理表格中的文本

### 1．在表格中输入文本

在CorelDRAW X4中可以轻松地在表格单元格中添加文本，表格单元格中的文本被视为段落文本。因此，用户可以像修改其他段落文本那样修改表格文本。在新表格中输入文本时，用户可以在属性栏的“选项” 选项 菜单栏选择“在输入时自动调整表格单元格大小”选项。

选择工具箱里“文本工具” 字，在将要输入文本的表格单元格中单击，出现文本框，在文本框中输入文本，可对输入的文本进行字体、字号、颜色等设置，如图3-57所示。

图3−57 在表格中输入文本

2．将表格转换为文本

如果希望不再显示表格文本，用户可以将表格文本转换为段落文本。

选择“表格”工具▦，然后单击表格，执行“表格”/“将表格转换为文本”命令，即可将表格转换为文本，如图3-58所示。

图3-58　将表格转换为段落文本

在弹出的“将表格转换为文本”对话框中，有以下选项：

可以使用“句号”替换每列，使用段落标记替换每行。

可以使用“制表位”替换每列，使用段落标记替换每行。

可以使用“段落”标记替换每列。

可以使用指定字符替换每列，使用段落标记替换每行。此时需要在“用户定义”后面的文本框中键入一个字符，以该字符替换每行每列，如图3-59所示。

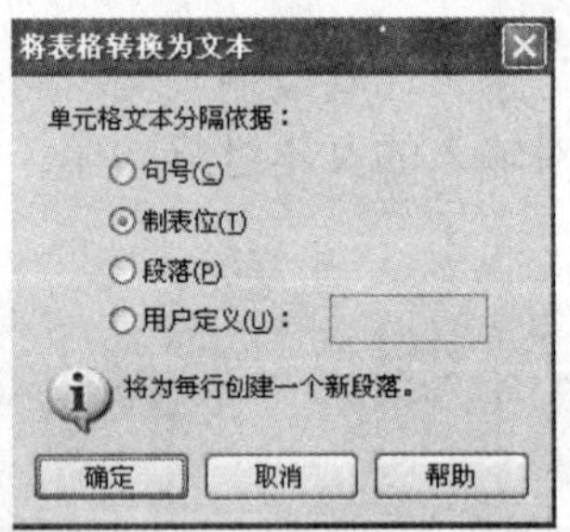


图3-59　“将表格转换为文本”对话框

## 3.5.5 将表格导入绘图中

CorelDRAW可以通过从Microsoft Excel电子表格中导入内容来创建表格，还可以导入在字处理应用程序（如Microsoft Word）中创建的表格。

1．从Excel中导入表格

执行“文件”/“导入”命令，在弹出的对话框中，选择存储电子表格的驱动器和文件夹，单击文件将其选中，然后单击“导入”按钮，如图3-60所示。

图3-60 “导入”对话框

此时将出现“导入/粘贴文本”对话框，如图3-61所示。

从“将表格导入为” 将表格导入为：表格 列表框中，选择“表格”，在下列选项中选择“保持字体和格式”，即可将Microsoft Excel中的表格导入CorelDRAW中，结果如图3-62所示。

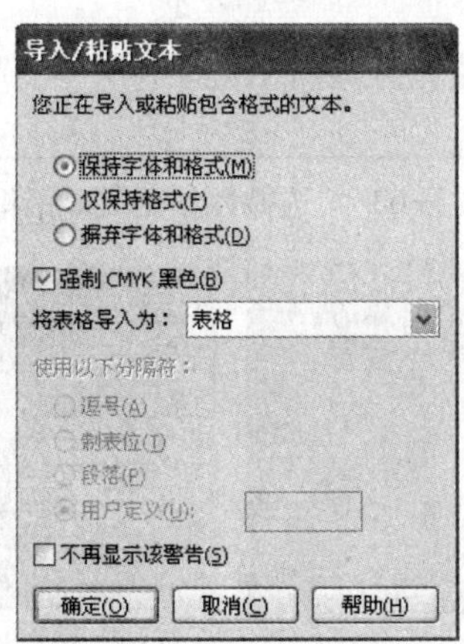


图3-61 导入表格时弹出的对话框

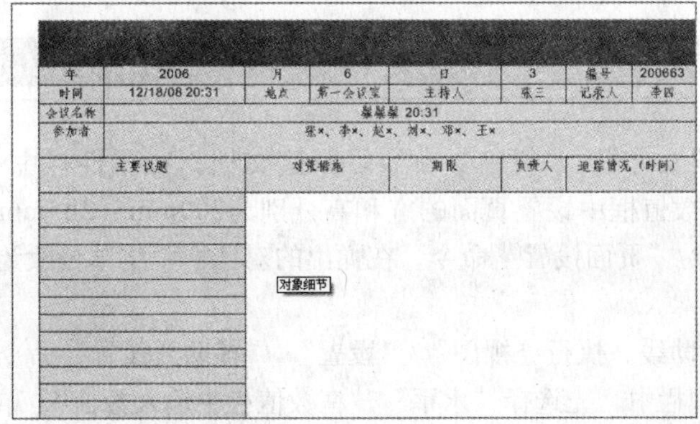

| | | | | | | | |
|---|---|---|---|---|---|---|---|
| 年 | 2006 | 月 | 6 | 日 | 3 | 编号 | 200663 |
| 时间 | 12/18/08 20:31 | 地点 | 第一会议室 | 主持人 | 张三 | 记录人 | 李四 |
| 会议名称 | 纂纂纂 20:31 | | | | | | |
| 参加者 | 张×、李×、赵×、刘×、邓×、王× | | | | | | |
| 主要议题 | | 对策措施 | | 期限 | 负责人 | 追踪情况（时间） | |



图3-62 从Microsoft Word或Microsoft Execl中导入的表格

从Microsoft Word中导入表格的方法和从Microsoft Excel中导入表格的操作方法一样，这里就不再赘述了。

2. 从Microsoft Word或Microsoft Execl里直接拷贝表格到CorelDRAW中

新建一个文档，把新文件里的文字的字间距设为0，打开Microsoft Word或Microsoft Execl，选中要复制的表格，执行“编辑”/“复制”命令将表格复制到剪贴板，然后返回到CorelDRAW绘图页面，执行“编辑”/“选择性粘贴”命令，弹出“选择性粘贴”对话框，如图3-63所示。在该对话框中的提示栏里选择粘贴文档的格式，单击“确定”按钮，即可把Microsoft Word或Microsoft Execl中的表格粘贴到CorelDRAW的当前绘图页面中，如图3-64所示。

此方法只适用于复杂的表格，但是拷贝过来的表格全部是散的，不好修改，而且在Microsoft Word或Microsoft Execl中一次不能选中太多的表格，不然只会拷贝一部分。

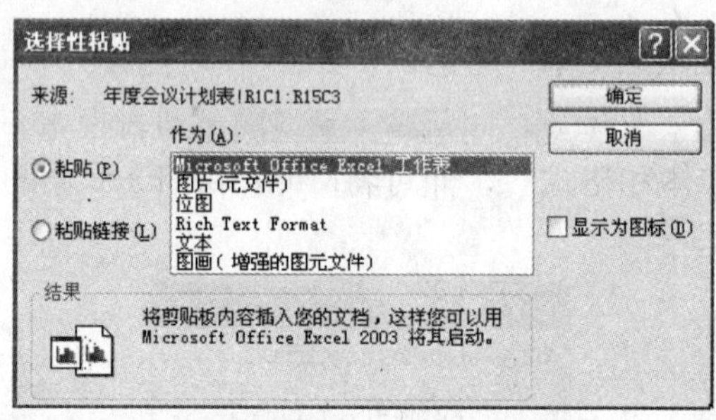


图3-63 “选择性粘贴”对话框

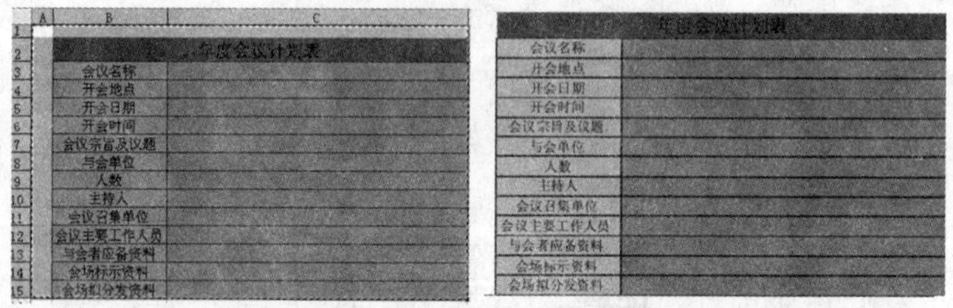


图3-64 将Microsoft Word或Execl中表格粘贴到CorelDRAW中

## 3.6 样题解答

（1）执行“文件”/“新建”命令，新建文档，在属性栏中“纸张宽度和高度” 数值框中设置页面的宽和高分别为200mm、285mm，纸张方向为纵向，执行“版面”/“页面设置”命令，在弹出的对话框中将单位改为“像素”，设置分辨率为150dpi。

（2）添加辅助线。执行“视图”/“设置”/“辅助线设置”命令，在弹出的对话框“辅助线”选项栏中，先选择“水平”，在数值栏中输入数值0，单击“添加”，即在页面上添加了一条辅助线，依次再添加水平辅助线，位置分别为15、35、65、165、

195、215、230。

如图3-65所示。在“辅助线”选项栏中，再选择“垂直”，在数值栏中输入数值，依次添加垂直辅助线，位置分别为0、20、70、80、125、135、185、195、240、250、300、350、360，结果如图3-66所示。

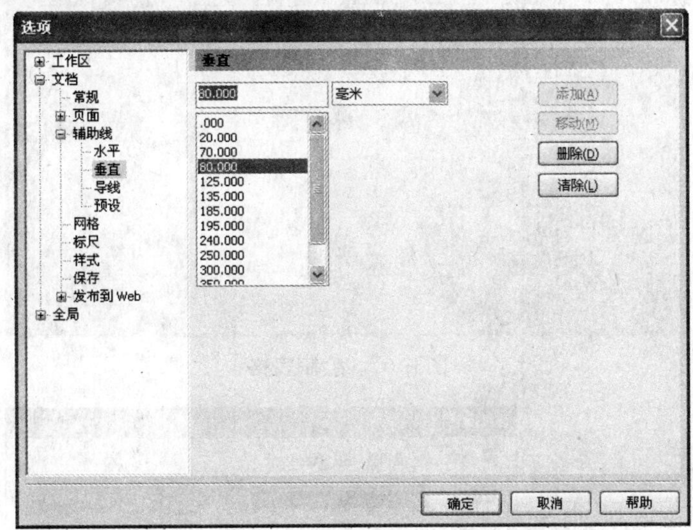


图3-65　添加辅助线对话框

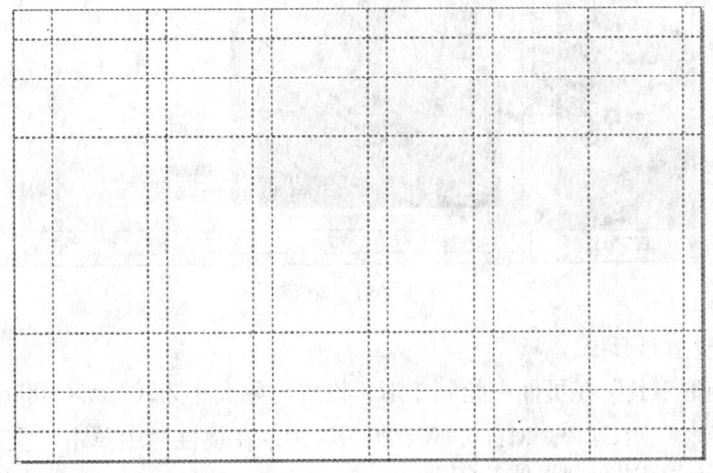

图3-66　添加辅助线

（3）表格工具。

执行“文件”/“导入”命令，导入C:\2008CDR\Unit2\Y2-19A.cdr为参照图，单击属性栏上的“锁定对象缩放比例”，在“对象大小”的对象宽度栏中输入对象的大小为55，将对象移至页面右上角，如图3-67所示。

选择工具箱中的“表格工具”，在绘图页面中绘制表格。在属性栏中设置对象大小为360mm×230mm，设置表格行数为23，列数为36，单击背景颜色，在弹出的调色板中，选择“其它”，在弹出的调色器对话框中，设置颜色值为C：0、M：0、Y：0、K：10，单击轮廓颜色，在弹出的调色板中，选择颜色值为C：0、M：

0、Y：0、K：40，如图3-68所示。

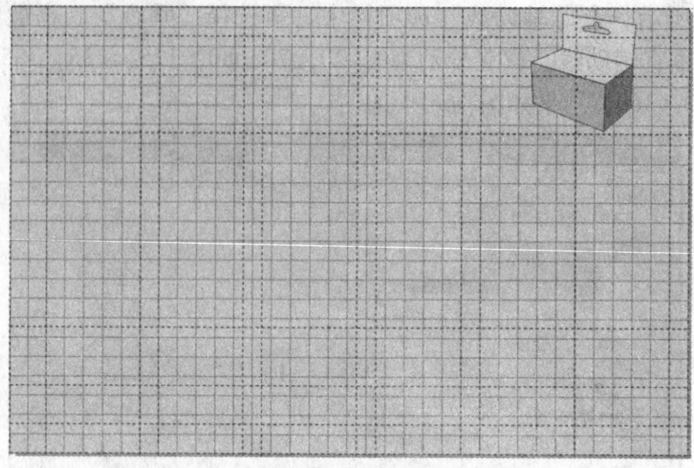

图3-67 绘制表格

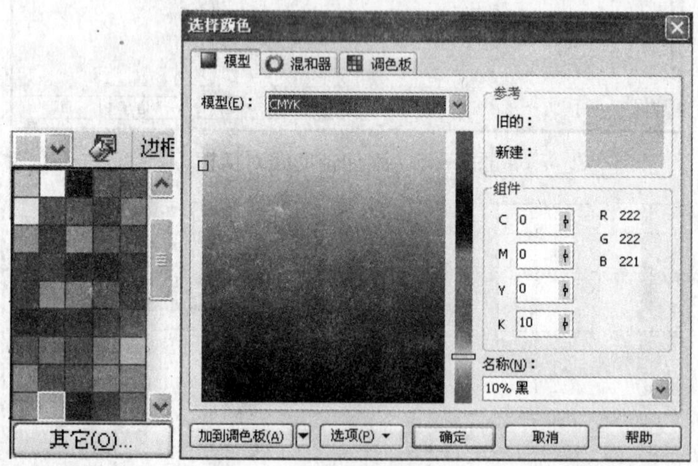


图3-68 调色板

（4）调整图形形状。

选择“矩形工具”在页面中绘制矩形，设置对象大小为20mm×100mm，颜色选择调色板中白色C：0、M：0、Y：0、K：0，在属性栏中单击“全部圆角”，设置左侧边角圆滑值为60。

依次使用“矩形工具”绘制图形2，设置大小为10mm×100mm，颜色为C：0、M：0、Y：0、K：0，右侧边角圆滑值为60。

绘制矩形图形如图3-69所示，A、C、E、F大小为50mm×100mm，颜色填充为C：0、M：0、Y：0、K：0，并将其转换成曲线图形。

绘制矩形图形B、D，大小为65mm×100mm，颜色填充为C：0、M：0、Y：0、K：0，如图3-69所示。

绘制矩形图形b和图形e，大小为50mm×65mm，颜色为C：0、M：0、Y：0、K：0，如图3-70所示。

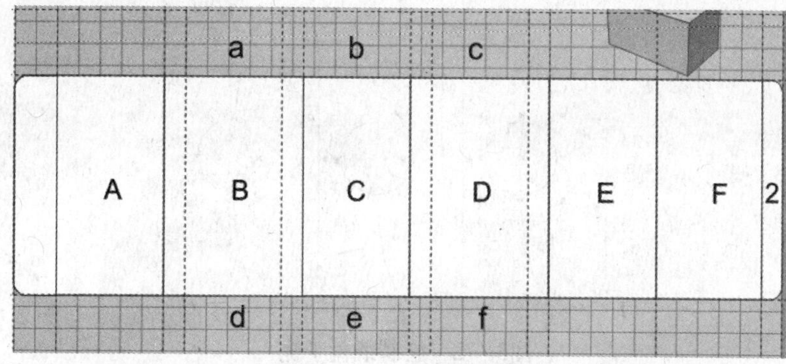


图3-69　绘制基本图形

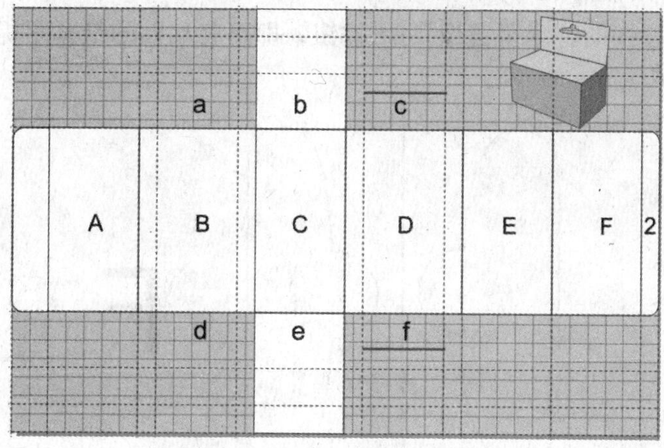


图3-70　绘制图形b和图形e

选择矩形工具，在E图形处绘制矩形大小为10mm×36mm，设置矩形边角圆滑值为100，单击属性栏中“转换成曲线”按钮，将矩形转换成曲线，在图形右边线段中间添加节点，用“形状”工具调整节点以改变图形形状，如图3-71所示。

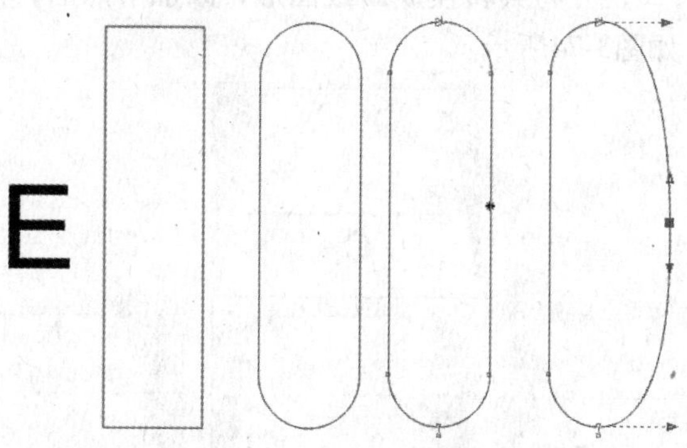


图3-71　改变矩形图形

再使用椭圆工具绘制一个圆形，设置大小为9mm×9mm，将圆形对齐在变形后的矩形右侧线段，使用“挑选工具”，在按住Shift键的同时将两个图形全部选择，在属性栏中，单击“焊接”按钮，即可绘制完成纸盒手提，如图3-72所示。

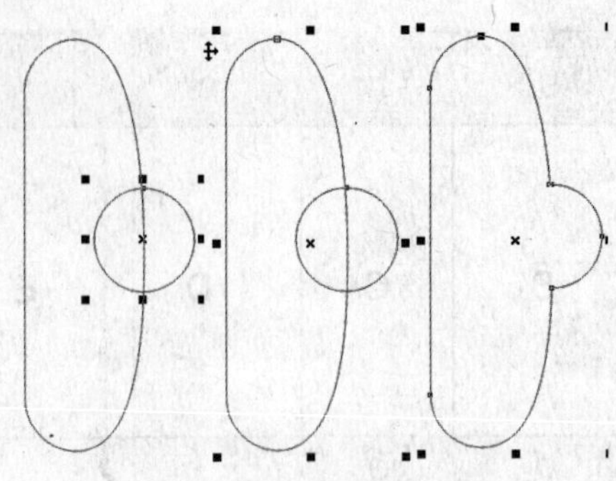

图3-72　绘制纸盒手提

选择绘制好的纸盒手提，执行“编辑”/“复制”命令，再执行“编辑”/“粘贴”命令，单击属性栏中的“水平镜像”按钮，即可将粘贴的纸盒手提对称翻转到右侧，如图3-73所示。

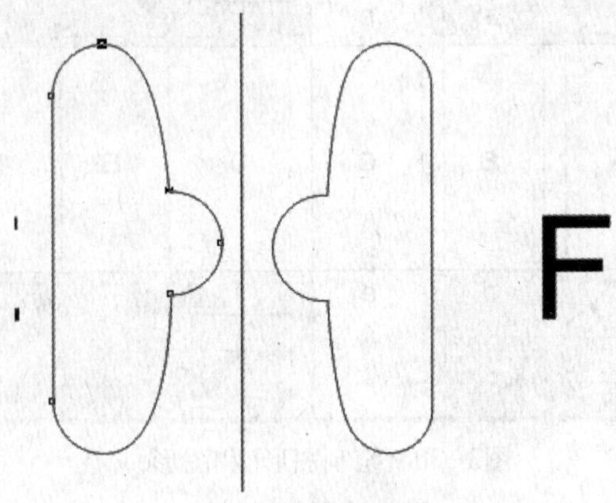


图3-73　镜像图形

使用矩形工具依次绘制图形A、C、E、F大小为50mm×100mm，颜色填充为C：0、M：0、Y：0、K：0，并将其转换成曲线图形，添加节点后，使用形状工具改变图形a与图形C的形状，如图3-74所示。

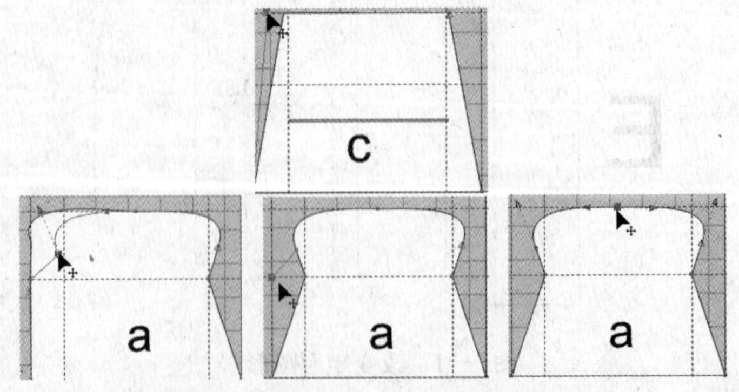


图3-74　改变图形c和图形a的形状

在图形c和图形f处绘制包装盒的刀模切口，选择工具箱中的“矩形工具”，在图形c处绘制一个矩形，在属性栏中设置其大小为45mm×0.5mm，在图形f处绘制相同矩形或选择该矩形，执行“编辑”/“再制”命令，直接再制该图形，将该图形移到图

3-76中f处相应位置，如图3-75所示。

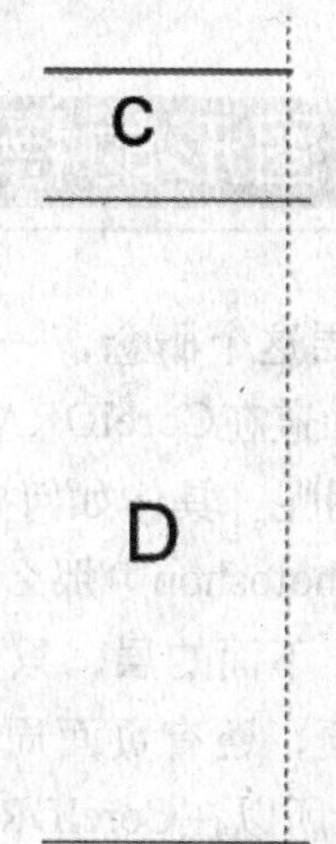


图3-75　绘制包装插口

最终效果如图3-76所示。

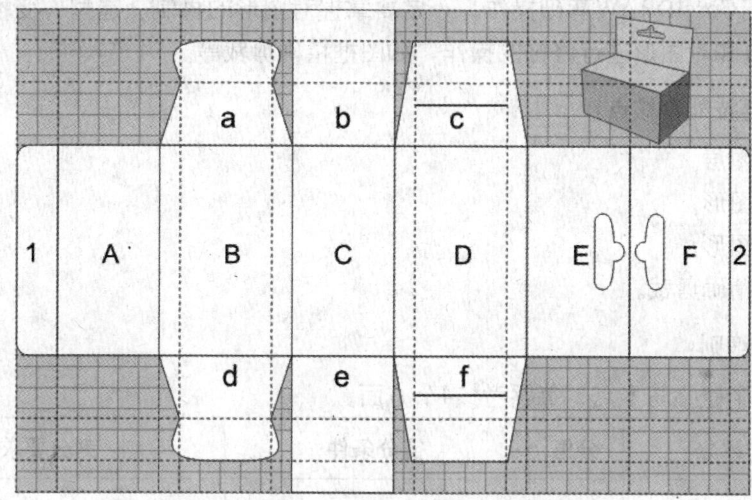


图3-76　绘制包装平面的最终效果

# 第4章　图形的特殊复制

用过Photoshop的用户，对于图层这个概念，一定不会陌生，种种神奇的特效常常需要结合图层和通道来完成，我们知道在CorelDRAW中也可以对图层进行设置操作，可是，CorelDRAW中的图层有什么用呢？具体如何操作呢？

CorelDRAW中层管理器，不像Photoshop中那么独立，在CorelDRAW中单击哪一层就选中了哪一层，如果要选择覆盖层下面的层，只要按住ALT键，比在Photoshop中灵活很多，而且群组与解散非常的方便，还有页面周围的共用区域你随时可以拖拉物件到公共区域实现共享，复制也方便，所以在CorelDRAW中层管理的概念被淡化了。

CorelDRAW提供了一整套的图形精确定位和变形控制方案。这给运用CorelDRAW进行创作或需要准确尺寸的设计带来了极大的便捷。

因此学习CorelDRAW基础操作，一定要掌握对图形的再制、造型、变换、对齐分布、布尔运算和对图形进行修饰的操作，如图框精确剪裁等。

**本章主要技能考核点：**

- 设置图层。
- 再制图形。
- 变换图形。
- 图框精确剪裁。

**评分细则：**

本章有4个概括基本点，每题考核4个方面。

| 序号 | 评分 | 分值 | 得分条件 | 判分要求 |
|---|---|---|---|---|
| 1 | 设置图层 | 5 | 正确设置图层称和顺序 | 与要求不符不得分 |
| 2 | 再制图形 | 5 | 正确制作旋转再制、水平再制、垂直再制和缩放再制的图形，并对图形填充标准CMYK颜色 | 每用错一项，扣除2分 |
| 3 | 变换图形 | 2 | 正确使用方向、大小、位置、缩放、旋转和倾斜命令，正确设置对象的对齐与分布 | 未正确使用缩放命令，扣除2分；其余命令每使用错一处扣除1分 |
| 4 | 图框精确剪裁 | 3 | 将图形正确装入另一个容器中 | 与要求不符不给分 |

## 4.1　样题示例

**操作要求**

绘制编排一张月历，如图4-01所示。

图4-01　月历最终效果

（1）绘制基本图形，对图形执行旋转、缩放等变换操作。

（2）对变换的基本图形执行旋转再制、水平再制、垂直再制和缩放再制等命令，如图4-02所示。

（3）图框精确剪裁，对绘制完成的“光芒”图形进行精确剪裁，如图4-03所示。

将操作结果以Xcld4-01.cdr为文件名，保存到考生文件夹。

图4-02　绘制“花瓣”图形

图4-03　将“光芒”图形精确剪裁

## 4.2 样题分析

掌握再制图形的技巧与应用，使用户在CorelDRAW中绘制图形更得心应手。

首先应该绘制图形中的基本图形，再对图形进行旋转再制，对图形旋转再制时要注意再制的角度和数量。

再对绘制好的图形执行图框精确剪裁命令，使图像尺寸精准。

设置图层顺序是我们很容易忽略的操作，这里根据题目和作品的需要，我们要对图层的名称和顺序进行编辑。

## 4.3 使用对象

对图形的变换操作有几个基本点：使用方向、大小、位置、缩放、旋转和倾斜命令对图形进行变换，对于在绘图中的某个图形可以执行锁定命令，以防在绘制中被无意移动或修改，对图形进行整齐排列和分布等设置也是变换图形的基本技巧。

### 4.3.1 变换图形

CorellDRAW中的变换功能强大，而且操作简便。用户可以使用鼠标和“挑选”工具交互地变换对象。

单击工具箱中的“挑选工具”，选择对象，此时在对象的周围出现8个控制点，将鼠标置于控制点上，会变成↘形状，此时单击该点，在页面上拖移该对象，即可对该对象进行大小变换，如图4-04所示。

图4－04 使用鼠标自由变换对象大小

如果要旋转对象，使用挑选取工具，单击两次对象，即会在对象周围出现“旋转控制手柄”↗和“倾斜控制手柄”↕。

单击“旋转控制手柄”↗即可对图形进行自由旋转，如图4-05所示。

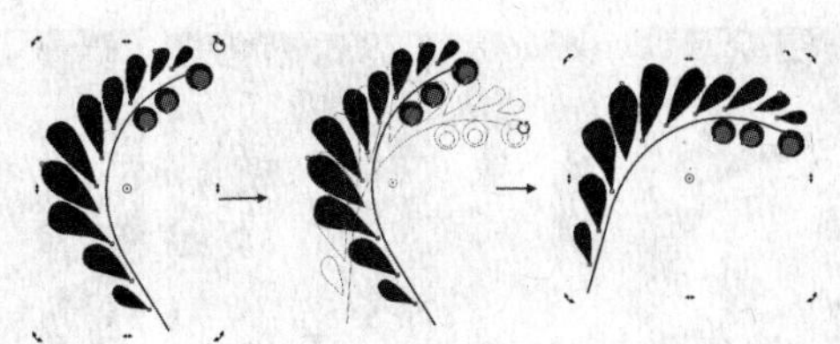

图4-05　自由旋转图形

单击“倾斜控制手柄”‡即可对图形进行倾斜变换，如图4-06所示。

图4-06　对图形进行倾斜变换

该方法最快，但是如果要精确变换对象，则推荐使用以下两种方法。

（1）要获得更精确的变换结果，可以使用“挑选”工具选择一个对象，然后在属性栏上的数值框里调整数值，可以指定对象的大小、位置和精确的旋转角度，该方法在前面的章节中已经做过讲解，这里主要讲解使用“变换”工具栏来精确变换对象。

（2）利用“变换”工具栏精确变换对象。

执行“窗口”/“工具栏”/“变换”命令，弹出变换工具栏，如图4-07所示。

图4-07　“变换”工具栏

为了便于操作，我们可以把该对话框拖移到属性栏中。

使用“挑选”工具选择对象，变换工具栏的各数值框即变成可用状态。

如果要将对象缩小，请先在属性栏中单击🔒，锁定变换比例，然后在变换工具属性栏中“对象大小”的数值框中输入要求变换对象的宽度和高度，按Enter键即可将对象缩小或放大，如图4-08所示。

图4-08　指定宽度缩放对象

也可以通过在“缩放因素”栏中输入缩放百分比，按Enter键对图形进行缩放。

在属性栏“旋转角度”栏中输入数值，即可使对象以输入的角度旋转，如图4-09所示。

图4-09　将对象以指定角度旋转

如果要将对象以固定角度进行倾斜，可在属性栏“倾斜角度”栏中输入数值，即可将图形以固定角度进行倾斜，如图4-10所示。

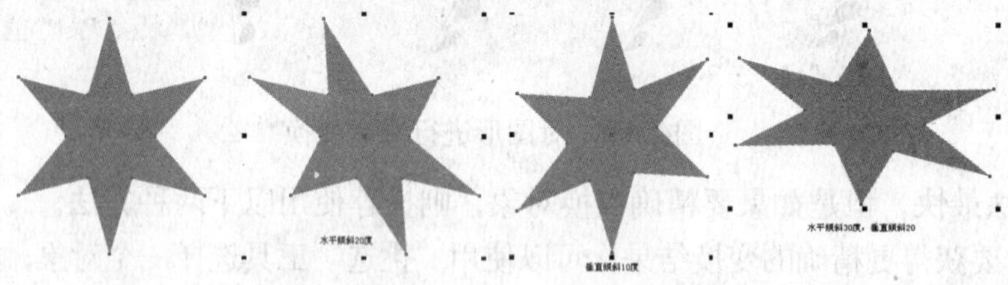


图4-10　将对象以指定角度进行倾斜

在属性栏中还有“旋转的中心位置”数值栏，在该栏输入数值，即可改变旋转的中心位置，使对象在旋转时不以原中心为旋转点，如图4-11所示。

图4-11　调整对象旋转中心前后对比

在该工具栏中的“水平”和“垂直”按钮可以让我们在选择对象后，以想要镜像对象的方向将对象直接镜像放置，如图4-12所示。

图4-12　镜像对象

(3) 利用泊坞窗精确变换对象。

变换泊坞窗，当我们需要精确定位缩放数值或精确定位镜像对象显示的位置时，该窗口会让我们精确设置对象到想要定位的位置。

执行“窗口”/“泊坞窗”命令在“变换”菜单栏里任选其中一个选项，如图4-13所示。我们会发现阶段变换同工具栏，即停留在泊坞窗中，如图4-14所示。

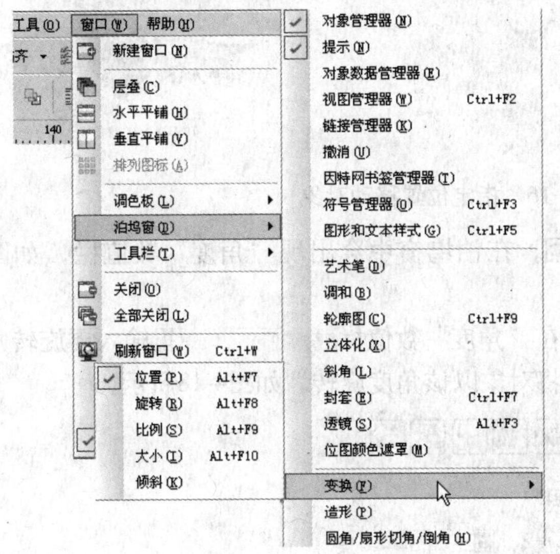


图4-13 执行变换命令

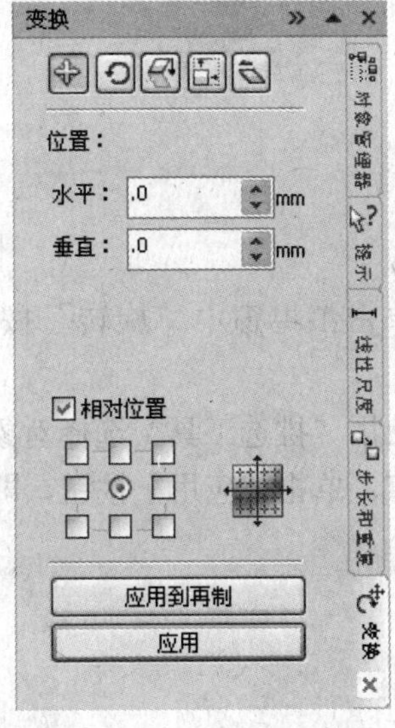


图4-14 变换泊坞窗

在变换泊坞窗中，我们会看到五个变换按钮。

使用“挑选工具”选择对象，单击泊坞窗中“位置”按钮，在相对位置的选项中选择中心位置时，水平和垂直数值栏里的数值均为0，如果我们更改相对位置选项，水平和垂直栏里的数值也会相对改变，如图4-15所示。

在“变换”泊坞窗中，勾选“相对位置”复选项，可以将对象或其副本沿某一方向移动到相对于原位置指定距离的新位置上去。也就是说，将原对象的锚点作为相对的座标原点，直接输入在各个方向要移动距离的值即可。

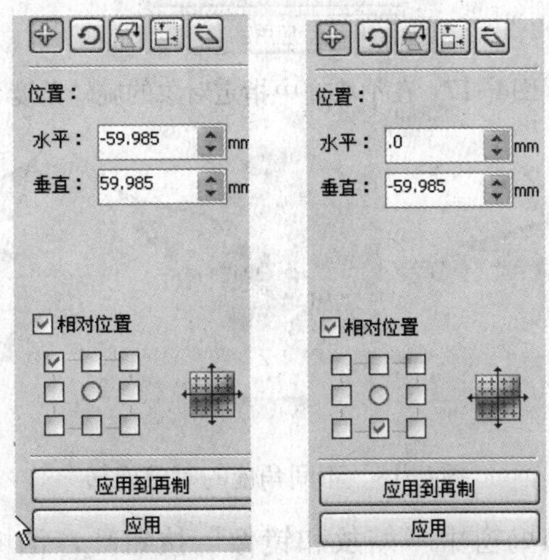


图4-15 选择不同“相对位置”后“位置”数值的变化

如果选择中心位置，在“垂直”数值栏里输入30，单击“应用”按钮，即可使选择的对象垂直向上移动30mm，如图4-16所示。

图4-16　指定位置移动对象

单击泊坞窗中“旋转”按钮，在泊坞窗中会出现“角度”数值栏，如图4-17所示。

使用“挑选工具”选择对象，在“角度”数值栏 角度：.0 度 里输入要旋转角度的角度值，单击“应用”按钮，即可将对象以该角度旋转，如图4-18所示。

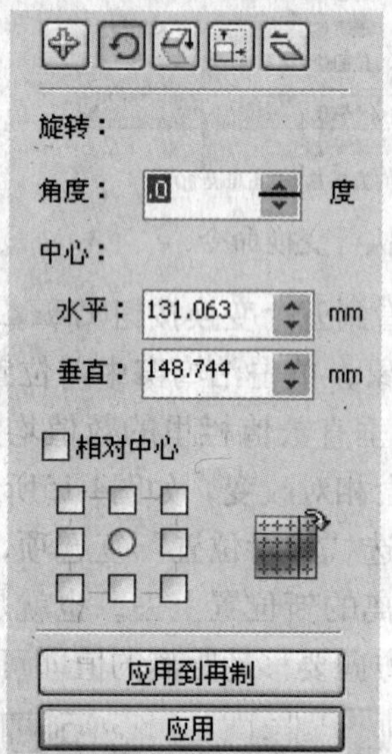


图4-17　在泊坞窗中指定对象的旋转角度

图4-18　不同角度的对象旋转

选择对象，单击泊坞窗中“缩放和镜像”按钮，泊坞窗中的变化如图4-19所示。

如果要在镜像对象的同时缩放对象，请在“水平”或“垂直”栏输入相应数值，选择镜像位置和方向，单击“应用”按钮，如图4-20所示。即可将图形在镜像的同时进行缩放，前后效果对比如图4-21所示。

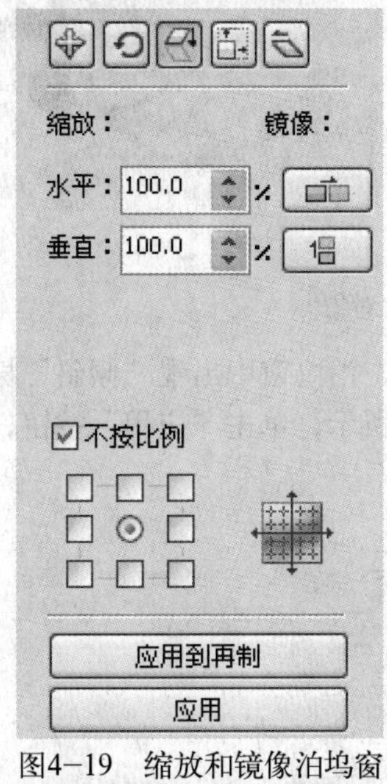


图4-19　缩放和镜像泊坞窗

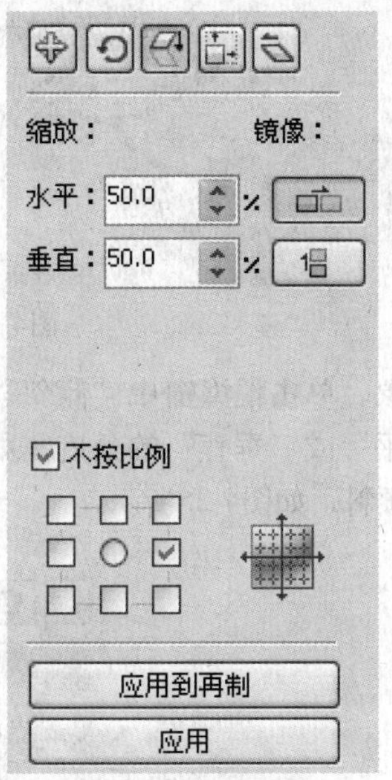


图4-20　镜像并缩放对象的设置

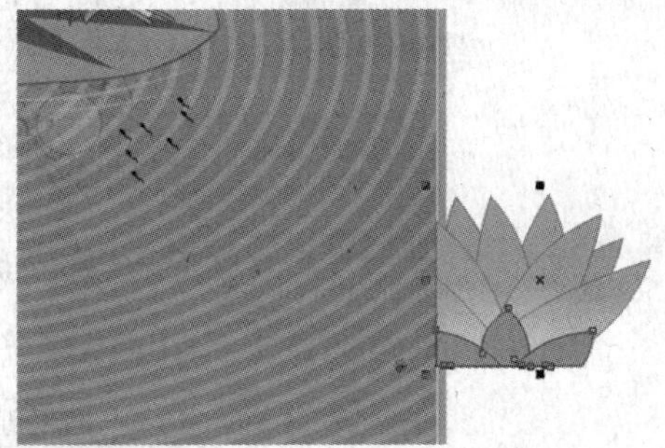

图4-21　缩放并镜像对象的前后对比

选择对象，单击泊坞窗中的“大小”按钮，在“大小”标签栏的“水平”和“垂直”数值框中输入我们要缩放对象的大小值，如图4-22所示。单击“应用”按钮即可对图形进行缩放，如图4-23所示。

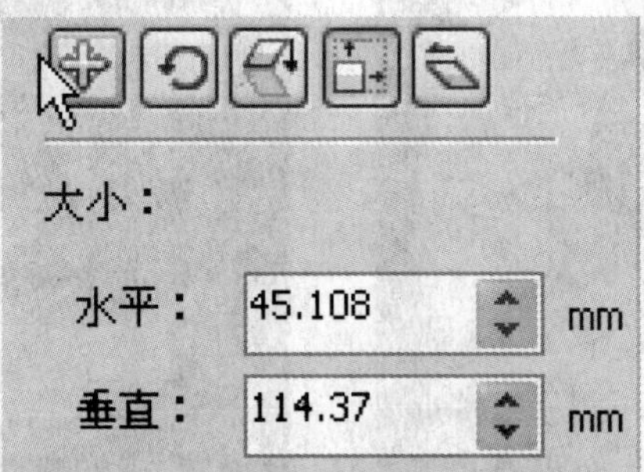


图4-22　缩放对象泊坞窗

图4-23　缩放对象

选择对象，单击泊坞窗中“倾斜”按钮，泊坞窗中出现“倾斜”标签栏，在栏中输入“水平”或“垂直”的角度，如图4-24所示，单击“应用”按钮，即可将图形按指定角度倾斜，如图4-25所示。

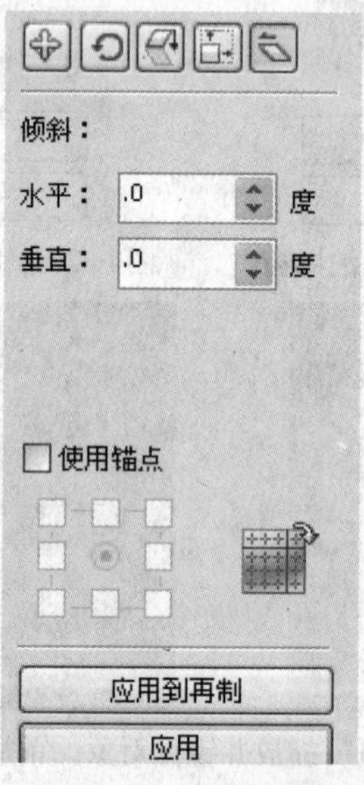


图4-24　倾斜泊坞窗

图4-25　对象水平倾斜-20、垂直倾斜-10。

（4）锁定对象。

将对象锁定在绘图页面上，可以防止无意中移动、调整大小、变换、填充或以其他方式更改对象。可以锁定单个、多个或分组的对象。要更改锁定的对象，必须先解除锁定，用户可以一次解除或锁定一个对象，或者同时解除所有锁定对象的锁定。

使用挑选工具选择一个对象，然后单击“排列”/“锁定对象”命令，即可将该对象锁定在当前绘图页面上，如果要更改该对象，单击“排列”/“解除锁定对象”命令，即可对该对象进行各种变换或修改。

对象被锁还后，该对象周围的控制点将变成锁头状的标识，如图4-26所示。

图4-26 将对象锁定后的图形状态

## 4.3.2 再制图形

再制对象可以在绘图窗口中直接放置一个该对象的副本，而不使用剪贴板进行复制与粘贴，再制的速度比复制和粘贴快，而且，再制对象时，可以沿着x轴和y轴指定副本和原始对象之间的距离，此距离称为偏移，如图4-27所示。

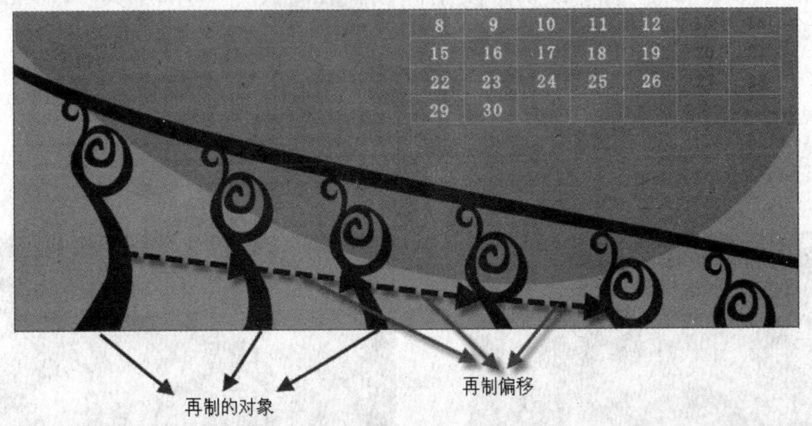


图4-27 再制对象

再制对象时，可以将变换（如旋转、调整大小或倾斜）应用于对象的副本，而使原始对象保持不变，如果对再制对象的变换结果不满意，则可以删除副本。

### 1．在指定位置复制对象

可以同时创建多个对象副本，并同时指定它们的位置，而不使用剪贴板。例如，可以在原始对象左侧和右侧水平地分布对象副本，或者在原始对象的下面或上面垂直地分布对象副本，可以指定对象副本之间的间距，或者指定在创建对象副本时相互之间的偏移。

选择对象，执行“编辑”/“再制”命令，该方法在前面的章节中做过详细的讲解，这里不再赘述。

### 2．“泊坞窗”变换对象的副本

选择对象，执行“排列”/“变换”命令，然后单击一个命令，在“变换”泊坞窗中选择需要的设置，单击应用到再制按钮，即可变换对象的副本。

（1）选择对象，单击泊坞窗中“大小”按钮，在“大小”标签下的两个增量框中填入新大小的高度和宽度值，“水平”栏中输入100，“垂直”栏中输入60，调整比例位置，如图4-28所示。单击“应用到再制”按钮，即可产生一个该对像的副本并将其放大到设定的大小，如图4-29所示。

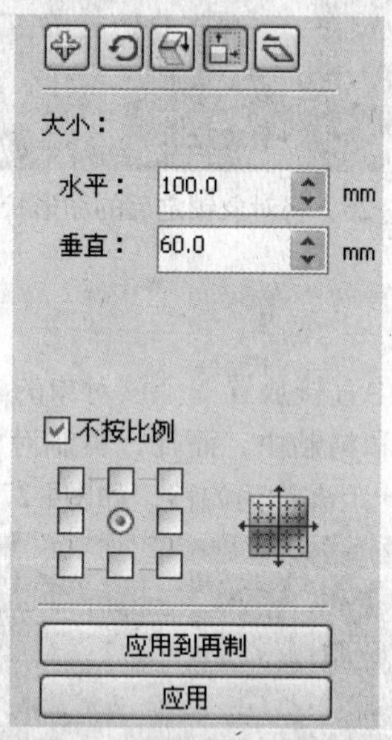


图4-28　变换对象副本设置

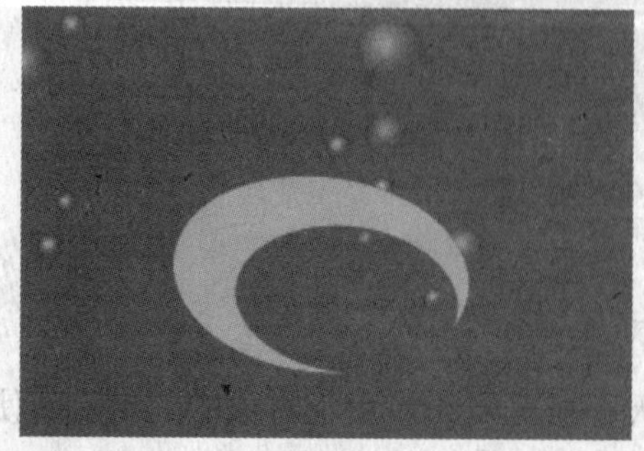
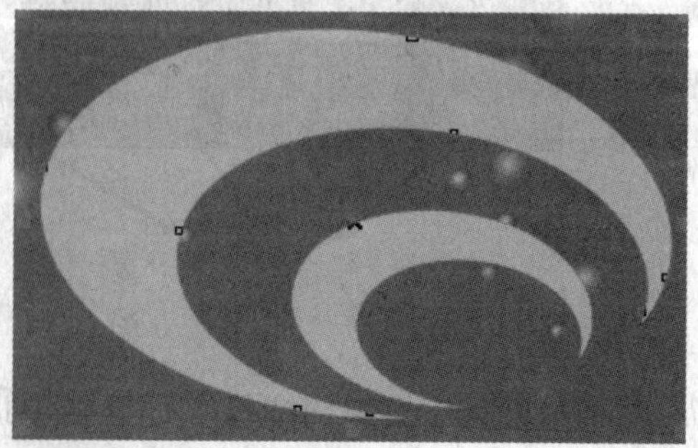

图4-29　变换对象副本效果

(2) 在“变换”泊坞窗中，还提供了对对象副本进行镜像变换的功能。使用“挑选工具”选中对象，单击“变换”泊坞窗中“缩放和镜像”，在“缩放”的标签栏下输入镜像后的对象尺寸与原始对象尺寸的百分比值，“水平”栏水平：100.0 %输入100，“垂直”栏垂直：50.0 %输入50，在“镜像”标签下选择对镜像方向为的垂直镜像，选中☑不按比例选项，选择镜像的方向为正下方，单击“应用到再制”按钮，即可产生一个该对象的副本并将其按设定的比例和位置进行镜像的效果，为增强效果。还可以将镜像后的副本颜色进行更改，如图4-30所示。

图4-30　镜像变换后的对象

(3) 在“变换”泊坞窗中，还可以通过设置选定对象的旋转角度、锚点及其相对旋转中心等选项，对对象进行旋转操作。

使用“挑选工具”选择对象，在“变换”泊坞窗中单击“旋转”按钮，在“旋转”标签栏的“角度”栏中输入15，选择相对中心，把中心位置设置为右下角，如图4-31所示。单击应用到再制按钮，即产生以旋转中心为锚点生成的旋转效果，如图4-32所示。

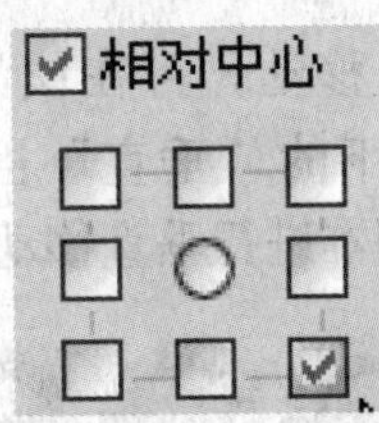


图4-31　选择旋转对象的中心

图4-32　旋转对象副本的效果

在该泊坞窗中改变对象的中心，会生成多种更丰富的效果，如图4-33所示。

图4-33　改变中心后生成的旋转效果

（4）“变换”泊坞窗中还提供了对对象副本进行倾斜或位置移动的功能。

选择对象，单击“变换”泊坞窗中“位置”按钮，在“位置”标签栏下的“水平”或“垂直”栏中输入要移动的数值，选择不同的“相对中心”位置，使对象副本移动的方向不同。

我们这里选择相对中心位置，锚点选择正右方，在“位置”标签栏下的“水平”栏里 水平：40.0 mm 输入40，单击 应用到再制 按钮，即可对对象的副本进行水平移动，如图4-34所示。

图4-34　对象副本的水平移动

如果要对对象的副本进行垂直移动，可在该泊坞窗中选择相对位置 相对位置，更改锚点，在“位置”标签栏下的“垂直”栏 垂直：-40 mm 中输入-40，多次单击 应用到再制 按钮，即可使对象的副本进行垂直移动，如图4-35所示。

图4-35　对象的副本垂直移动

(5)如果要使对象的副本倾斜，可单击“变换”泊坞窗中的“倾斜”按钮，在“倾斜”标签栏下的“水平”或“垂直”栏中输入数值，选择相对倾斜位置，单击 应用到再制 按钮，即可倾斜对象的副本，如图4-36所示。

图4-36　倾斜对象副本

## 4.3.3 对齐和分布对象

对齐和分布是CorellDRAW中非常实用和常用的功能，它能让用户在绘图过程中准确地对齐和分布对象，可以使对象互相对齐，也可以使对象与绘图页面的各个部分对齐，如对齐中心、边缘和网格等，或在对象互相对齐时，可以按对象的中心或边缘对齐排列。

还可以将多个对象水平或垂直对齐绘图页面的中心，单个或多个对象也可以沿页边排列，并对准网格上最近的点排列。

自动分布对象时，将根据对象的宽度、高度和中心点在对象之间增加间距，可以分布对象，使它们的中心点或选定边缘以相等的间隔出现；还可以在分布对象时，使它们之间的距离相等；也可以在分布对象时，使它们超出对象边框的范围或整个绘图页面。

对齐两个以上对象时，要明确基准对象才可以避免命令执行错误。在使用选择工具或拖动选择框来选择多个对象时，排列在最后的对象会成为基准对象，也可以把对象排列到最后面，将其设置为基准对象。

以页面为基准进行对齐时，基准对象的概念将会失去意义。

选择需要对齐的对象，单击属性栏里的“对齐和分布”按钮，弹出“对齐与分布”对话框，如图4-37所示。

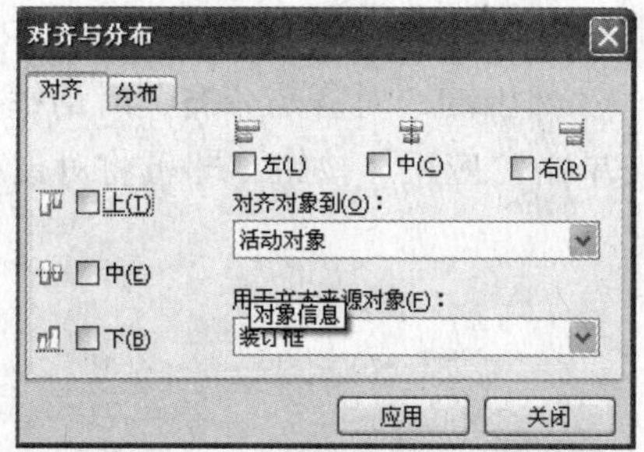


图4-37　“对齐与分布”对话框

1．对齐对象

（1）使对象与另一个对象对齐。

选择对象，单击“对齐与分布”对话框中的“对齐”标签，指定垂直对齐、水平对齐，从“对齐对象到”下拉列表框中选择“活动对象”。

如果要沿垂直轴对齐对象，请启用“左”☑左(L)、“中”☑中(C)或“右”☑右(R)复选框，对对象进行垂直对齐，如图4-38所示。

未对齐对象

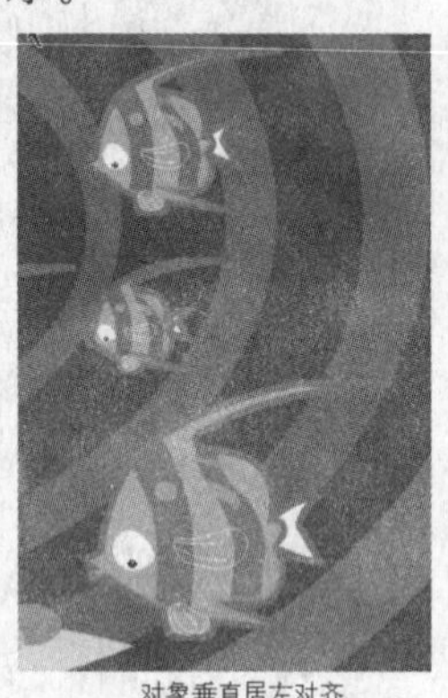
对象垂直居左对齐

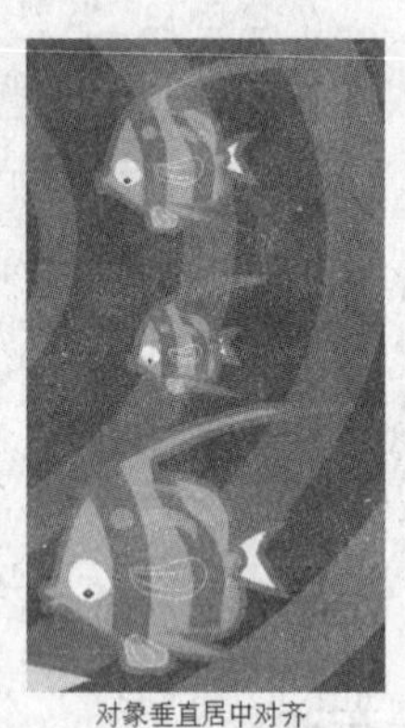
对象垂直居中对齐

对象垂直右对齐

图4-38　垂直对齐对象

要沿水平轴对齐对象，请启用“上”☑上(T)、“中”☑中(E)”或“下”☑下(B)复选框，对对象进行水平对齐，如图4-39所示。

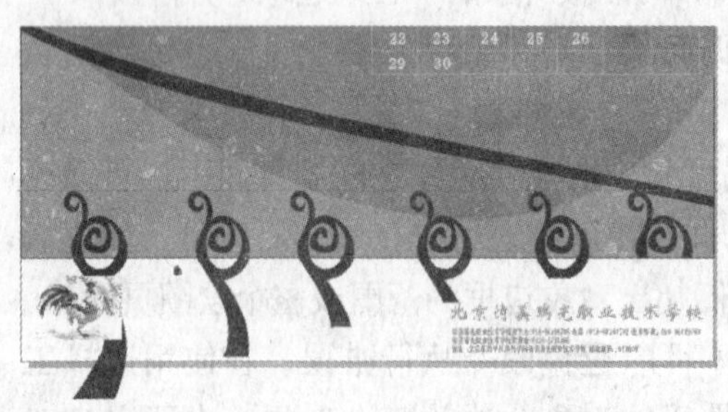
对象水平居上对齐

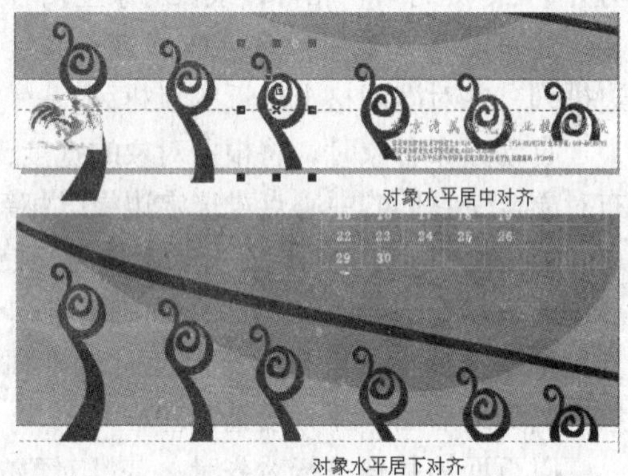
对象水平居中对齐

对象水平居下对齐

图4-39　水平对齐对象

（2）使对象与页面中心对齐。

选择对象，如果要对齐多个对象，请圈选对象，执行“排列”/“对齐与分布”/“对齐与分布”命令，在弹出的“对齐与分布”对话框中的“对齐对象到”下拉菜单中选择“页面中心”，单击“应用”按钮，即可将对象对齐于当前页面的中心，如图4-40所示。

图4-40 将对象对齐到页面中心

还可以通过执行“排列”/“对齐与分布”/“在页面居中”命令，使对象对齐于页面中心，如图4-41所示。

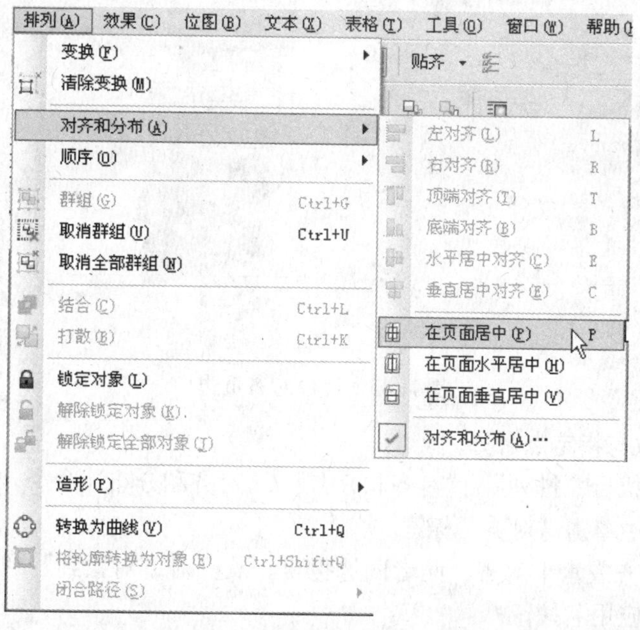


图4-41 “对齐和分布”菜单

在该菜单栏里使对象居中于页面还有以下两种居中方式：

在页面垂直居中，可使各对象沿垂直轴对齐页面中心。

在页面水平居中，可使各对象沿水平轴对齐页面中心。

对齐效果如图4-42所示。

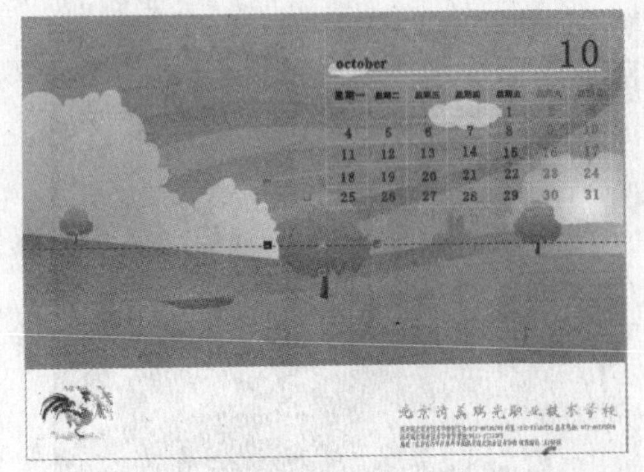

图4−42 对象水平居中页面和垂直居中页面

（3）使对象与页边对齐。

如果要使对象与页面边缘对齐，请先选择对象，执行“排列”/“对齐和分布”/“对齐和分布”，在弹出的“对齐与分布”对话框中单击“对齐”标签，指定垂直对齐或水平对齐。

如果要沿垂直轴对齐对象，可启用“左”、“中”或“右”复选框。

如果要沿水平轴对齐对象，可启用“上”、“中”或“下”复选框。

从“对齐对象到”列表框中选择“页边”，单击“应用”按钮，即可使对象对齐当前绘图页面的边缘，如图4-43所示。

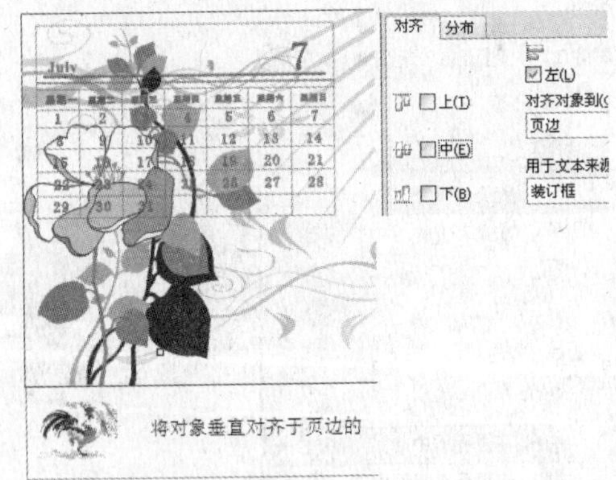

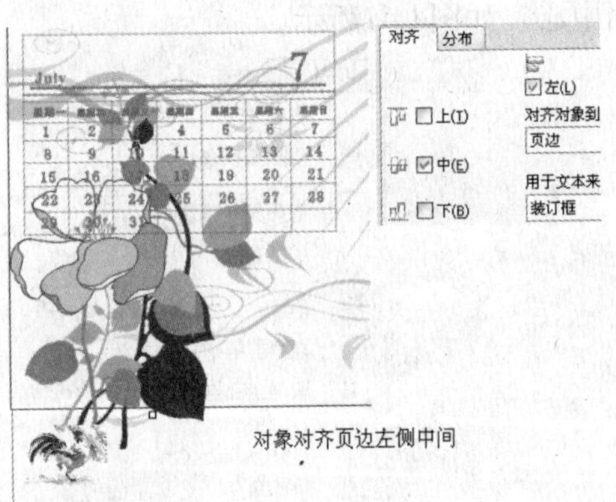


图4−43 对象对齐页边

（4）使对象与指定点对齐。

选择对象，执行“排列”/“对齐和分布”/“对齐和分布”命令，在弹出的“对齐与分布”对话框中单击“对齐”标签。

指定垂直对齐或水平对齐，两者同选也可，从“对齐对象到”列表框中选择“指定点”，单击“应用”按钮。

此时指针变成十字形形状，拖曳鼠标在绘图窗口中单击，以定义对齐的参照点，即可使选择的对象以该点为对齐基线。

还可以使对象与网格对齐，选择对象后从“对齐对象到”列表框中选择“网格”，对齐对象到(O): 其方法同上面介绍讲解的方法基本类似，根据具体实际设计要求的不同页所改变，这里我们不再赘述。

### 2．分布对象

选择对象，单击“排列”/“对齐和分布”/“对齐和分布”命令，在弹出的“对齐与分布”对话框中，单击“分布”标签，如图4-44所示。

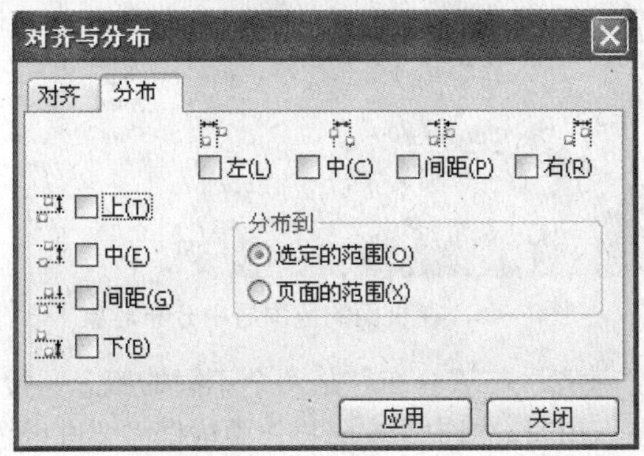


图4-44　“分布”对话框

对象的分布可分为水平分布对象和垂直分布对象，如果要水平分布对象，先将水平对齐的选框取，然后在“分布”标签栏的右上方的行中选择一个选项，单击应用按钮即可水平分布对象，如图4-45所示。

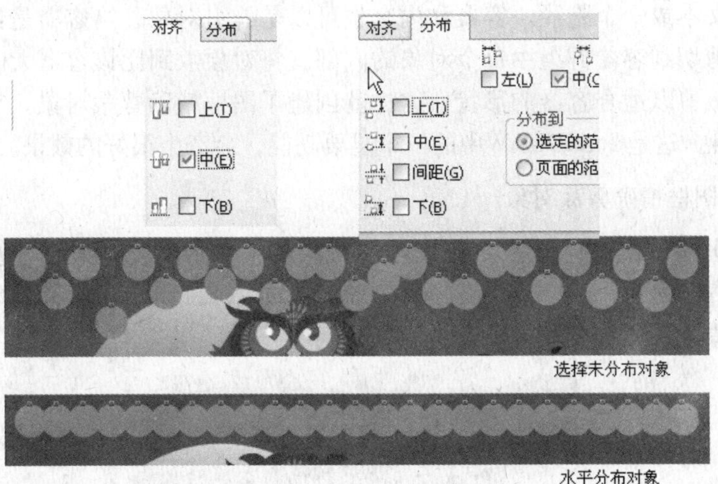


图4-45　水平分布对象

水平分布对象还可启用以下选项：

“左”平均设定对象左边缘之间的间距，“中”平均设定对象中心点之间的间距，“间距”将选定对象之间的间隔设为相同距离，“右”平均设定对象右边缘之间的间距。

如果要垂直分布对象，左侧的列中有四个选项，选择“上”可平均设定对象上边缘之间的间距，选择“中”可平均设定对象中心点之间的间距，选择“间距”可将选定对象之间的间隔设为相同距离，选择“下”可平均设定对象下边缘之间的间距。

要指定分布对象的区域，可在“分布到”标签栏中选择“选定的范围”以在环绕对象的边框区域上分布对象；选中“页面的范围”可在绘图页面上分布对象，如图4-46所示。

图4-46　在页面的范围居中分布对象

在CorelDraw中，“对齐”与“分布”是两个不同的概念，设置不同的选项，分布操作所产生的效果也各不相同，用户在实际操作中依据需要进行各种设置即可。

### 4.3.4 图框精确剪裁对象

关于CorelDRAW中的图框精确剪裁，它具有把一个对象放置到到另一个对象内部的功能。将要放置到另一对象内部的对象称为内容，盛放内容的对象称为容器。容器可以是图形文本或一个路径，容器和内容也可以是群组对象，当容器是群组对象时，内容将复制剪切到容器群组中每个对象的内部。将对象放到比该容器大的容器中时，对象就会被裁剪以适合容器的形状，这样就创建了图框精确剪裁对象。容器中的内容具有可编辑性，这是CorelDRAW中的一个重要功能，会产生很好的效果。

1．创建图框精确剪裁对象

在页面上绘制或选择所需要剪裁对象的容器，选择要被剪裁的对象，单击“效果”/“图框精确剪裁”/“放置在容器中”命令，单击我们绘制的要用作容器的对象，即可将对象精确剪裁到该图框中，如图4-47所示。

图4-47　将图形精确剪裁至矩形

还可以将对象精确剪裁到文本，操作方法同上，效果如图4-48所示。

变成图框精确剪裁对象之前的对象：美术字和位图

在图框精确剪裁对象中，美术字为容器，位图形成内容

图4-48　将位图精确置入文本中

也可以用鼠标直接拖移将对象图框精确剪裁，方法是按住鼠标右键，同时将要图框精确剪裁对象拖到容器中，鼠标会变成⊕定位图标，然后松开鼠标单击“图框精确剪裁内部”即可将对象放置在容器中。

2．复制图框精确剪裁对象的内容

选择一个要更换内容的图框精确剪裁对象，执行“效果”/“复制效果”/“图框精确剪裁自”命令，再单击另一个图框精确裁剪对象，即可复制内容，如图4-49所示。

CorelDRAW　CorelDRAW

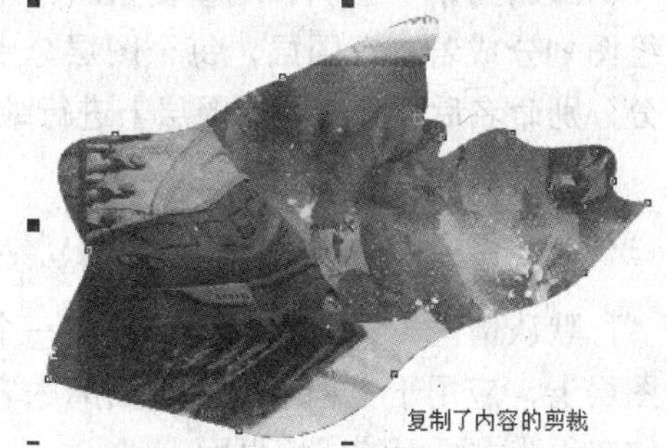


图4-49　复制剪裁内容

3．编辑图框精确剪裁对象的内容

选择一个图框精确裁剪对象，执行“效果”/“图框精确剪裁”/“编辑内容”命令，即可对图框精确剪裁对象的内容进行各种变换，然后单击“效果”/“图框精确剪裁”/“结束编辑”命令即可，如图4-50所示。

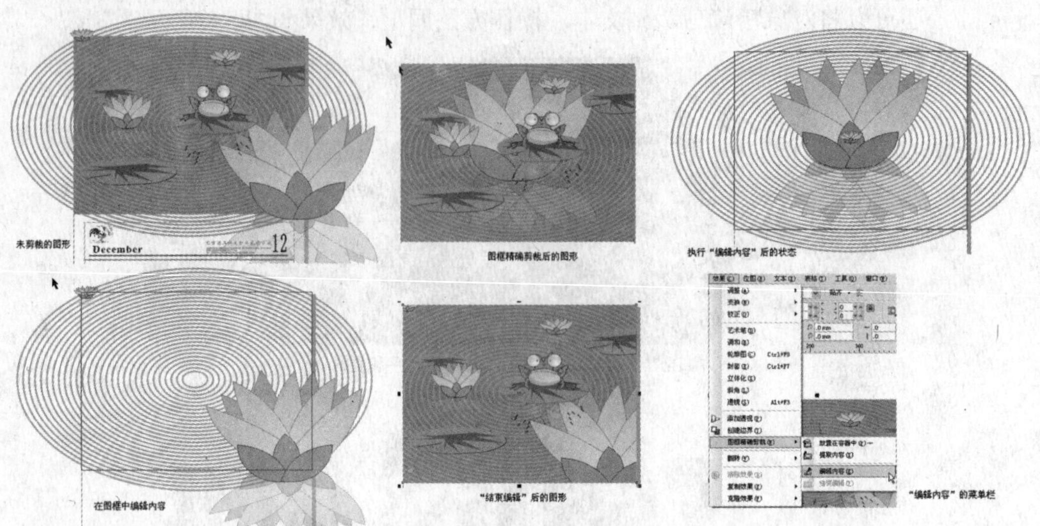


图4-50　编辑剪裁的内容

还可以提取图框精确剪裁对象的内容进行修改、变换或删除更换等，选择一个图框精确裁剪对象，执行“效果”/“图框精确剪裁”/“提取内容”命令，即可将剪裁的内容提取出来。

## 4.4　图层

CorelDRAW中的图层功能和Photoshop的图层相比，没有Photoshop那么强大，它主要用来管理绘图中的对象。通常我们在CorelDRAW中都从未注意过图层这一概念，也同样能做出精致而满意的作品来，但当画面变得极复杂时，用图层进行编辑为操作者提供了很大的方便。

图层为用户组织和编辑复杂绘图中的对象提供了更大的灵活性。用户可以把一个绘图划分成若干个图层，每个图层分别包含一部分绘图内容，可以把绘图的各组成部分分别命名后放到不同的图层上进行编辑。

### 1．局部图层和主图层

单击界面右侧的泊坞窗中“对象管理器”将显示图层的目录栏。

默认情况下，所有内容都放在一个图层上，应用于特定页面的内容放在一个局部图层上，应用于文档中所有页面的内容可以放在称为主图层的全局图层上，主图层存储在称为主页面的虚拟页面上。

在“对象管理器”的泊坞窗中有两个目录树，其中上面一个为“页面1”，下面为“主页面”，如图4-51所示。

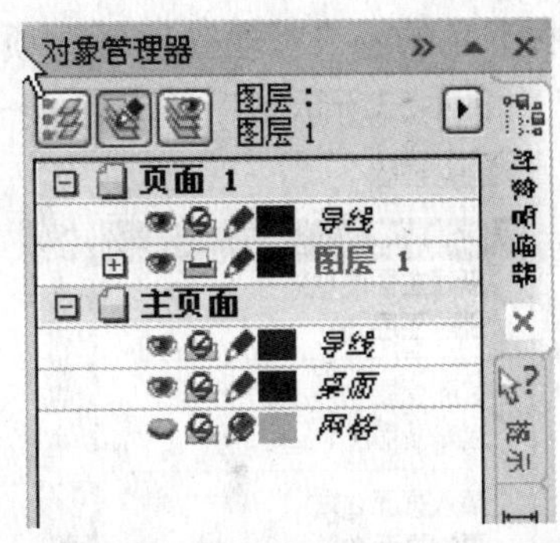


图4-51　“对象管理器”泊坞窗中的默认图层结构

其中，“页面1”下显示页面上的每个图层以及图层上的对象，内容会随着画面上对象的增减而改变，不过只能看不能改，即使单击鼠标右键，弹出的菜单也和在画面中的右键菜单相同。

每个新文件都是使用默认页面“页面1”和“主页面”创建的。

“页面1”包含“导线”层和“图层1”。导线层上存储着页面特定的局部辅助线。“图层1”是默认的局部图层，在页面上绘制对象时，一般将对象添加到该图层上，除非用户选择了另一个图层。

“主页面”下有“导线”、“桌面”、“网格”三个选项，默认状态下，“图层1”处于被选状态，表示所有的对象都建立在“图层1”上面；而“导线”和“网格”分别用于存放坐标线和网格，网格始终为底部图层；“桌面”图层可以随时访问，包含绘图页面边框外部的对象，该图层可以存储用户稍后可能要包含在绘图中的对象，因此如果有什么需要经常使用的对象，就不妨放在这一层上面，当然，也可以修改这些图层的名称。

主页面是包含应用于文档中所有页面的信息的虚拟页面。可以将一个或多个图层添加到主页面，以保留页眉、页脚或静态背景等内容。

（1）新建图层。

现在我们先来看看泊坞窗中的几个按钮：“新建图层”、“新建主图层”、“显示对象属性”、“跨图层编辑”、“图层管理器视图”。

按下“新建图层”按钮，会增加一个新的图层“图层2”，如图4-52所示。但是在画面中是区分不出来的，可以在泊坞窗中看到这个变化，或者在这个新建的图层上绘制对象。

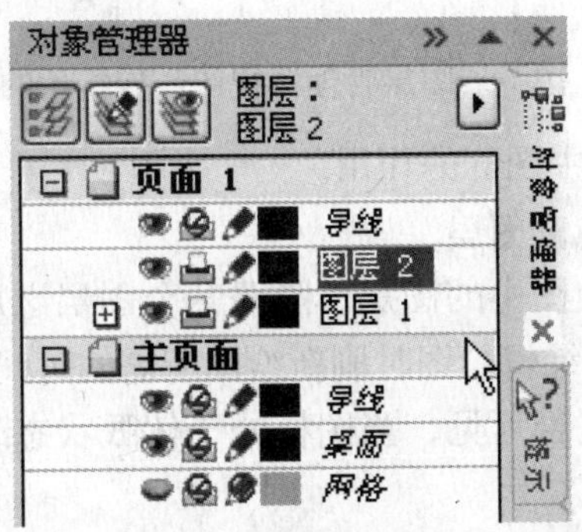


图4-52　新建“图层2”

单击“对象管理器”中右上角的“对象管理器选项”，在弹出的下拉菜单中执行相应命令也可以新建图层，如图4-53所示。

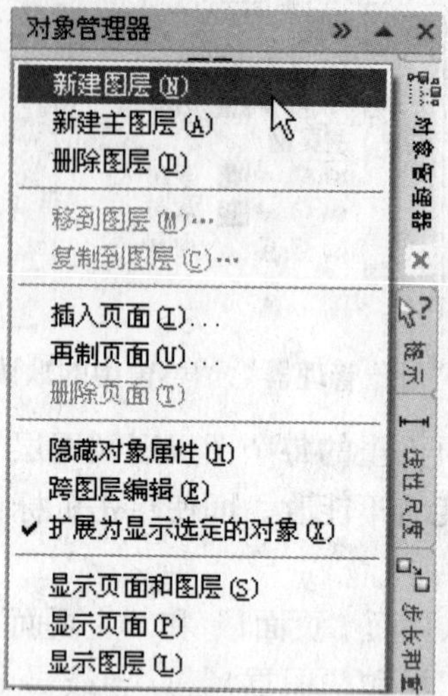


图4-53 按下“对象管理器选项”按钮的弹出菜单

“显示物体属性”和“跨图层编辑”默认为按下状态，我们试着取消“显示物体属性”按钮，将鼠标悬停到泊坞窗中各图层上，这时出现的内容仅仅是所属图层的说明，而按下这个按钮并悬停鼠标，就能看到包括填充、轮廓、色彩模式以及各色块的设置值。

“跨图层按钮”不会在画面中表示出什么明显的特征来，该按钮的作用是允许你在画面中直接转换图层，而无需在泊坞窗中点来点去。

“图层管理器视图”按钮是用来切换“页面”与“图层”的，按下该按钮，“页面”和“主页面”就不会被显示出来，仅仅显示下面图层，如图4-54所示。

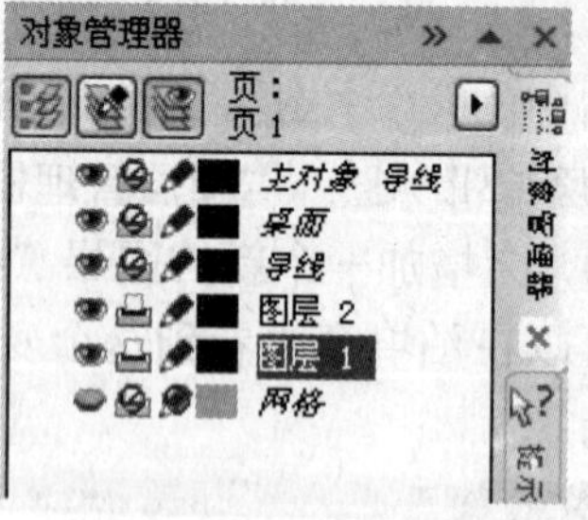


图4-54 按下“图层管理器视图”按钮后的显示界面

现在来讲解一下图4-54中图标的作用。

眼睛图标：显示或隐藏图层。

可以选择显示或隐藏绘图中的图层。隐藏某个图层之后，就可以识别和编辑其他图层上的对象。这样减少了编辑绘图时刷新绘图所需的时间。

这个图标控制着图层是否可见，当图标处于休眠状态时，图层会隐藏不可见。可以通过鼠标单击控制。

打印机图标：打印和导出图层。

可以设置图层的打印和导出属性，以控制图层是否显示在打印或导出的绘图中。

这个图标控制图层是否被打印。只有该图标处于激活状态，图层才能被打印，也是用鼠标单击控制。

铅笔图标：使图层可编辑或将其锁定防止更改。

这个图标允许编辑所有图层上的对象，也可以限制编辑以使用户只能编辑活动图层上的对象，还可以锁定图层防止对其对象的意外更改。图层被锁定后，就不能选择或编辑它所包含的对象。

另外，对图层的控制还可以利用右键主页面或者单击泊坞窗右上角的“对象管理器选项”的下拉菜单中的命令来进行操作，菜单如图4-53所示。

（2）重命名图层。

为了方便操作或修改编辑，我们可以把绘图在图层上分层命名，为图层重命名的操作很简单，可以在想要更改名称的原图层名称上单击两次，即可在名称框中重新命名该图层，如图4-55所示。

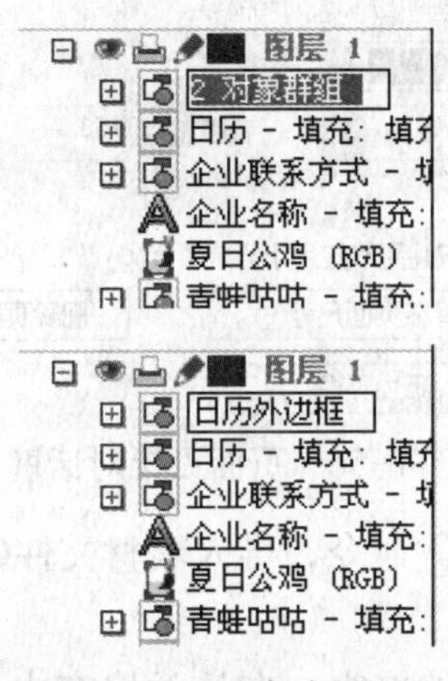


图4-55　重命名图层

**2．删除图层**

选择要删除的图层，单击泊坞窗中右上角的“对象管理器选项”展开工具栏按钮，然后单击“删除图层”，即可删除该图层。

删除图层时，将同时删除该图层上的所有对象，要保留对象，请先将其移至另一个图层上，然后再删除当前图层。

除了“网格图层”、“桌面图层”和“辅助线层”3个默认图层外，可以删除任意未锁定的图层。

主页面上的默认图层不能被删除或复制，除非在“对象管理器”泊坞窗中的“图层管理器视图”中更改了堆栈顺序，否则添加到主页面上的图层将显示在堆栈顺序的顶部。

**3．移动并复制图层**

可以在一个页面上或者在多个页面之间移动或复制图层。也可以将选定的对象移动或复制到新图层上，包括主页面中的图层。

如果将对象移动或复制到位于其当前图层下面的某个图层上，该对象将成为新图层上的顶层对象。同样，如果把一个对象移动或复制到位于其当前层上面的图层上，该对象就将成为新图层上的底层对象。

如果想将某个图层上的对象放到别的图层上面，只需在菜单中选择“移动至图层”命令，当鼠标变成➜■图标时，然后单击目标图层，即可将原图层上的对象移至该目标图层。

## 4.5 样题解答

（1）执行“文件”/“新建”命令，新建文档，在属性栏中设定文档的宽和高分别为210mm、150mm，纸张为横向，执行“版面”/“页面设置”命令，设置页面分辨率为150dpi，如图4-56所示。

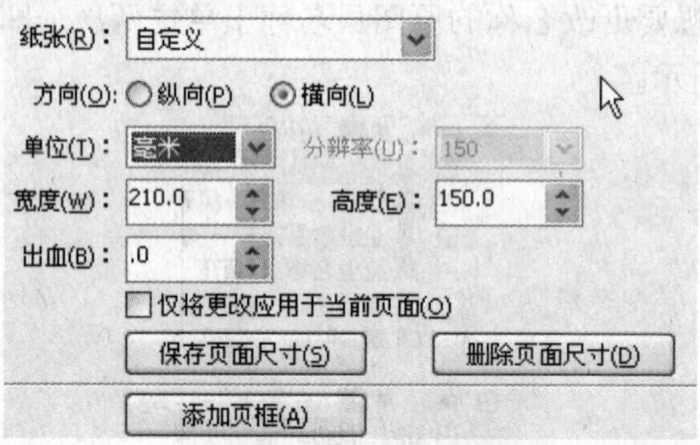


图4-56 页面设置对话框

（2）执行“文件”/“导入”命令，导入素材文件C:\2008CDR\Unit4\Y3-02A.cdr，如图4-57所示。

（3）单击“对象管理器”泊坞窗，在该泊坞窗中为各图层重新编辑，按住Ctrl键将两个花边图层复选进行群组，群组后的图层自动置于最底层，需再将其移到上层，右键单击该图层，选择弹出菜单中的“顺序”/“到图层前面”命令，将该图层移至前面。

图4-57 设置图层顺序

在图层名称上单击两次，该图层名称即变成文本输入状态，输入图层名“花纹”对图层的名称进行修改，如图4-58所示。

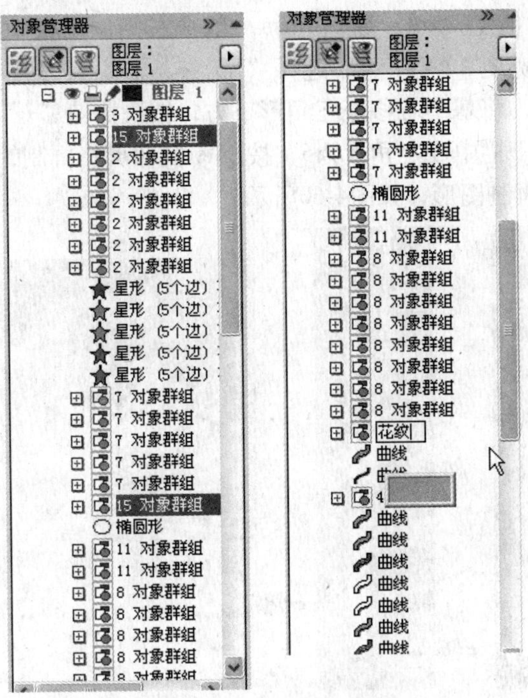


图4-58　为“花纹”图层命名

用同样方法，依次将图层分类群组后命名，如图4-59所示。

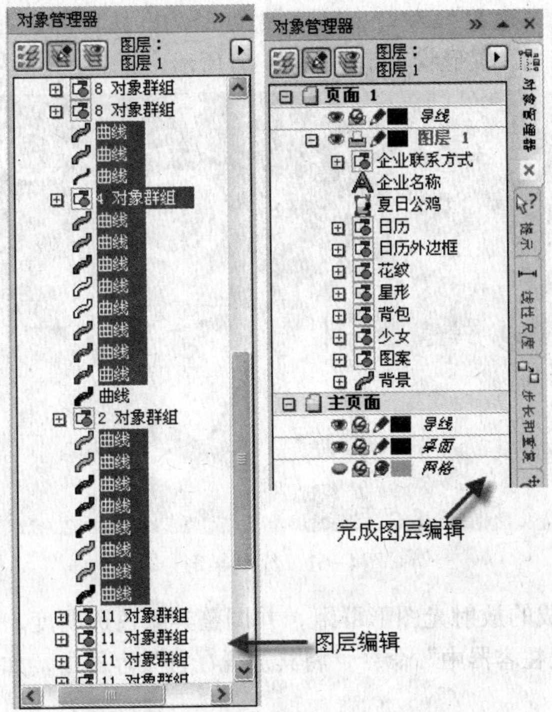


图4-59　为图层群组、命名、编辑顺序

（4）选择工具箱中的“多边形工具”，在属性栏中设置多边形的边数为3，在页面中绘制三角形，单击属性栏中的，将缩放比例调整，在“对象大小”数值栏中分别输入数值宽3mm、高140mm，单击右侧调色板中的白色，为其填充颜色，在属性栏“轮廓宽度”中选择“无”。

双击选择该图形，将基中心移至三角形下方，按快捷键“+”再制该图形，在属性栏“旋转角度”栏中设定角度为5，按Enter键即可将再制的图形旋转，然后直接按快捷键Ctrl+D继续再制图形，如图4-60所示。

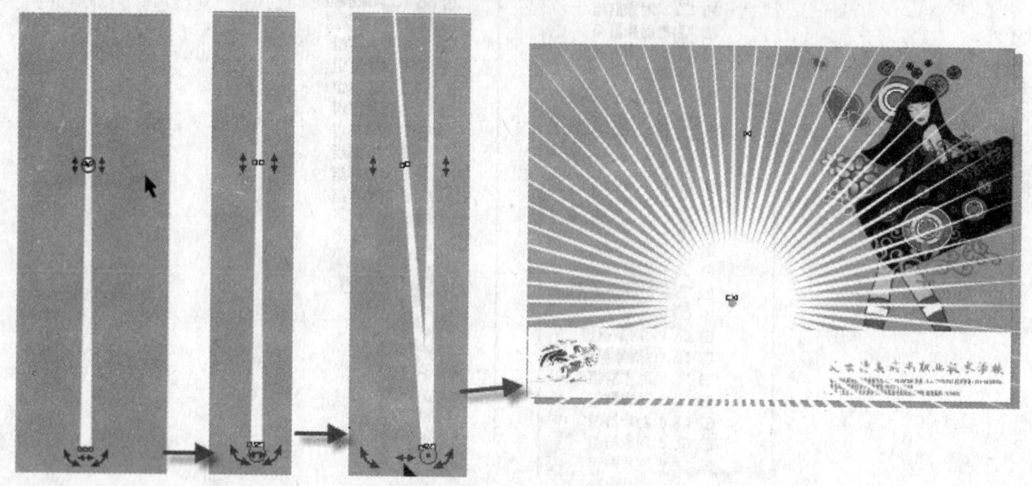

图4-60　再制图形

（5）选择工具箱中的“多边形工具”组中的“星形工具”，调整属性栏中“多边形边数”为5，“星形锐度”为默认设置，在页面上绘制星星图形，为星形填充颜色和设置形状大小，如图4-61所示。

图4-61　绘制星形

（6）将再制完成的放射光图形群组，并调整其颜色透明度，执行“效果”/“图框精确剪裁”/“放置在容器中”命令，将其放置在背景容器中，如图4-62所示。

图4-62　将图形精确剪裁

执行“效果”/“图框精确剪裁”/“编辑内容”命令，为视觉需要我们先将放射光的填充更改为黑色，如图4-63所示。

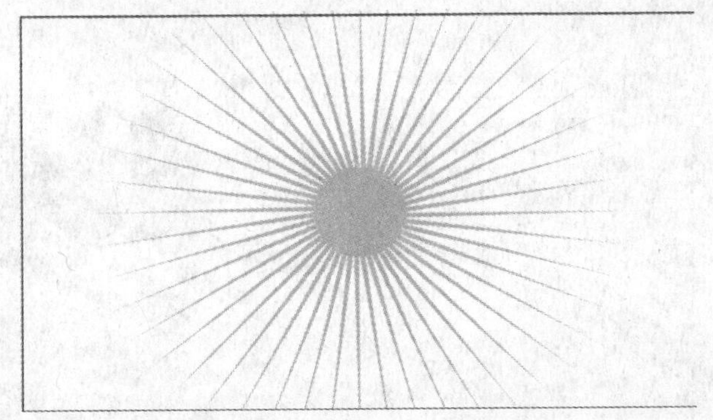

图4-63　编辑容器中的内容

移动图框中的对象，并将其复制，并将副本缩小，放置于图框的左上角，如图4-64所示。

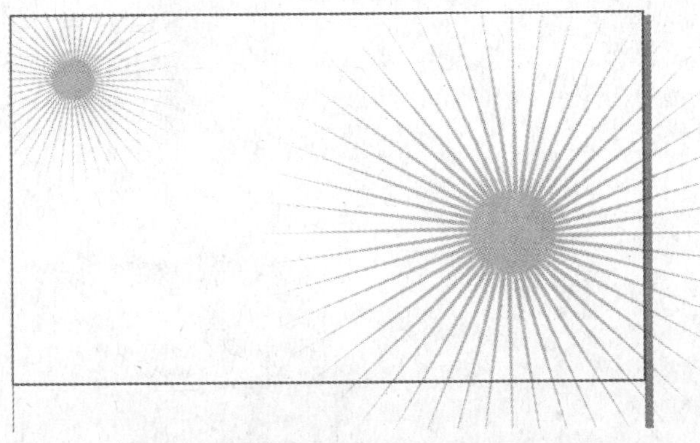

图4-64　复制容器中的内容并变换大小

先将两个图形的颜色填充为白色，再执行“效果”/“图框精确剪裁”/“结束编辑”命令，即可完成对剪裁对象的编辑，如图4-65所示。

图4-65　结束编辑图框剪裁内容

（7）选择工具箱中的“表格工具”，在页面上绘制一个行数和列数均为7的表格，并对表格的行高进行调整，输入文本，调整其颜色和大小，最终效果如图4-66所示。

图4-66　最终效果

# 第5章　CorelDRAW特效处理

只要提到特效处理，大家可能首先想到的是Photoshop，而实际上CorelDraw在这方面的应用功能也十分强大。

CorelDRAW特效处理，也可以说是CorelDRAW高级工具（调和、轮廓图、阴影、立体化、透明等）的使用技巧操作。

这些工具的巧妙结合应用，可以让设计者很好地发挥创意，从而设计出完美的作品。

**本章主要技能考核点：**

- 透明效果。
- 调和效果。
- 阴影效果。
- 轮廓图效果。
- 立体化效果。

**评分细则：**

本章有5个概括基本点，每题考核5个方面。

| 序号 | 评分 | 分值 | 得分条件 | 判分要求 |
|---|---|---|---|---|
| 1 | 透明效果 | 3 | 正确制作透明效果 | 制作正确给分，与原图像不符不给分 |
| 2 | 调和效果 | 5 | 正确制作调和对象与路径图像 | 制作正确给分，未按要求制作，与原图像不符均不给分 |
| 3 | 阴影效果 | 2 | 正确给图形创建阴影 | 制作正确给分，未按要求制作，与原图像不符均不给分 |
| 4 | 轮廓图效果 | 5 | 正确设置轮廓对象 | 制作正确给分，未按要求制作，色彩与原图像有误，扣2分 |
| 5 | 立体化效果 | 5 | 正确制作立体化图形 | 制作正确给分，未按要求制作，无倒角效果扣2分 |

## 5.1 样题示例

### 操作要求

结合CorelDRAW特效制作海报，如图5-01所示。

图5-01 海报效果图

导入素材C:\2008CDR\Unit5\Y5-01.cdr，如图5-02所示。

图5-02 背景素材

（1）透明效果：导入素材C:\2008CDR\Unit5\Y5-02.tif，使用透明工具将图形透明化。

（2）立体化：调整对象立体深度和灭点坐标的位置。

（3）阴影效果：设置阴影效果的羽化、不透明度、角度、偏移等，为对象增加阴影效果。

（4）轮廓效果：设置轮廓方向、步长、偏移等数值为对象增加轮廓效果。

（5）调和工具：将两个对象进行各种方向的调和，正确设置步长和颜色调和方向。

将操作结果以Xcld5-01.cdr，保存到考生文件夹。

## 5.2 样题分析

本题使用高级工具完成对象的特效。

在完成作品的过程中，为了增加作品的视觉效果，会将两种或两种以上的特效应用于一个对象。

应用特效时，要注意渐变颜色的流动方向，有顺时针方向或逆时针方向等。

## 5.3 CorelDRAW交互式调和工具

CorelDRAW的“交互式调和工具”就是将两个对象调和成渐变效果，在使用调和工具时，我们只需选择两个对象即可，调和后两个对象之间的效果由系统自动生成。

CorelDRAW“交互式调和工具”的调和类型有几种，如直线调和、沿路径调和以及复合调和。

调和效果经常用于在绘制图形中创建真实阴影和高光等。

### 5.3.1 调和效果

1. 直线式调和

“直线式调和”显示从一个对象到另一个对象的渐变，中间对象的轮廓和填充颜色在色谱中沿直线路径渐变，中间对象的轮廓显示厚度和形状的渐变。

如果要沿直线调和，在工具箱中单击“调和”工具。选择第一个对象，当鼠标变成图标，拖动鼠标到第二个对象上松开鼠标，即完成了这两个对象的调和效果，如图5-03所示。

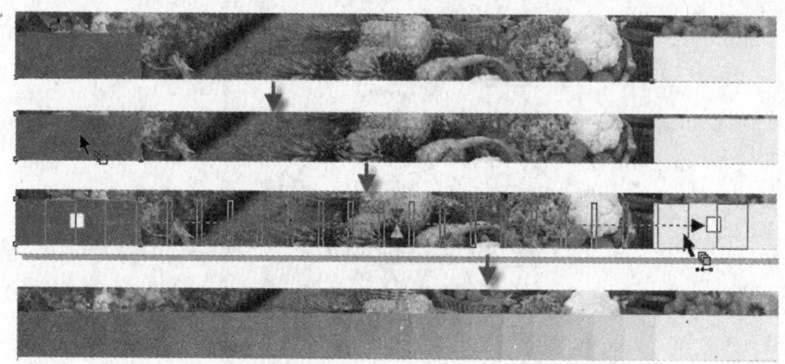

图5-03 “直线式调和”对象

2. 使调和适合路径

使调和效果适合路径，会产生更丰富的效果，在工具箱中单击“调和”工具，先将对象直接调和，在页面上绘制一条曲线，单击属性栏上的“路径属性”按钮，在弹出的菜单栏中单击“新路径”，鼠标会变成形状的曲线箭头，用该曲线箭头单击要适合调和的路径，即可将直线调和变成路径调和，再将曲线轮廓宽度更改为“无”，如图5-04所示。

图5-04　使调和适合路径

3.杂项调和选项

如果要在整个路径上延展调和对象，选择已适合路径上的调和，单击属性栏上的“杂项调和选项”按钮，然后启用“沿全路径调和”复选框，如图5-05所示。

图5-05　“杂项调和选项”的选项栏

## 5.3.2 复制或克隆调和

选择要调和的两个对象，单击“效果”，如果要复制效果请单击 “复制效果”/“调和自”命令；如果要克隆效果请选择“克隆效果”/“调和自”命令，鼠标会变成➡箭头标志，单击需要复制或克隆其属性的原始对象（已调和的对象）即可，如图5-06所示。

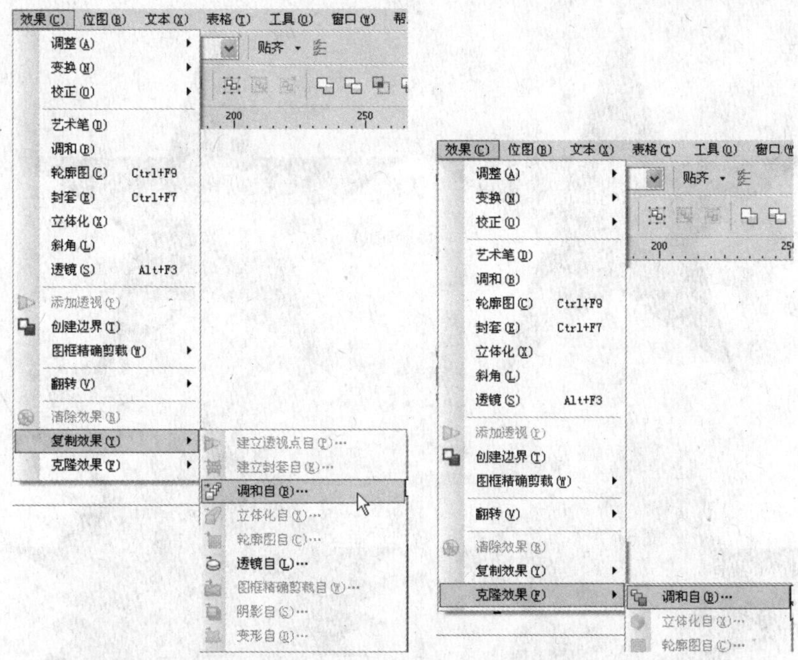


图5-06　执行复制或克隆调和效果

## 5.3.3 设置调和属性

调和属性的设置，在调和属性上即可调整，包括步长、偏移值、调和的方向等属性的设置，如图5-07所示。

图5-07 "调和"的属性栏

在属性栏的左侧最前方 预设... "预设"下拉列表框中可以选择系统预设的多种调和效果，如图5-08所示。

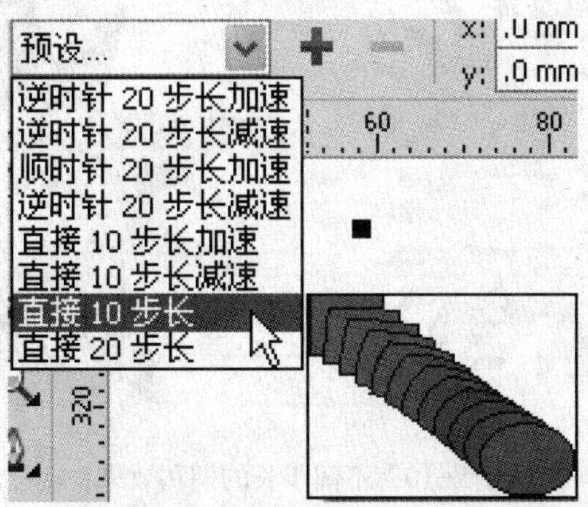


图5-08　预设下拉列表框中的调和

该属性栏上的"调和方向" .0 ° 数值栏，可以设置对象的调和角度方向，数值的范围为-360°～360°，如图5-09所示。

图5-09　不同方向的调和的调和效果

通过调整属性栏中的“步长或对象的偏移量”中的数值，可以改变调和对象之间的对象数量，系统默认为20，不包括两个原始对象，更改步长数值的多少，即会产生不同绘制效果，如图5-10所示。

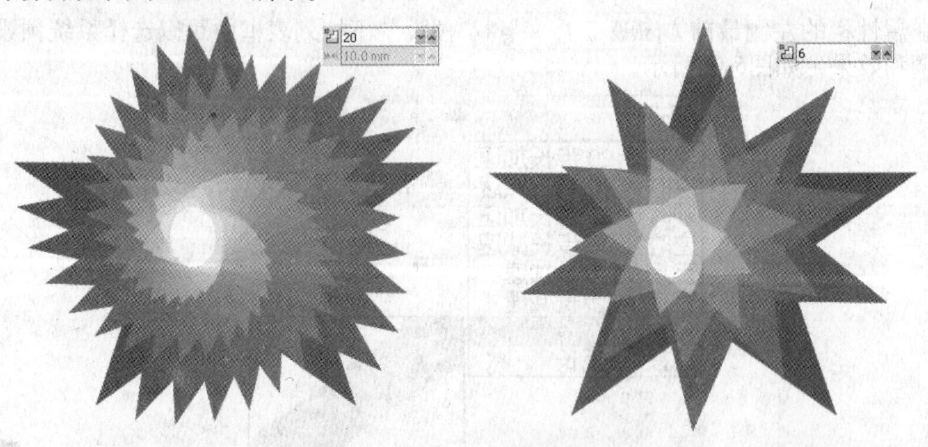


图5-10　不同步长的调和效果

如果要更改调和后的颜色效果，可在“调和工具”的属性栏中更改调和顺序按钮中单击“直接调和”按钮，调和对象的颜色将直接从两个原始对象之间进行调和。单击“顺时针调和”，调和对象的颜色将以顺时方向按颜色光谱进行调和。

单击“逆时针调和”，调和对象的颜色将以逆时针方向沿颜色光谱顺序进行调和，如图5-11所示。

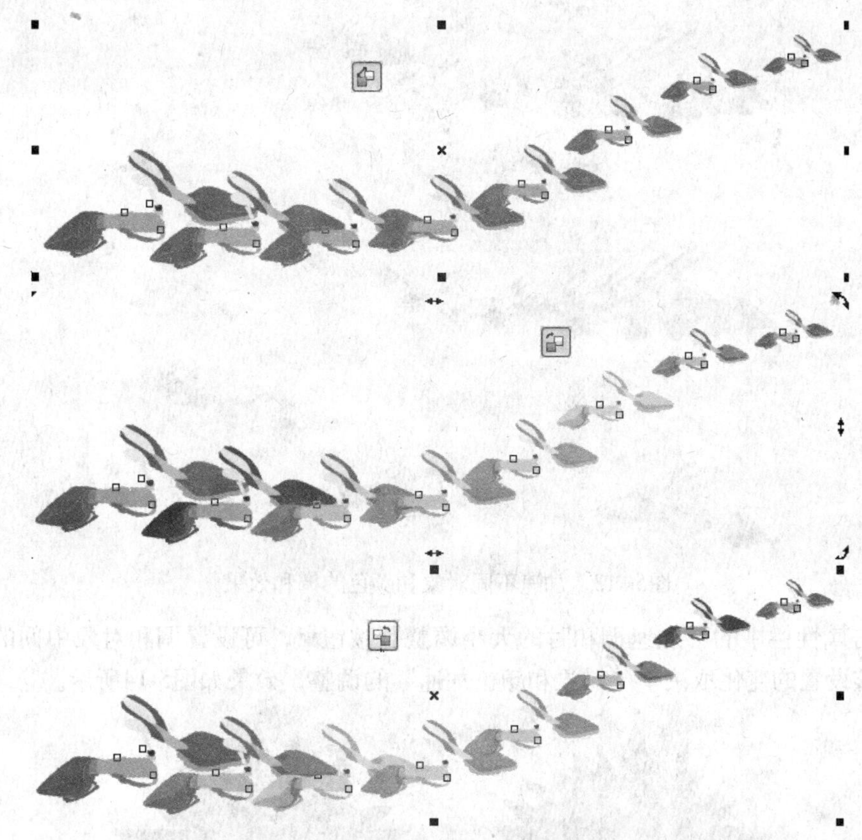

图5-11　不同颜色方向的调和效果

单击属性栏上的“对象和颜色加速”按钮，打开下拉窗口，如图5-12所示。

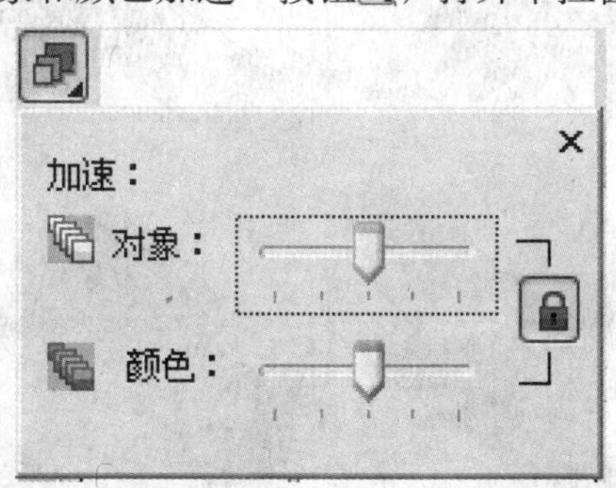


图5-12　“对象和颜色加速”按钮的下拉窗口

在该列表中移动相应的滑块，可以设置调和对象的数量和颜色的加速速率，系统默认“对象”和“颜色”滑块是同步的，可通过单击锁头，解开同步，调整调和的速率效果如图5-13所示。

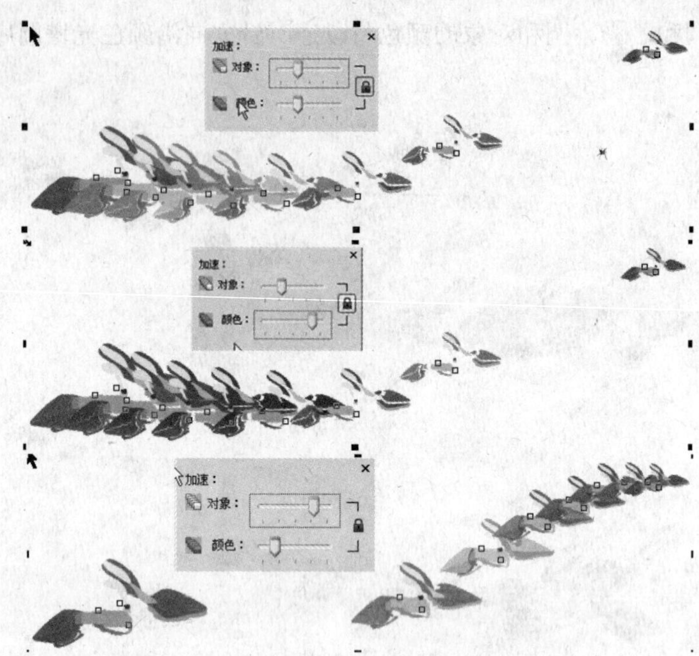


图5-13　加速不同对象和颜色的调和效果

单击属性栏中的“加速调和时的大小调整”按钮，可设置调和对象中间的大小变化，该设置的变化取决于“对象和颜色加速”的调整，效果如图5-14所示。

图5-14　调和对象的不同速率和大小效果

单击“杂项调和选项”，打开下拉列表，用户可以对调和对象中的节点或单一对象进行编辑，如图5-15所示。

图5-15 应用“杂项调和选项”拆分后调整的效果

该下拉列表还可以“熔合拆分”或“复合调和”中的起始对象或结束对象，按住Ctrl键，单击调和中的某个中间对象，然后单击某个起始对象或结束对象。单击属性栏上的“杂项调和选项”按钮，如果已选择了起始对象，请单击“熔合始端”按钮，如果已选择了结束对象，则单击“熔合末端”按钮。

属性栏中“起始和结束对象属性”，用于设置起始和结束对象的属性。

属性栏中“路径属性”按钮，用于将调和对象适配路径或从路径中分离。

## 5.4 透明度效果

为对象增加透明度效果，可以增加绘图的可视性与多样化。

CorelDRAW中的“交互式透明工具”就可以让设计者们实现对象的多样化的透明度操作，如均匀透明、射线透明、底纹透明、图样透明等。

### 5.4.1 均匀透明

选择一个对象，在工具箱中，单击“透明度”工具，鼠标会变成，在属性栏上，标准 “透明度类型”列表框中选择“标准”，对象即被执行透明效果，也可在正常 “透明度操作”的下拉列表里选择透明度操作的方式，不同的操作方式，产生的效果各异，调整 50 “开始透明度”的滑块可设置透明的透光度，如图5-16所示。

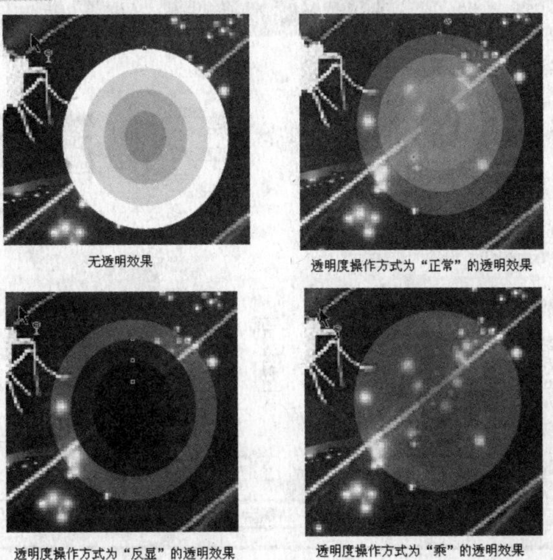


图5-16 均匀透明效果

## 5.4.2 渐变透明

选择需要执行透明效果的对象，在工具箱中单击“透明度”工具，在属性栏上的“透明度类型”标准列表框中为渐变透明度提供了几种渐变方式，如线性、射线、圆锥、方角。

### 1. 线性渐变透明

选择对象，在属性栏上的“透明度类型”线性列表框中选则“线性”，系统自动定位渐变交互式矢量手柄，用户按透明方向将对象上开始透明度位置的矢量手柄和透明度结束位置的矢量手柄调整位置即可，如图5-17所示。

也可以单击属性栏中“编辑透明度”，在弹出的“渐变透明度”对话框中角度数值栏里输入线性渐变角度即可，该对话框可以对透明渐变的方向、颜色和渐变的步长与边界值进行修改，如图5-18所示。

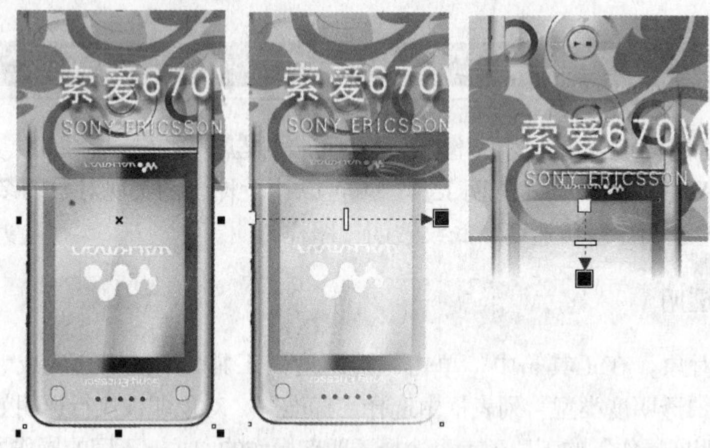

图5-17 线性渐变透明效果

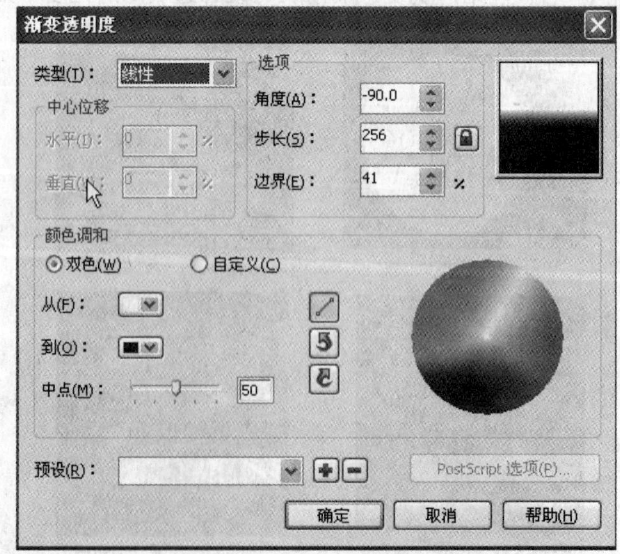

图5-18 “渐变透明度”对话框

2．射线式透明

选择对象，在属性栏上的“透明度类型” 射线 列表框中选则“射线”，系统自动定位渐变交互式矢量手柄，用户按透明方向将对象上开始透明度位置的矢量手柄和透明度结束位置的矢量手柄调整位置即可，然后根据需要调整 50 透光度的值。也可以单击属性栏中“编辑透明度”，在弹出的“编辑透明度”对话框中“中心位移”的项目栏中调整射线渐变的中心位置，效果如图5-19所示。

图5-19 射线式渐变透明

3．圆锥式透明

选择一个对象，在属性栏上的“透明度类型” 圆锥 列表框中选则“圆锥”，系统将自动定位渐变交互式矢量手柄的位置，用户按设计需要将对象上开始透明度位置的矢量手柄和透明度结束位置的矢量手柄调整位置即可，再根据需要调整 50 透光度的值。也可以单击属性栏中“编辑透明度”，在弹出的“编辑透明度”对话框中“中心位移”的项目栏中调整射线渐变的中心位置，如图5-20所示。渐变的颜色依渐变要求的不同进行设置，可选择“双色”或“自定义”，也可以在“预设” 预设(R)： 下拦列表中选择系统默认渐变，效果如图5-21所示。

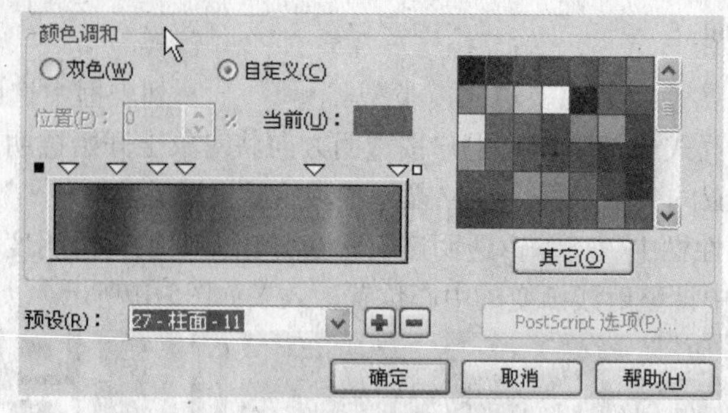


图5-20　自定义渐变色谱

图5-21　圆锥式透明的各种效果

调整“透明中心点”，效果如图5-22所示。

图5-22　调整“透明中心”的圆锥式透明效果

4．方形透明

选择一个对象，在属性栏上的“透明度类型”列表框中选则“方角”，系统将自动定位渐变交互式矢量手柄的位置，用户可按设计需要将对象上开始透明度位置的矢量手柄和透明度结束位置的矢量手柄调整位置即可，再根据需要调整透光度的值，如图5-23所示。

调整手柄位置后的效果

透明度操作为“亮度”的效果

图5-23　方形透明

也可以单击属性栏中“编辑透明度”，在弹出的“编辑透明度”对话框中“中心位移”的项目栏中调整射线渐变的中心位置，渐变的颜色依渐变要求的不同进行设置，可选择“双色”或“自定义”，也可以在“预设”预设(R)：下拉列表中选择系统默认渐变。

## 5.4.3 底纹透明

选择对象，在工具箱中，单击“透明度”工具，从属性栏上的“透明度类型”列表框中选择“底纹”，属性栏中的选项设置会有所改变，如图5-24所示。

图5-24 “底纹透明”的属性栏

在该栏中的“底纹库”中，系统默认了许多种花纹样式，每种样式都有多种花纹供用户选用。

从属性栏上的“底纹库”列表框中选择一种样本，打开属性栏上的“第一种透明度”挑选器中选择一种底纹，在属性栏上调整“开始透明度”，可以更改开始颜色的不透明度，“结束透明度”可以更改结束颜色的不透明度，如图5-25所示。

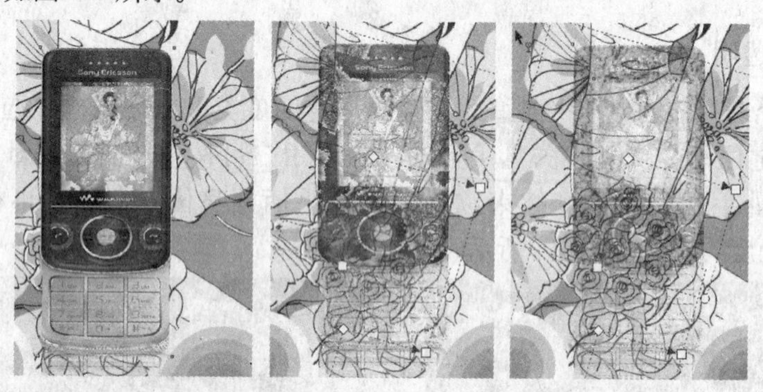

图5-25 底纹透明庄的不同效果

单击属性栏上的“冻结”按钮可将透明度的效果固住，用户可将透明度的控制用柄移出来以进行调整，如图5-26所示。

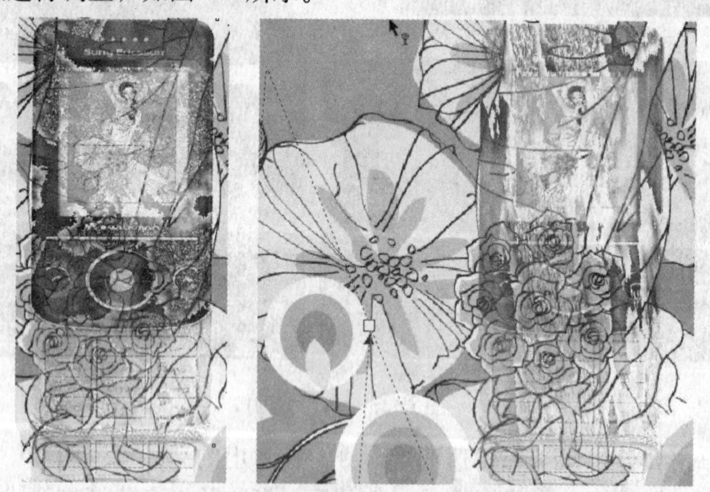

图5-26 底纹透明效果与冻结透明效果后调整的对比

## 5.4.4 图样透明

CorelDRAW中还提供了一种图样透明，图样透明有三种。

### 1. 双色图样

由“开”和“关”像素组成的简单图片，图片中仅包含用户自行指定的两种色调。

选择对象，单击工具箱中“透明度”工具，从属性栏上的“透明度类型”列表框中选择“双色图样”，打开属性栏中“透明度挑选器”中选择图样，对象即被执行双色图样透明效果，可以调整“开始透明度”和“结束透明度”的数值以增加效果，如图5-27所示。

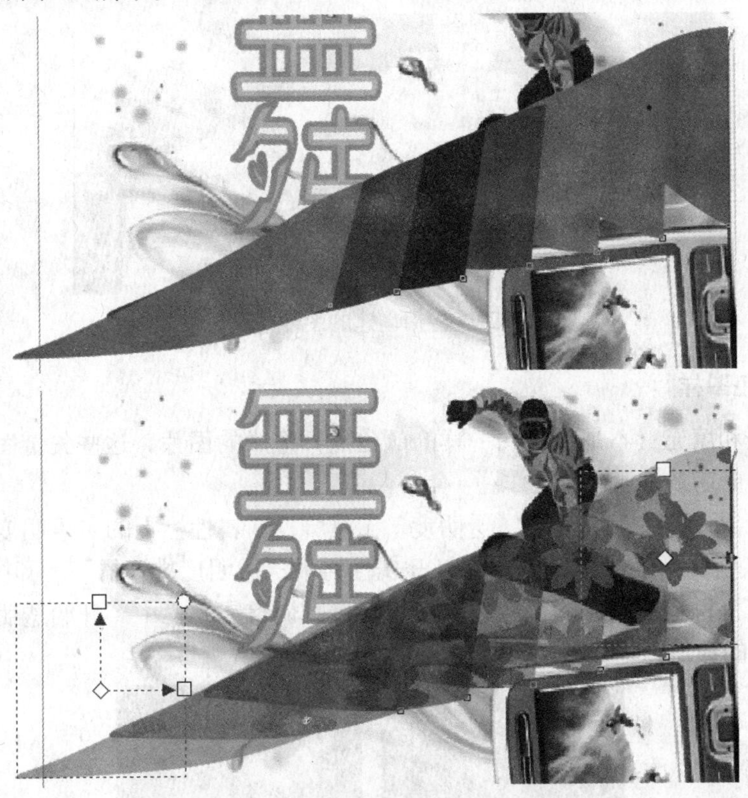

图5-27 系统预设双色图样透明

用户也可以根据需要自已设计创建图样，单击属性栏中“创建图样”，弹出“创建图样”对话框，如图5-28所示。

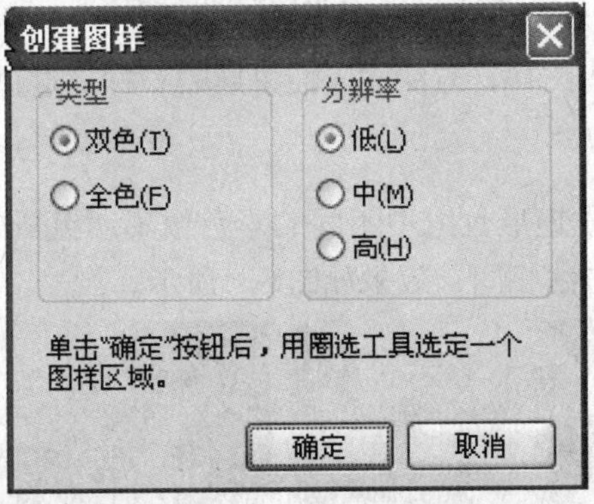


图5-28 “创建图样”对话框

选择相应的设置，单击“确定”按钮后，在所要的图样上截取图样，以确定创建选定区域对象，即可将用户选定的图样应用到对象上，如图5-29所示。

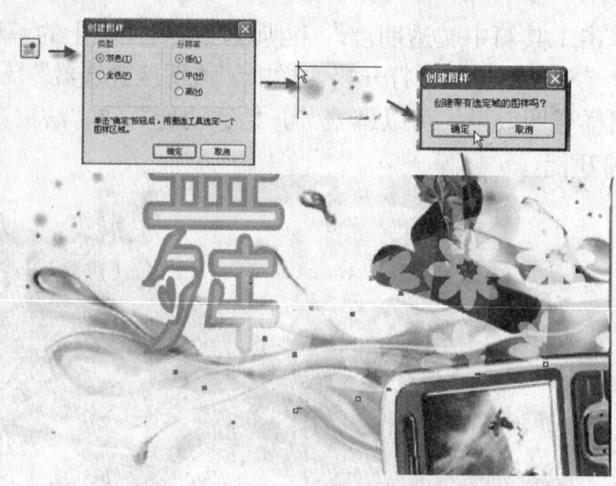


图5-29 应用创建的图样透明效果

2．全色图样

由线条和填充（不是像位图一样的颜色点）组成的图片，这些矢量图形比位图图像更平滑、更复杂，但较易操作。

选择对象，单击工具箱中“透明度”工具，从属性栏上的“透明度类型”列表框中选择“全色图样”，打开属性栏中“透明度挑选器”中选择图样，即可将对象执行全色图样的透明效果，用户可以调整属性栏中“开始透明度”和“结束透明度”的数值以增加效果，如图5-30所示。

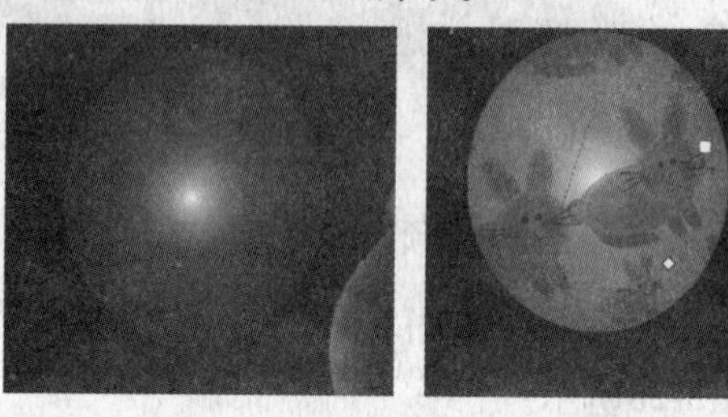

图5-30 全色图样的透明效果

全色图样也可以创建图样，方法同上面讲解的一样，这里不再赘述。

3．位图图样

由浅色和深色图样或矩形数组中不同的彩色像素所组成的彩色图片。其操作方法与“全色图样”透明的方法相同，效果如图5-31所示。

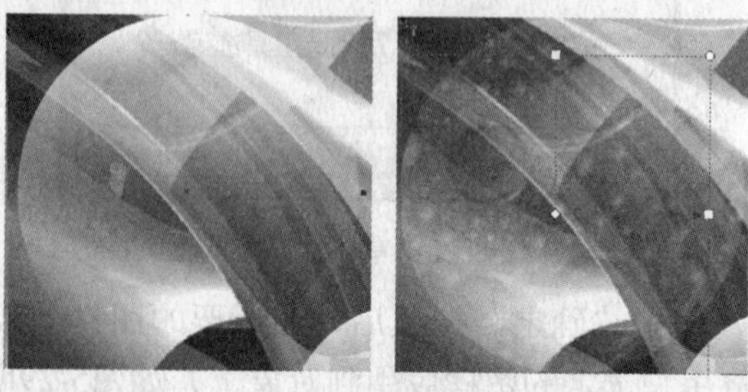

图5-31 位图图样的透明效果

## 5.5 轮廓图效果

CorelDRAW轮廓图效果可以通过勾划对象的轮廓线，创建一系列渐进到对象内部或外部的特殊效果，也允许用户设定轮廓线的数量和距离。

轮廓图效果除了创建有趣的三维效果之外，还可以使用轮廓图工具创建可剪切的对象轮廓。

勾划对象轮廓线后，可以将轮廓图设置为复制或克隆至其他对象，还可以更改位于轮廓线与轮廓本身之间所填充的颜色，可以在轮廓图效果中设置颜色渐变，使其中一种颜色调和到另一种颜色中，颜色渐变可以在所选颜色范围内沿直线、顺时针或逆时针路径进行。

单击工具箱中的“轮廓图”工具，选择对象，用鼠标向中心或向远离中心的方向拖动起始手柄以创建内部轮廓图或外部轮廓图，然后设置属性栏中 2 “轮廓图步长”数值以更改轮廓图步长，通过单击属性栏的三个按钮，可以更改轮廓图的的轮廓方向。

单击“到中心”按钮，可以向对象的中心产生轮廓效果，此效果轮廓图的步长值呈灰色不待选状态，只能设置 1.54 mm “轮廓图偏移”值，如图5-32所示。

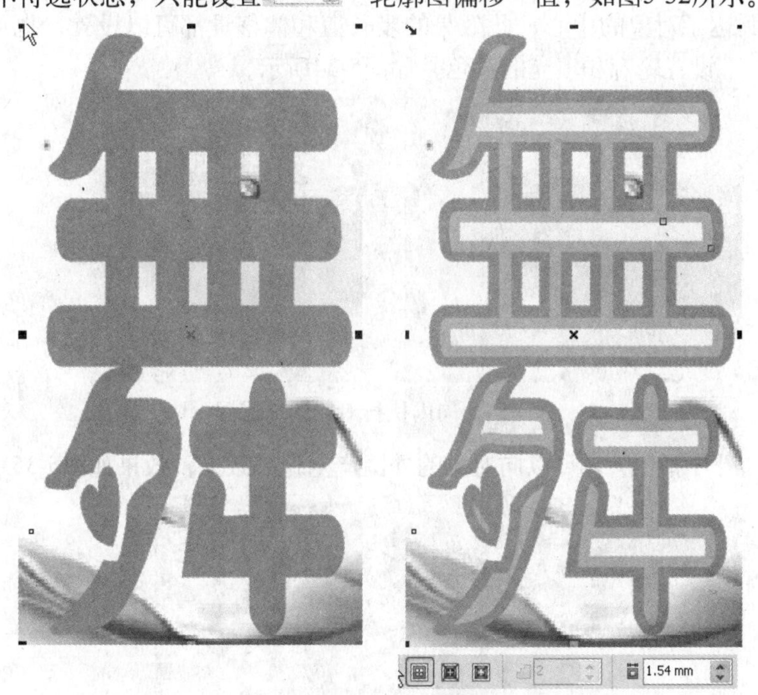


图5−32 向中心创建轮廓图效果

也可以通过属性栏上的三个调整轮廓图方向的按钮更改轮廓图颜色效果，如图5-33所示。

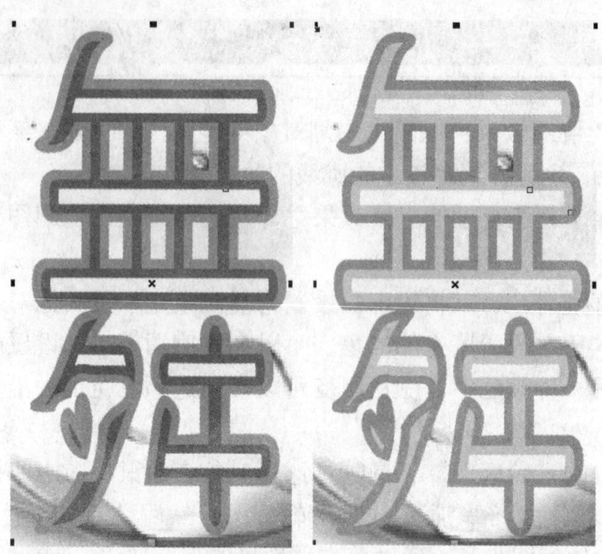

图5-33　顺时针颜色轮廓图和线性轮廓图

单击“向内”按钮，可以向对象的中心产生轮廓效果，同“到中心”不同，此效果轮廓图的偏移量优先于步长值，比如，如果偏移量太大，在系统还未执行步长值时，轮廓就到达了对象的中心，此效果的步长值和偏移量都可以设置，也可以通过设置设置轮廓和填充的颜色，如图5-34所示。

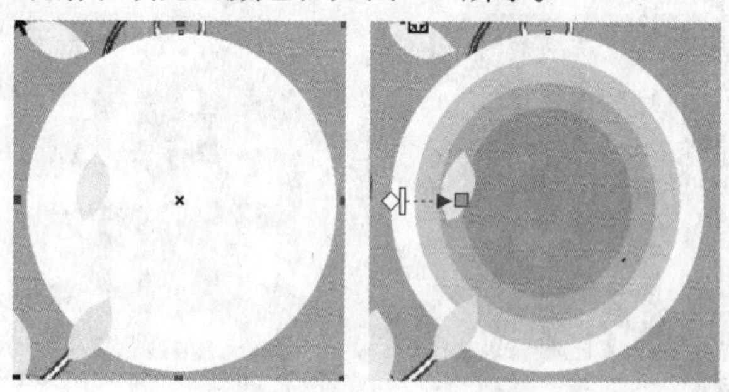

图5-34　向内执行对象的轮廓图

单击“向外”按钮，可以向对象的外围产生轮廓效果，效果如图5-35所示。

图5-35　向外制作对象轮廓图

单击属性栏上的“对象和颜色加速”按钮，在弹出的选项中，移动滑块可加速轮廓线的渐变效果。

## 5.6　阴影效果

使用工具箱中的“交互式阴影工具”可以让用户在CorelDRAW中为对象制作完美的阴影效果。

在 CorelDRAW中创建的阴影适合打印输出，但是不适合设备输出。

### 1. 创建阴影

CorelDRAW中创建的阴影可以从平面、右、左、下和上五个不同的透视点映射在对象上。能为大多数对象或群组对象添加阴影，其中包括美术字、段落文本和位图等。

添加阴影时，可以更改阴影的透视点并调整属性，如颜色、不透明度、淡出级别、角度和羽化等。

单击工具箱中的“交互式阴影”工具，选择对象，拖动对象的中心或边缘，直到阴影的大小符合要求，如图5-36所示。

图5−36　为文本添加阴影

可以在属性栏上更改“阴影的不透明度”的数值，数值越低，阴影就越透明。

或者更改“阴影羽化”值改变阴影的效果，也可在属性栏中“阴影颜色”中更换阴影的颜色，以产生不同的效果，单击“阴影羽化方向”，在弹出的下拉列表中选择羽化方向，如图5-37所示。

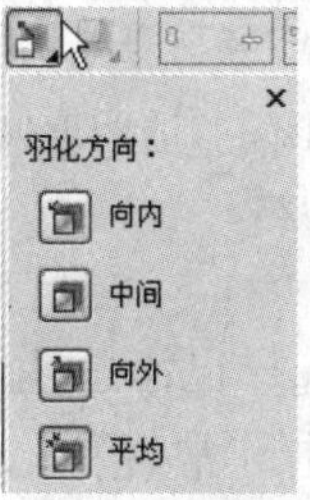


图5−37　“羽化方向”下拉列表

不同的方向产生的阴影效果也各异，如图5-38所示。

图5－38　不同方向的阴影效果

2．合并模式阴影

用户可以使用透明度将合并模式应用到阴影，这样可以控制阴影与其下的对象颜色的混合方式。

单击工具箱中的“交互式阴影工具”，选择带阴影的对象，并从属性栏的 正常 “透明度操作”列表框选择合并模式，不同模式的效果如图5-39所示。

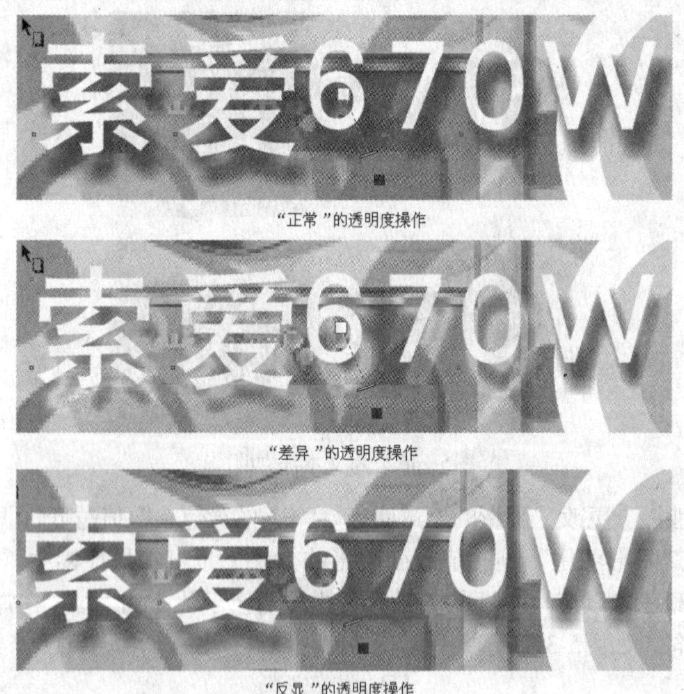


“正常”的透明度操作

“差异”的透明度操作

“反显”的透明度操作

图5－39　选择不同“透明度操作”模式的阴影

3．调整阴影的分辨率

可以对影的分辨率进行调整，选择已添加阴影的对象，执行“工具”/“选项”命令，在“工作区”类别列表中，单击“常规”，在“分辨率”框中输入值，单击“确定”按钮即可更改阴影的分辨率，如图5-40所示。

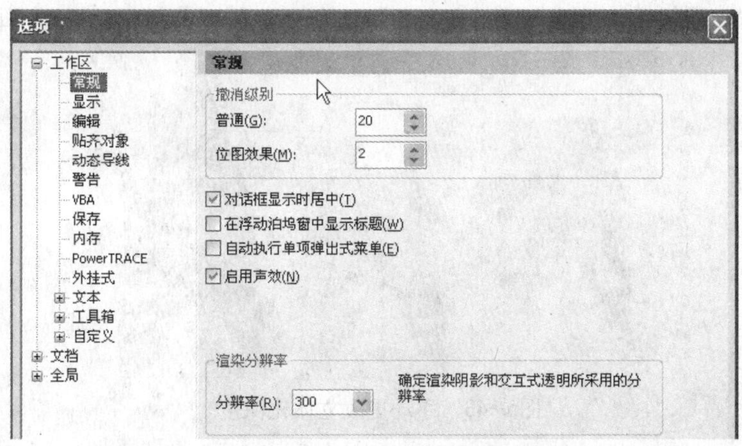


图5-40 设置阴影分辨率的对话框

## 5.7 立体化效果

CorelDRAW中“交互式立体化工具”可以创建立体化效果，以使对象具有三维视觉，还可以将矢量立体模型应用于群组中的对象。

创建立体模型后，可以将其立体化的立体模型属性复制或克隆到选定的对象中。

### 1. 创建立体化效果

选择对象，单击工具箱中的“交互式立体化”工具，鼠标变成标识，从属性栏上的“预设列表”的下拉列表框中选择一种立体化类型，对象即被执行系统预设的立体化效果，可以通过拖放对象的灭点手柄，以更改立体效果的灭点方向和深度，如图5-41所示。

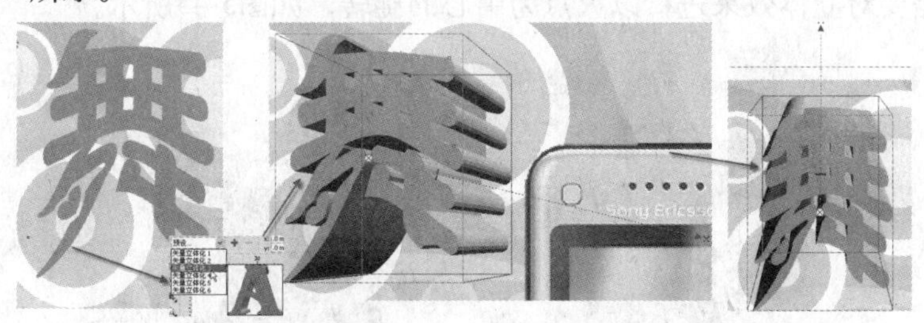

图5-41 立体化文本

用户可以通过属性栏上的“立体化类型”选择立体化的类型，然后在“深度”数值框中更改立体化深度，如图5-42所示。

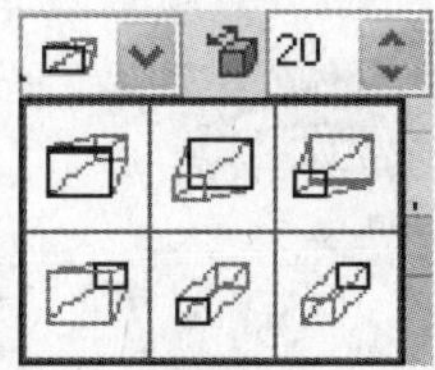


图5-42 “立体化类型”列表

通过拖拉立体化手柄上的▬滑块，也可以调整立体化的深度，如图5-43所示。

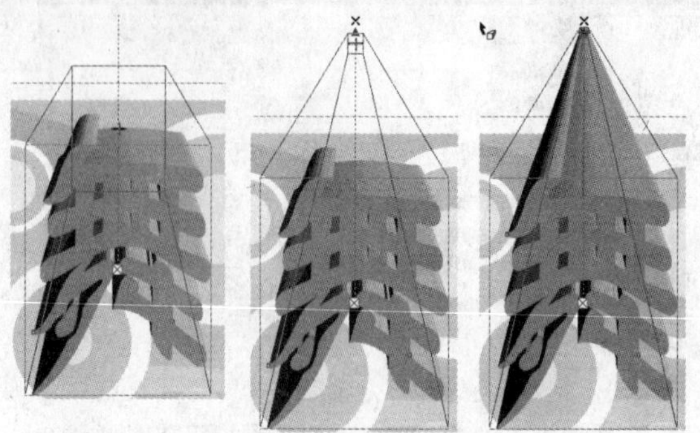

图5-43　手动更改立体化深度

2．改变立体化的形式

如果要旋转立体模型，选择立体化对象，单击属性栏上的“立体化方向”按钮，在弹出的下拉样式中单击按钮，下拉按钮如图5-44所示。

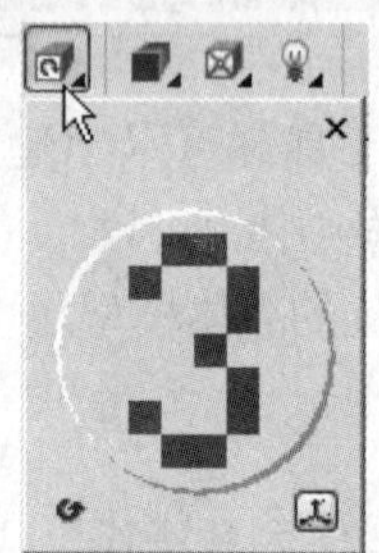

图5-44　“立体化方向”按钮的下拉列表

鼠标在旋转手柄内变成旋转标志，在旋转手柄外即变成自由旋转标志，用户可以按设计需要对立体效果进行以灭点为中心的旋转，如图5-45所示。

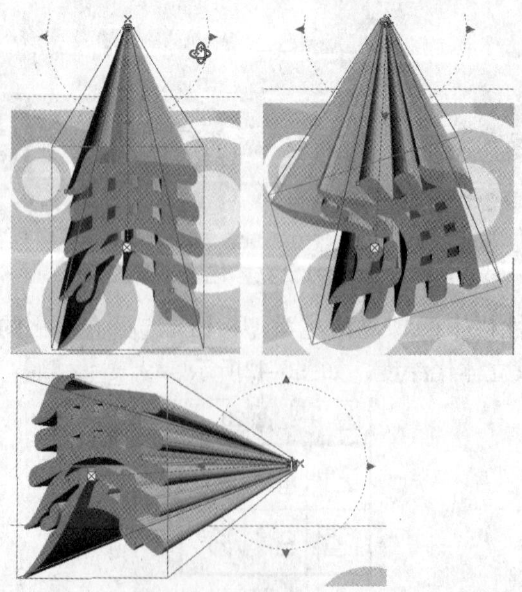

图5-45　旋转立体化效果

如果改变立体化对象灭点的方向，使用工具箱中“立体化”工具，单击一个立体化对象的灭点，并朝需要的方向拖放即可，效果如图5-46所示。

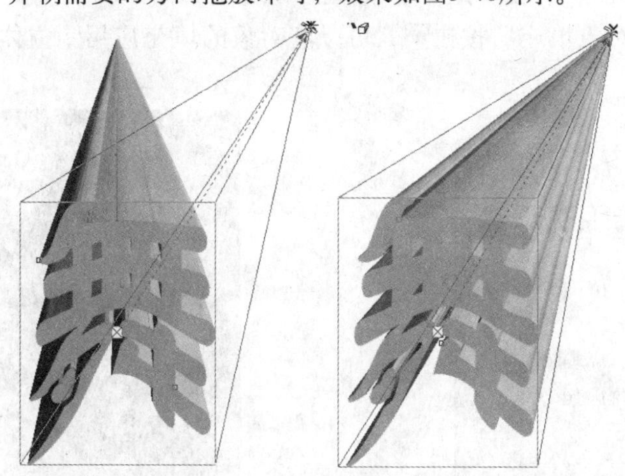

图5−46　调整灭点的方向

如果要改变立体化模型的深度，选择工具箱中“交互式立体化”工具，单击一个立体化效果的对象，将滑块沿交互式矢量手柄拖移即可，如图5-47所示。

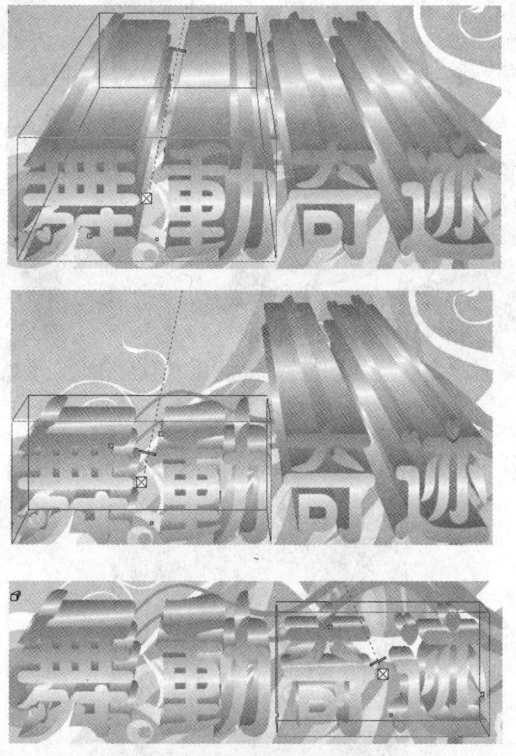

图5−47　改变立体化深度

3．对立体模型应用填充

在CorelDRAW中的立体化效果可以将填充应用到整个立体对象，也可以仅应用到立体化表面。

单击工具箱中“交互式立体化”工具，选择立体化对象，单击属性栏上的“颜色”按钮，在弹出的下拉列表中有“颜色”按钮，如图5-48所示。

选择“使用对象填充”按钮，可以将对象的填充应用到立体效果，如图5-49所示。

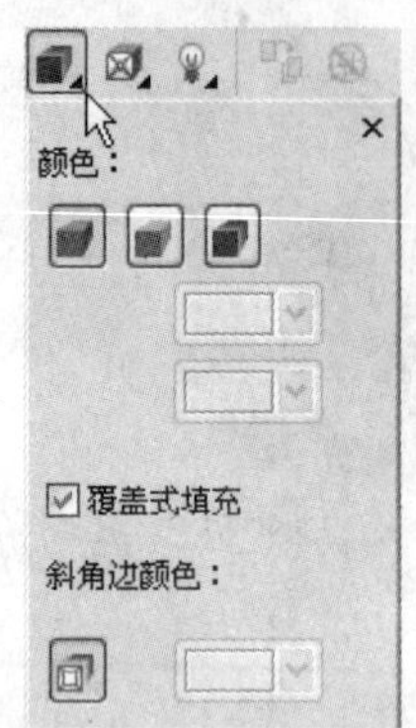

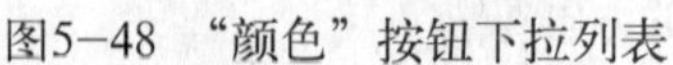

图5-48 “颜色”按钮下拉列表　　图5-49 选择“使用对象填充”效果

选择“使用纯色”按钮，可以用纯色填充立体效果，如图5-50所示。

图5-50 选择“使用纯色”效果

如果单击“使用递减的颜色”，可以将渐进式填充应用到立体效果，如图5-51所示。

图5-51 选择“使用递减的颜色”效果

### 4．对立体效果应用斜角修饰边

单击工具箱中的“交互式立体化”工具，选择立体化对象，单击属性栏上的“斜角修饰边”按钮，启用☑使用斜角修饰边复选框，在“斜角修饰边深度” .025 mm 框中输入需要的斜角深度值，在 20.0° “斜角修饰边角度”框中输入斜角角度值，如图5-52所示，斜角立体效果如图5-53所示。

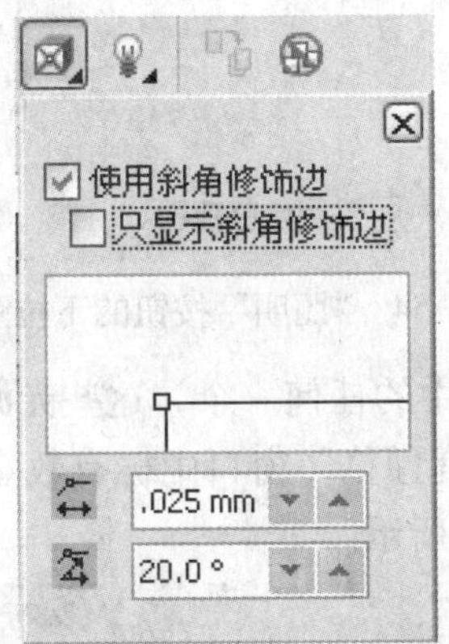


图5-52 “斜角修饰边”按钮的下拉列表

图5-53 使用“斜角修饰边”的立体效果

### 5．在立体效果中添加光源

单击工具箱中的“交互式立体化”工具，选择立体化对象，单击属性栏上的“照明”按钮，如图5-54所示。

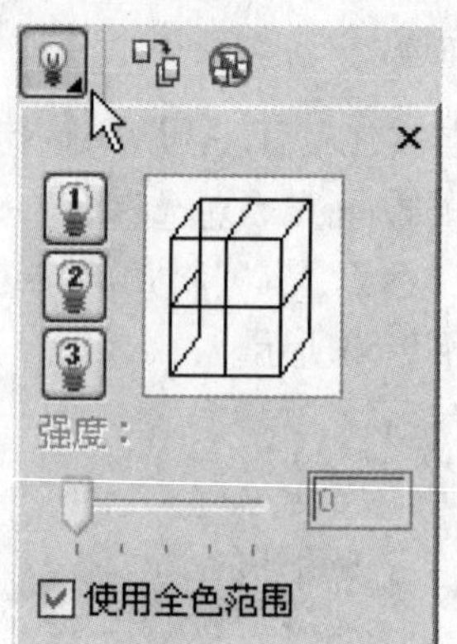


图5-54 “照明”按钮的下拉列表

单击列表3个“光源”按钮中的任何一个，这些光源在预览窗口中以标有数字的圆圈表示，拖动“光线强度预览”窗口中标有数字的圆圈以定位光源，即可更改立体效果的光照效果，如图5-55所示。

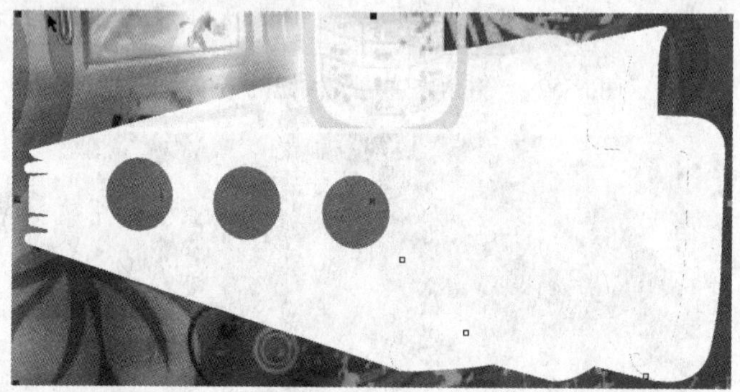


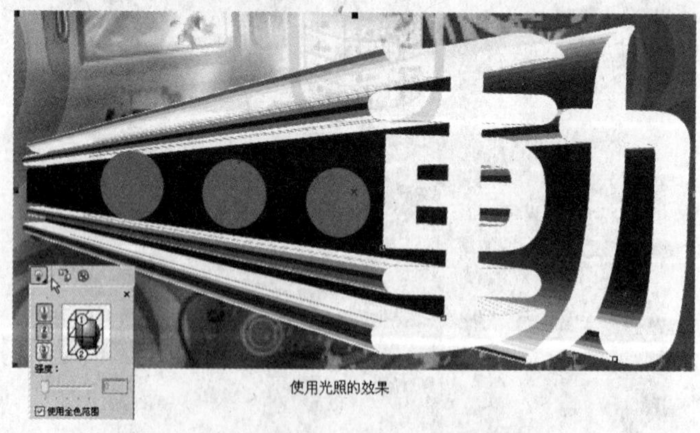


图5-55 立体效果添加光照效果对比

## 5.8 样题解答

执行“文件”/“新建”命令，建立新文档，设置其页面的宽和高分别为190mm、190mm，纸张为横向，执行“版面”/“页面设置”，在弹出的“选项”对话框中设置分辨率为150dpi。

（1）执行“文件”/“导入”命令，导入素材C:\2008CDR\Unit5\Y5-01.cdr。

（2）执行“文件”/“导入”命令，导入素材C:\2008CDR\Unit5\Y5-02.tif，在属性栏中调整其大小为95mm×62mm，如图5-56所示。

图5-56　导入素材

单击工具箱中的“交互式透明工具”，在属性栏的“透明度类型”下拉列表框中选择“射线”，如图5-57所示。

图5-57　未调整的射线透明度

单击右上角的“编辑透明度”按钮，在弹出的“渐变透明度”对话框中，更改开始颜色为黑色，结束颜色为白色，如图5-58所示。

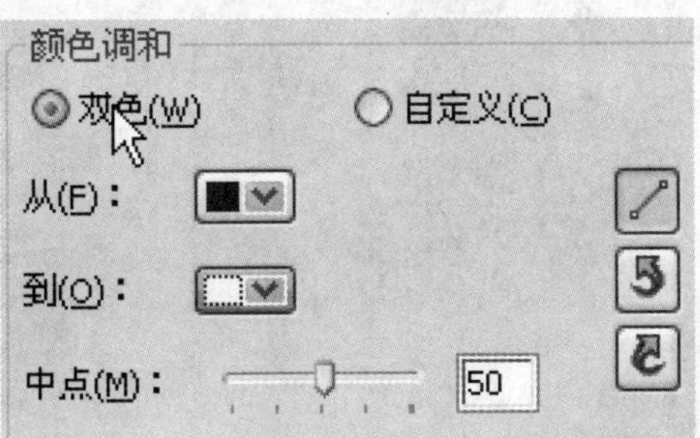


图5-58　调整射线的起始颜色

单击“确定”按钮，拖动手柄以调整效果，如图5-59所示。

图5-59 透明效果

（3）单击工具箱中的“椭圆”工具，在页面上绘制两个基本图形，单击调色板中颜色为大的椭圆填充“白色”，为小的椭圆填充“洋红”，如图5-60所示。

图5-60 绘制基本图形

选择工具箱中的“交互式调和”工具，将两个图形调和，调整 2 “轮廓图步长值”为2，如图5-61所示。

图5-61 创建图形调和效果

选择该轮廓图，按快捷键“+”复制图形，将其变换缩小，调整起始“洋红”图形的大小以增加效果，如图5-62所示。

（4）输入文本“舞动”，填充颜色为白色，文本“舞”字号200 pt为200，文本“动”100 pt字号为100。

单击工具箱中的，在属性栏上设置轮廓方向为“向外”，3步长为3，1.0 mm偏移为1，按Enter键为文本添加轮廓效果，如图5-63所示。

图5-62　复制调和效果

图5-63　文本轮廓化

（5）选择工具箱中“交互式立体化工具”把文字“动”执行立体化操作，选择“立体化类型”为，71立体化深度为71、-75.0 mm 2.6 mm灭点坐标为-75：2.6，“颜色”选择“纯色填充”，单击属性栏上“光照”按钮的下拉列表，为立体效果同时添加“光源1”和“光源2”，在“光线强度预览”中分别调整光源的位置，如图5-64所示，效果如图5-65所示。

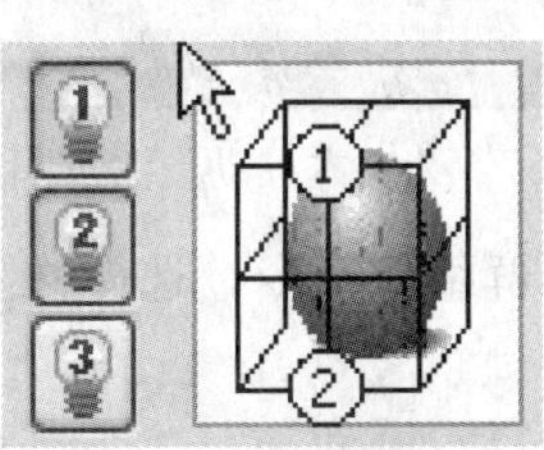

图5-64　光源的位置

图5-65　调整光照后和立体化效果

（6）单击工具箱中的“交互式阴影”工具，为文字“舞”增加阴影效果，在属性栏中设置“阴影的不透明”度为50，“阴影羽化”为15，“透明度操作”选择“乘”，效果如图5-66所示。

图5-66　文本“舞”的阴影效果

使用挑选工具，单击文本“动”，选择工个箱中“交互式阴影”工具，用鼠标轻拖拉文本以产生阴影效果，如图5-67所示。

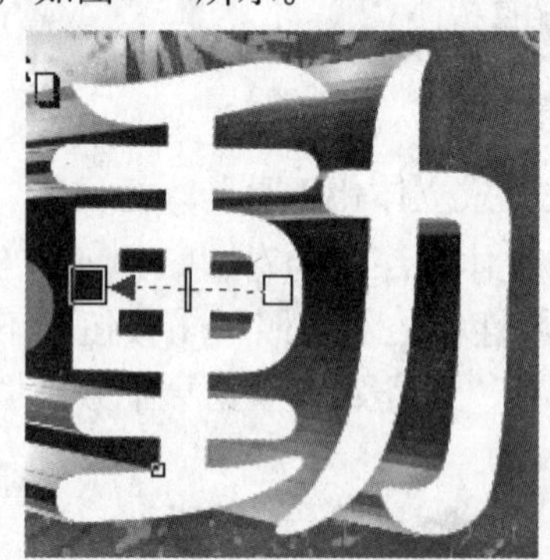

图5-67　为文本“动”添加阴影效果

执行“排列”/“打散阴影群组”命令，选择移阴影，动至灭点位置，如图5-68所示。

图5-68　打散阴影

# 第6章　文本处理

虽然CorelDRAW是绘制矢量图的软件，但它也同样具有强大的文字处理功能，大家都知道，文字处理在平面设计中是非常重要且常用到的操作。

CorelDRAW中创建的文本是矢量文字轮廓，是具有特殊属性的图形对象，生成的文字清晰，可随意缩放文字和调整文字格式及颜色，也可以作为图形对象来处理。

CorelDRAW向绘图添加的文本主要有两种类型，分别为美术字文本和段落文本，可以对文本应用各种文字特效。

由上看出，掌握Corel DRAW的文字处理，尤其是段落文本的格式与段落处理，可以让创作更加丰富多彩。

**本章主要技能考核点：**

- 美术文本。
- 文字适配路径。
- 段落文本。

**评分细则：**

本章有3个概括基本点，每题考核3个方面。

| 序号 | 评分 | 分值 | 得分条件 | 判分要求 |
|---|---|---|---|---|
| 1 | 美术文本 | 2 | 字号、字体、方向、大小写输入正确 | 每错一项扣除0.5分 |
| 2 | 文字适配路径 | 4 | 正确将文字按规定路径排列 | 与要求不符不给分 |
| 3 | 段落文本 | 4 | 正确输入段落文字，插入符号，使用上标下标，设置段落文字首字下沉，按要求分栏，正确设置图文位置与表现形式 | 输入文字有否错误不要求，与原段落文字格式不符不给分<br>与原图像不符不给分 |

## 6.1 样题示例

### 操作要求

为海报的文字进行编辑排版，如图6-01所示。

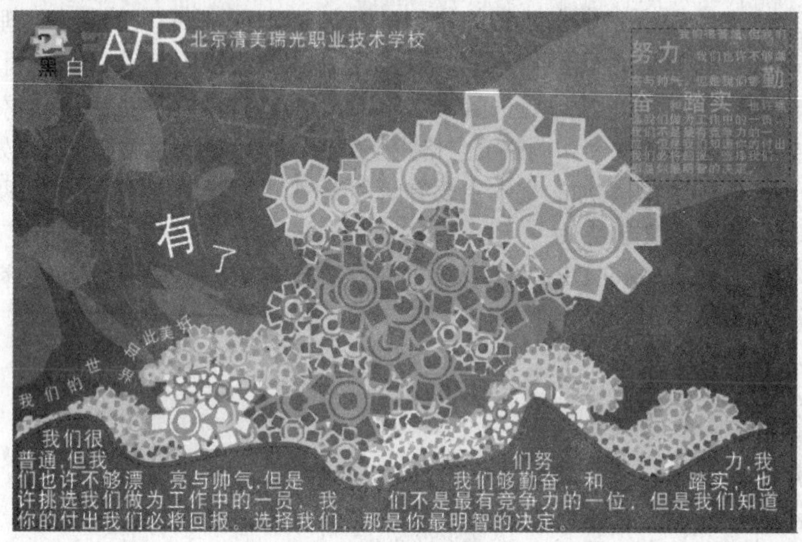


图6-01　效果图

（1）导入素材文件C:\2008CDR\Unit6\Y5-02.cdr，如图6-02所示。

（2）输入美术文本。

（3）编辑文本，设置文本字体、大小。

（4）输入段落文本，设置文本格式。

（5）将段落文本与图像图文混排。

将最终结果以Xcld6-01.CDR为文件名保存在考生文件夹中。

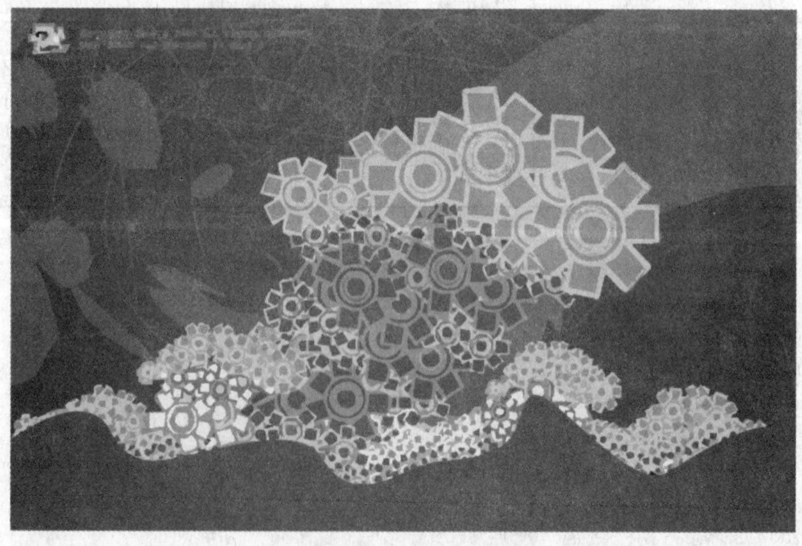

图6-02　导入的素材

## 6.2 样题分析

本题是关于美术文本的输入与编辑，如何设置图文混排的题目。

首先根据题目的要求输入相应的美术文本，编辑文本的字号、颜色、位置等，变换文本的方向。

然后按要求将文本适配到路径。

最后输入段落文本，编辑段落文本格式，设置文本，设置文本绕图，设置不同大小和颜色的文本。

## 6.3 使用文本工具

通常我们也称文字为文本，所以文字工具也被称之为文本工具。

使用Coreldraw工具箱中的“文本工具”，用户可以向绘图中添加美术字文本和段落文本两种类型的文本。

### 1. 文本工具

选择工具箱中“文本工具”，编辑文本属性的设置出现在属性栏中，如图6-03所示。

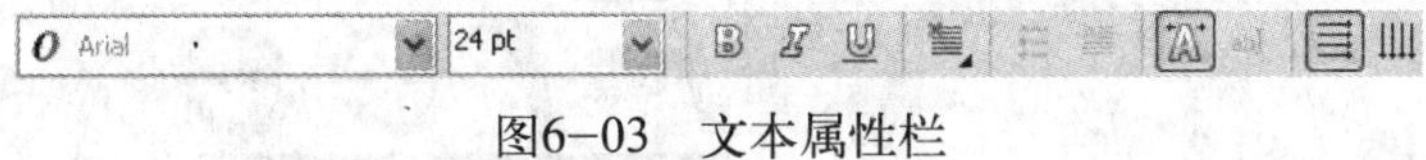


图6–03　文本属性栏

在该属性栏中，可在“字体列表”中更换文本字体，字体列表如图6-04所示。

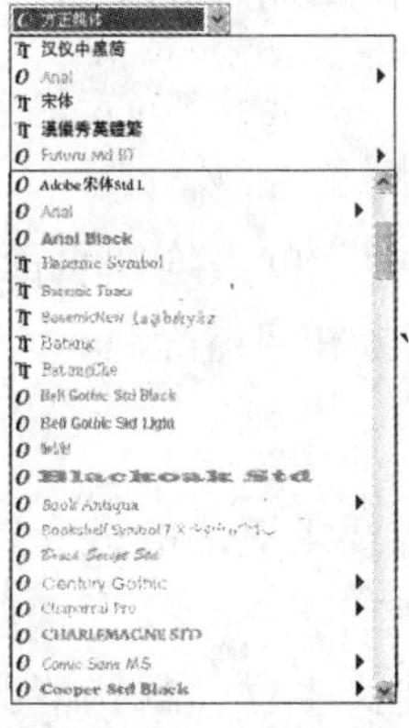


图6–04　字体列表

在属性栏“文本大小”框中设置文本的字号。

单击属性栏中“粗体”按钮，可将输入的文本加粗，单击栏中“斜体”按钮，可将文本倾斜，效果如图6-05所示。

图6-05　粗体文本和倾斜文本

如果单击属性栏中的“下划线”按钮，可将主本增加下划线，如图6-06所示。

图6-06　将文本增加下划线

如果要将文本更改为竖式排列，单击属性栏上“将文本更改为垂直方向”按钮即可。

2. 输入美术文本

选择工具箱中“文本工具”，单击绘图页面中的任意位置，然后输入文本即可，可以在属性栏中更改文本的字号和字体等。

3. 输入段落文本

段落文本一般用于对格式排版要求更高的较大篇幅的文本，可以在绘图窗口中直接添加段落文本。

添加段落文本时，必须先创建文本框。默认情况下，无论段落文本框包含多少文本，其大小都将保持不变，任何超过文本框的文本将被隐藏，直到放大文本框或将隐藏文本链接到另一个文本框，可以使文本适合文本框，此时文本框能自动调整文本的字号，使文本完美地适合文本框，还可以让段落文本框在我们输入文本时自动扩大或缩小，以便使文本框完全适合文本。

（1）选择工具箱中“文本工具”，在绘图窗口中拖动鼠标来调整段落文本框的大小，然后输入文本，如图6-07所示。

张洋简介：

《他在那儿 她在那》、《困》和《我看着你把它毁了》系列作品为张洋同学2006年底创作，属于中期作品，内容基本以探索人物内心世界，反血腥反曝力追求人与人之美好情感为为主题.

其中《他在那儿 她在那》获得校园优秀作品一等奖，作品《困》入选中国首届插画展。

图6−07　输入段落文本

（2）如果要在对象内添加段落文本，单击“文本工具”字，将鼠标指针移到对象的轮廓上单击，当指针变为“在对象中插入”指针时，即可在文本框内键入文本，如图6-08所示。

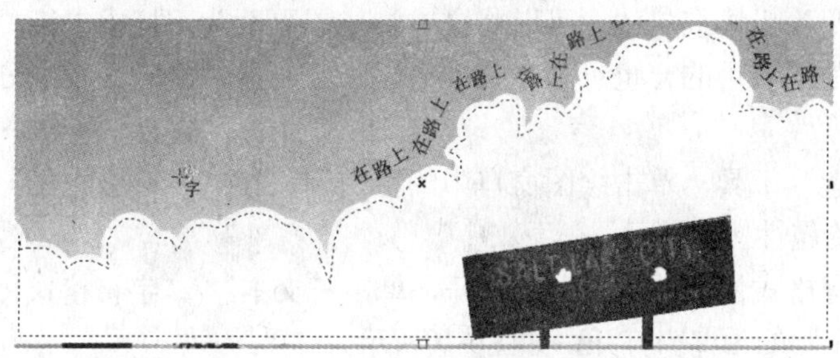

图6−08　在对象内输入段落文本

执行“文本”/“段落文本框”/“使文本适合框架”命令，可将隐藏的文本在系统的自动调整下置入文本框。

通过在图形对象内部插入段落文本框，用户可以在对象中包含文本，对该段落文本执行“排列”/“清除变换”命令，可以将文本从对象中分离出来，分离文本时，文本形状保持不变，而且可以单独移动或修改文本和对象，如图6-09所示。

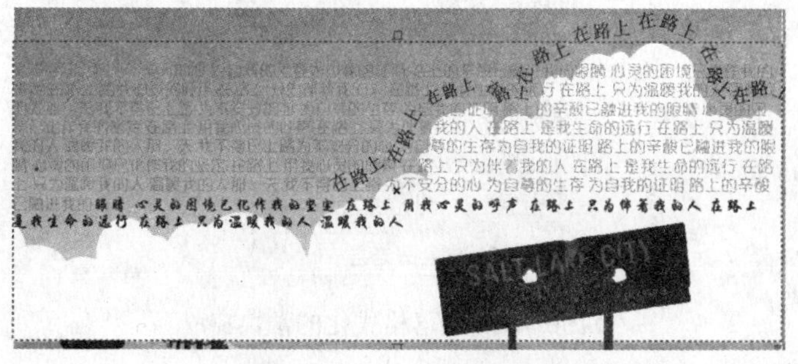

图6−09　分离的段落文本

可以沿着开放或闭合路径添加美术字文本。还可以使现有的美术字文本与段落文本适合路径。

## 6.4 编辑文本

可以更改默认的文本样式，以使所有新创建的美术字或段落文本具有相同的属性。通过修改字符属性可以增强美术字文本和段落文本的效果。

### 6.4.1 更改默认文本样式

更改默认文本样式，是指可以在输入美术文本或段落文本前改变字体的类型和大小，或将文本变为粗体或斜体；可以将文本的位置更改为下标或上标，这在绘图中包含各种符号时是很有用的；也可以在文本中添加下划线、删除线及上划线；还可以改变文本的颜色等。

使用“挑选”工具，单击绘图窗口中的空白区，在“字符格式化”泊坞窗中，指定所需要设置的属性。

如果“字符格式化”泊坞窗尚未打开，单击“文本”/“字符格式化”命令，即可使“字符格式化”的泊坞窗打开，如图6-10所示。

默认情况下，在更改完每项默认属性之后，必须指定所做的更改是应用于美术字文本、段落文本，还是要同时应用于这两种文本。

图6-10 段落格式化的泊坞窗

1. 更改文本大小写

选择要更改大小写的文本，单击“文本”/“更改大小写”命令，在弹出的“改变大小写”对话框中选择适当选项，如图6-11所示。

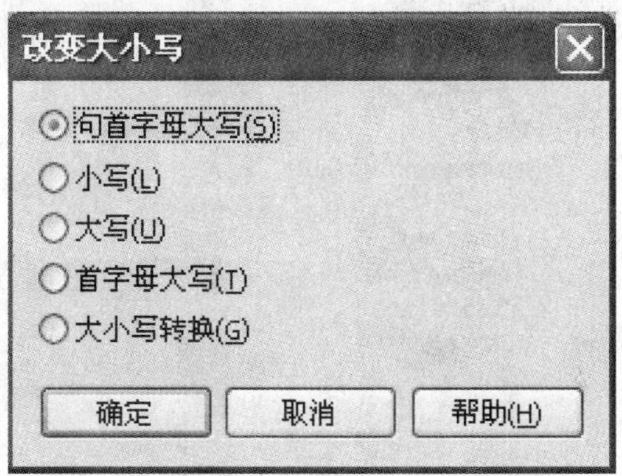


图6−11　更改文本大小写的对话框

“句首字母大写”使每个句子的第一个词的首字母变成大写。

“小写”将全部文本变成小写。

“大写”将全部文本变成大写。

“首字母大写”使每个词的首字母变成大写。

“大小写转换”对大小写进行转换；将全部大写字母变成小写，并将全部小写字母变成大写字母。

2. 调整文本大小

调整文本的大小除了在属性栏的 9.076 pt “字号”框中更改，或在字符格式化中设置修改外，还有更快捷简便的方法，无需删除或替换字母就可以更改文本的大小，可以点按指定增量的数字快键，使字体增大或减小。

如果要增大文本，选择文本，按住Ctrl键，然后按数字键盘上的 8 键，即可将文本放大一个字号。

如果缩小文本，使用“文本”工具选择文本，按住Ctrl键，然后按数字键盘上的 2 键，可将文本缩小一个字号。

如果要指定文本大小的调整量，单击“工具”/“选项”命令，在类别列表中，单击文本，然后在“键盘文本递增”框中 键盘文本递增(I): 1 点 输入一个需要的值。

更改默认的计量单位 单击“工具”/“选项”命令，在“工作区”类别列表中，单击“文本”，然后从“默认文本单元”列表框中 默认文本单元(U): 点 选择单位，如图6-12所示。

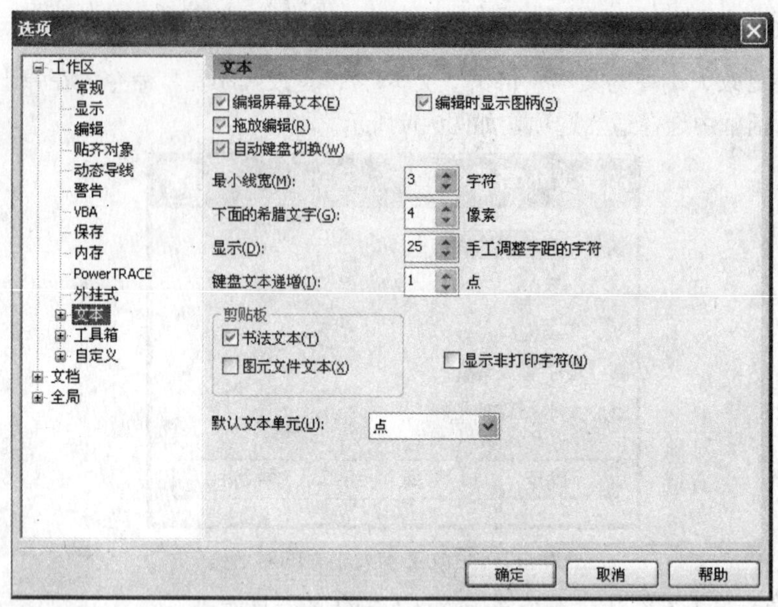


图6-12　更改文本的默认选项对话框

3. 更改文本颜色

使用“文本”工具[字]，选择文本，单击调色板上的一种颜色，即可更改文本的颜色。

## 6.4.2 查找和替换文本

1. 查找文本

在需要更改文本中某个文字或字符时，可先单击“编辑”/“查找和替换”/“查找文本”命令，在弹出的对话框中，输入要查找的文本或符号，设置相应选项，单击“查找下一个按钮”，即可找到输入的文本，将其更改或进行编辑，如图6-13所示。

图6-13　查找文本对话框

如果要按指定的文本大小写进行查找，请启用“区分大小写”复选框。

2. 替换文本

也可批量更改文本或字符，单击“编辑”/“查找和替换”/“替换文本”命令，在弹出的对话框中的“查找内容”框中输入要查找编辑的文本，如果要按指定的文本大小写进行查找，请启用“区分大小写”复选框，在“替换为”框中输入所要替换的文本，如图6-14所示。

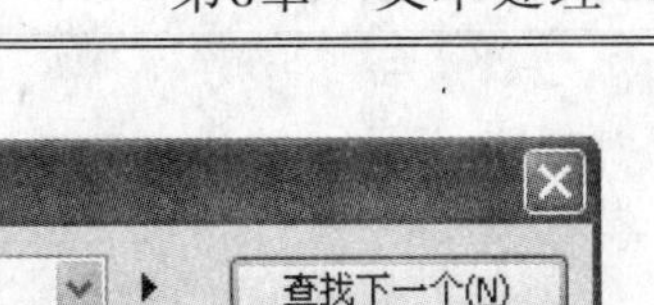


图6-14 替换文本对话框

单击“替换”按钮可替换与“查找内容”框中输入的文本相同的选定文本，如果没有选定，“替换”会自动查找下一处与指定文本相同的文本。

单击“全部替换”按钮可以将与“查找内容”框中指定的文本相同的所有文本全部替换。

## 6.4.3 文字的排版

### 1. 对齐文本

在平面设计中，对文字处理包括水平对齐段落文本和美术字文本，也可以对齐段落文本参照段落文本框来放置文本，可以水平对齐段落文本框中的所有段落，也可以只对齐几个选定的段落，可以垂直对齐段落文本框内的所有段落，也可以将文本与其他对象对齐。

使用“挑选”工具，选择文本对象，在“段落格式化”泊坞窗的“对齐”区域中，从“水平”列表框中选择一个对齐选项，即可使文本水平对齐，如图6-15所示。

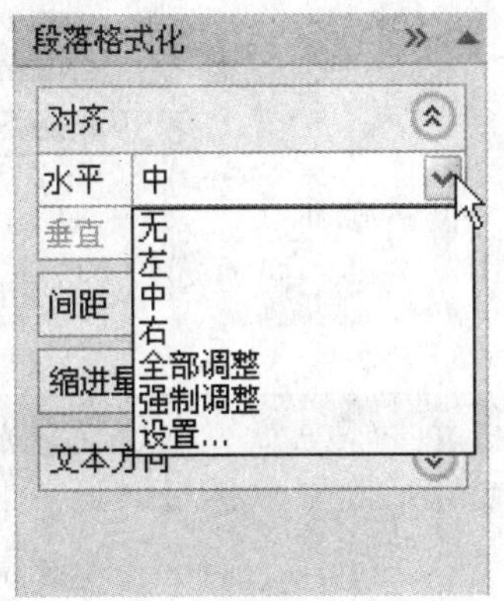


图6-15 段落格式化“水平”列表

美术文本只能水平对齐，不能垂直对齐，对齐美术文本时，整个文本对象相对于文本边框对齐。

### 2. 垂直对齐文本框中的段落文本

在“段落格式化”泊坞窗中的“对齐”区域中，从“垂直”列表框中选择一个对齐选项，即可使文本垂直对齐，如图6-16所示。

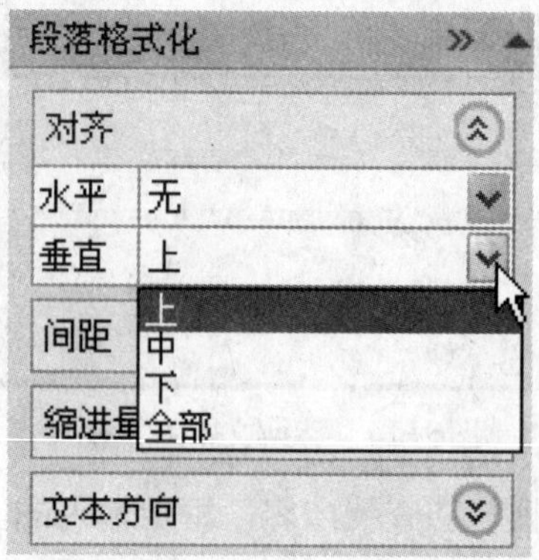


图6-16　段落格式化“垂直”列表

3. 将文本与对象对齐

按住Shift键，选择相应的文本，然后选择相应的对象，单击“排列”/“对齐和分布”/“对齐和分布”命令，从“用于文本来源对象”列表框中选择相应选项，如图6-17所示。

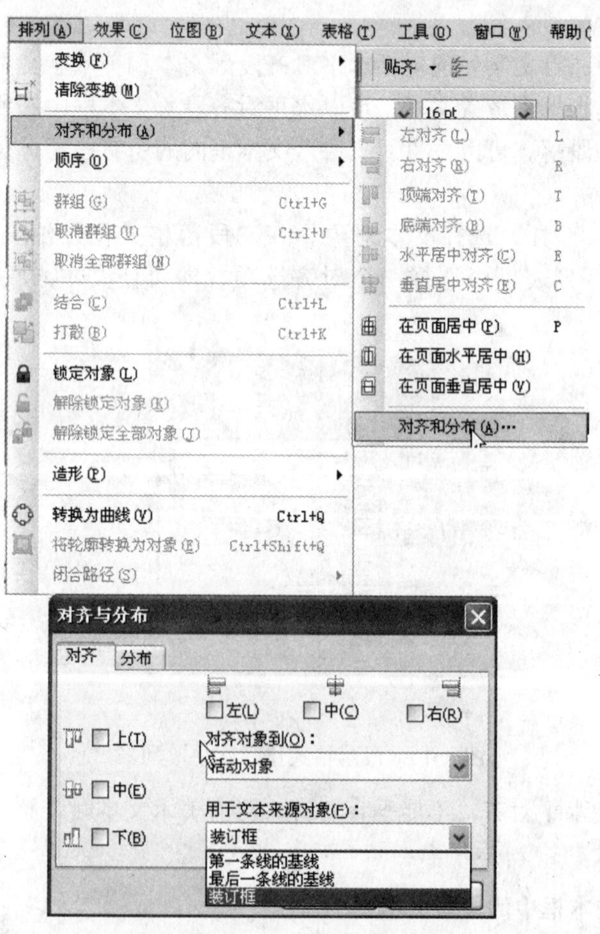


图6-17　对齐与分布对话框

选择“第一条线的基线”可将文本与文本的第一条线的基线对齐。

选择“最后一条线的基线”可将文本与文本的最后一条线的基线对齐。

选择“装订框”可将文本与文本的装订框对齐。

按对齐的方式复选“左”“右”“中”垂直对齐或“上”“下”“中”水平对齐，单击“应用”即可。

4. 更改文本行间距

选择文本，单击“段落格式化”泊坞窗中，打开“间距”向下滚动列表，在“行距”栏里 行 123.949 % 输入行距值，在“字距”栏里 字 100.0 % 输入适当的值，单击回车键即可，如图6-18所示。

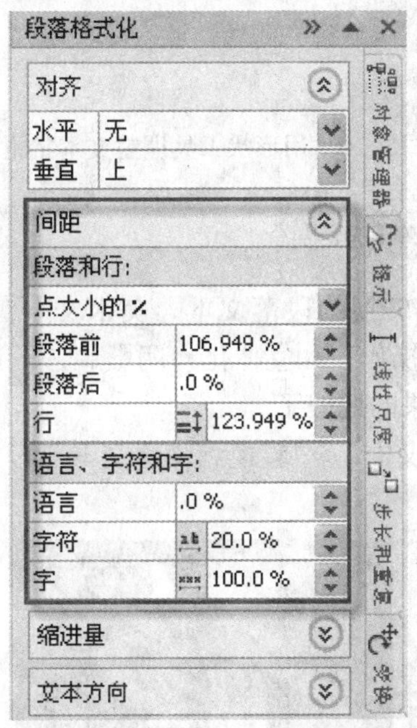

图6−18 段落对话框中“间距”列表

5. 调整文本字间距

使用“文本”工具字，选择字符，在“字符格式化”泊坞窗的 字距调整范围: 0 % 框中，输入适当值，回车即可，如图6-19所示。

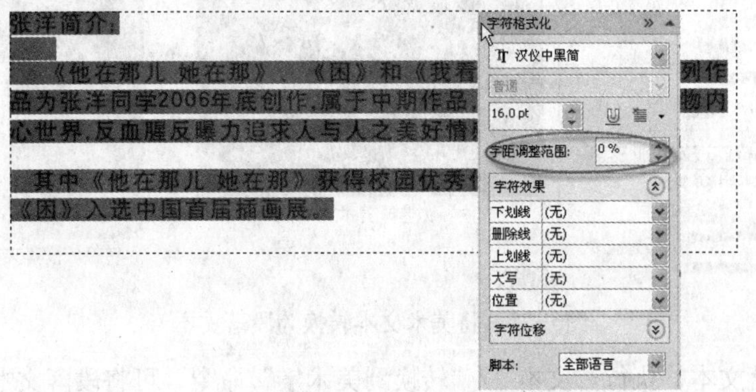


图6−19 调整文字字距

### 6. 用形状工具编辑文本

在CorelDRAW中也可以使用“形状”工具，更改文本字号和字符之间的间距。

用“形状”工具选择文本对象，然后拖动文本对象右下角的“交互式水平间距”箭头，可按比例更改文字字间距；拖动文本对象左下角的“交互式垂直间距”箭头，可以按比例更改文字行间距，如图6-20所示。

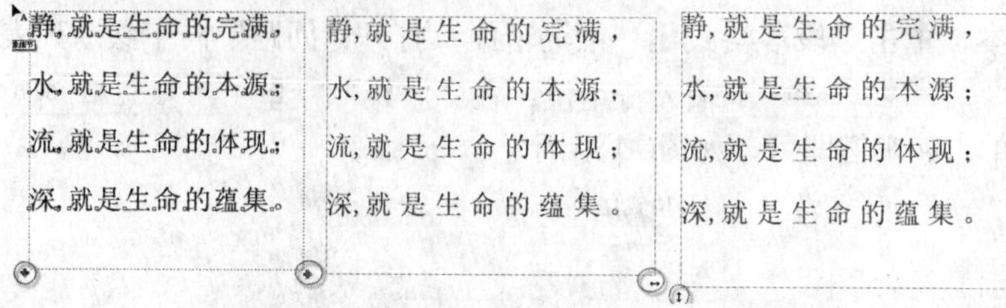


图6-20　用形状工具调整文本字距

## 6.4.4 美术文本与段落文本的转换

我们也可以将美术文本转换为段落文本，美术文本实际上是一个图形对象，我们可以对其进行各种特效的操作，如立体化、阴影等，一旦将美术文本转换为段落文本，就不能对其进行各种效果的处理了。

选择美术文本，单击“文本”/“转换到段落文本”命令，即可将美术文本转换为段落文本，如图6-21所示。

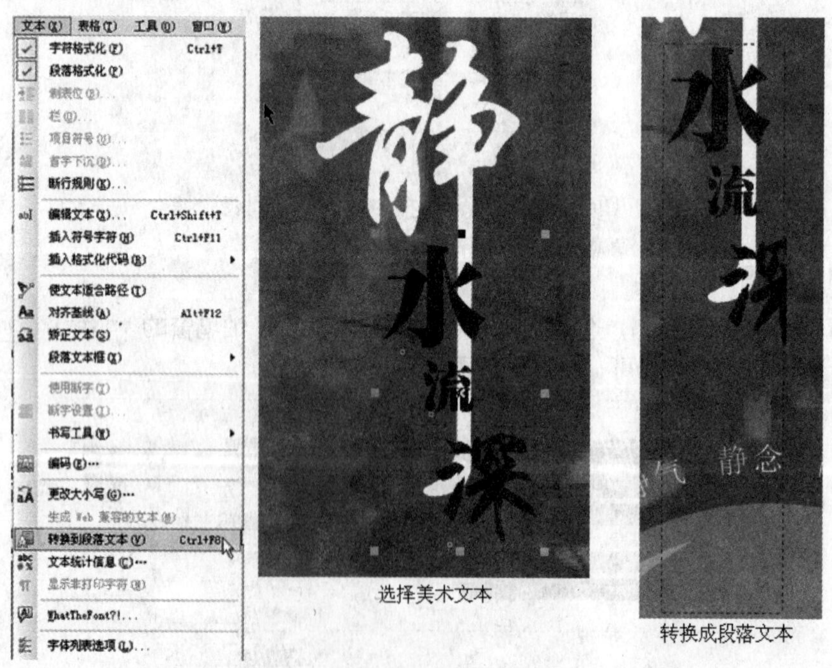


图6-21　将美术文本转换为段落文本

选择段落文本，执行“文本”/“转换到美术字”命令，可将段落文本转换为美术文本。

## 6.4.5 位移与旋转文本

位移和旋转文本通过垂直和水平位移美术字或段落文本以产生丰富的视觉效果，也可以将字符进行进行各种角度的旋转，可以将垂直位移的字符返回到基线，而不影响这些字符的旋转角度，还可以镜像美术文本或段落文本中的某个字符。

(1) 使用"文本"工具，选择一个字符或多个字符，单击"字符格式化"泊坞窗中的"字符位移"向下滚动箭头，然后在"角度"、"水平位移"或"垂直位移"框中输入适合的值，如图6-22所示。

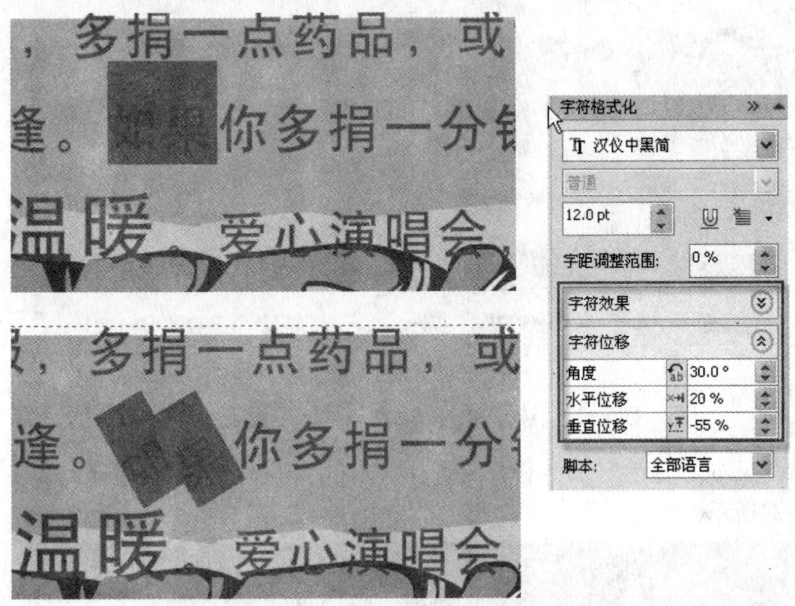


图6-22 设置字符位移的距离与旋转的角度

在"角度"栏中输入正数使字符逆时针旋转，输入负数则使字符顺时针旋转。

在"水平位移"栏中输入正数使字符向右移动，输入负数则使字符向左移动。

如果在"垂直位移"的数值栏中输入正数使字符向上移动，输入负数则使字符向下移动。

(2) 也可以使用"形状"工具，移动或旋转字符，选择文本，单击形状工具，文本的左下角和右下角就会出现和控制文字间距的符号，每个文字下面就会出现文字控制节点，选择一个或按住Shift复选多个字符节点，然后在属性栏上的"水平字符偏移" 0 % 框、"垂直字符偏移" 0 % 框或"字符角度" .0° 框中输入所需值，如图6-23所示。

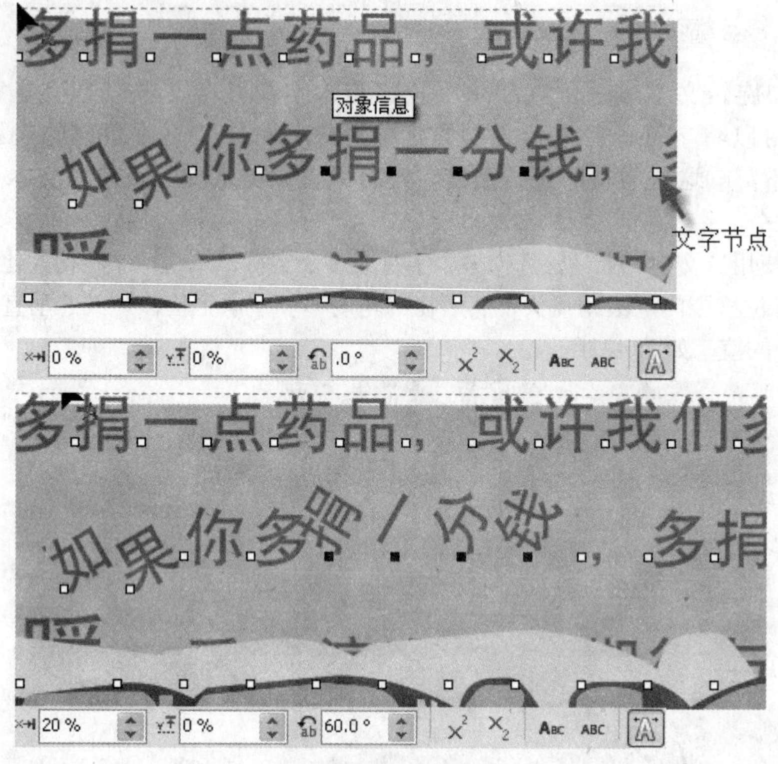


图6−23　选择文字节点在属性栏中设置文本

如果要矫正位移或旋转的字符，可选择文本，单击“文本”/“矫正文本”命令即可，如图6-24所示。

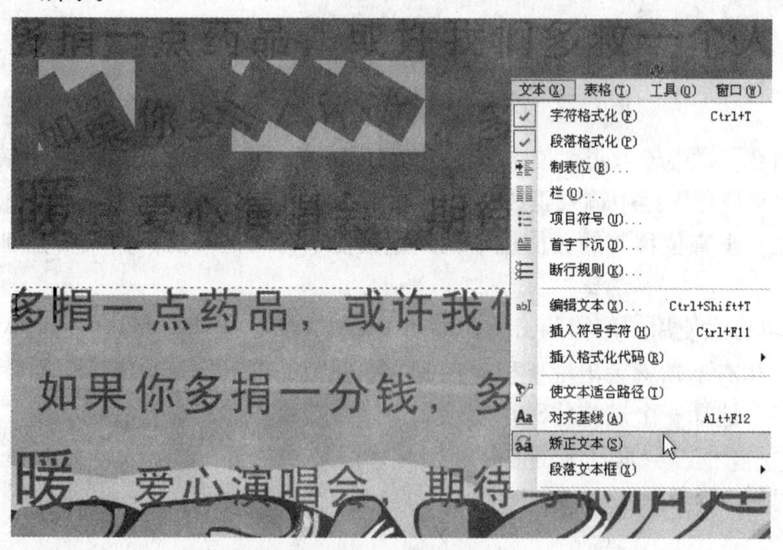


图6−24　矫正文本

如果要使垂直位移或水平位移的字符返回段落基线，可在工具箱中，单击“形状”工具，选择文本对象，然后选择字符左侧的节点，单击“文本”/“对齐基线”命令即可，如图6-25所示。

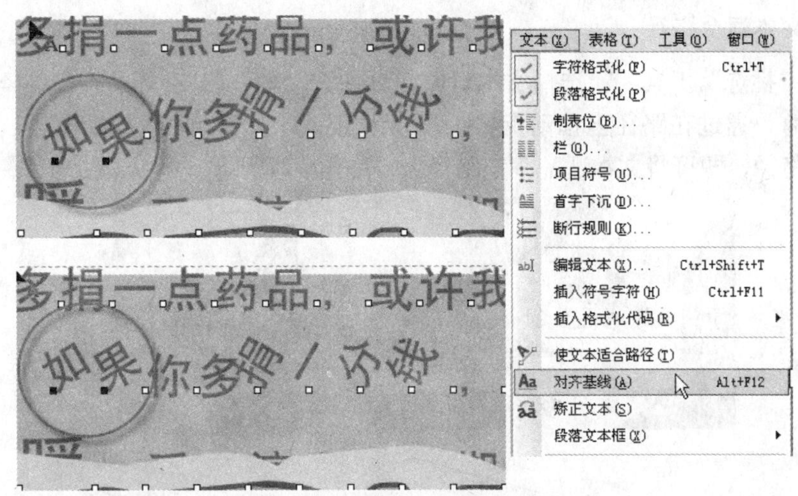


图6-25 使位移字符对齐基线

（3）还可以在属性栏上单击“水平镜像”或“垂直镜像”按钮，将文本进行镜像。

## 6.4.6 使文本适合路径

CorelDRAW可以沿开放对象路径或闭合对象的路径添加美术字文本，也可以使现有文本适合路径，请注意一点，美术字文本可以适合开放路径或闭合路径，段落文本却只能适合开放路径。

使文本适合路径后，可以根据路径调整文本水平、垂直或在这两个方向上同时镜像文本，或使用“与路径距离” .0 mm 指定文本和路径之间的精确距离。

1. 沿路径添加文本

使用“挑选”工具，选择路径，单击“文本”/“使文本适合路径”命令。

此时在路径上插入文本光标，如果路径是开放的，文本光标会插入到路径的开头，如果路径是闭合的，文本光标会插入到路径的中央，沿路径输入文本即可，如图6-26所示。

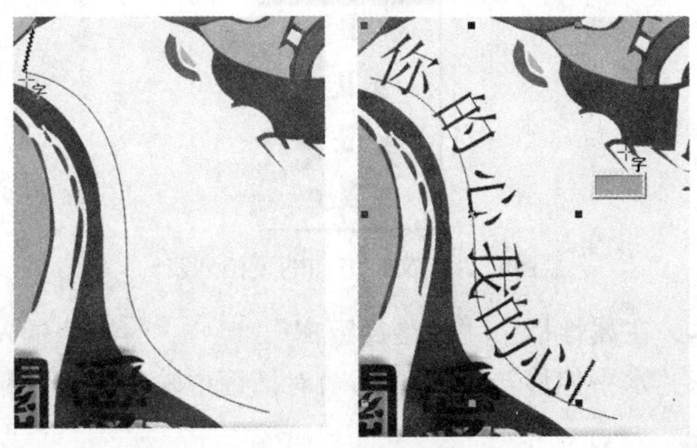


图6-26 沿路径添加文本

### 2. 使文本适合路径

使用“挑选”工具，选择文本对象，单击“文本”/“使文本适合路径”命令，指针变成，通过在路径上移动指针，可以预览适合文本将要适配的位置，在适当的位置单击路径，即可将文本适配到该路径上，如图6-27所示。

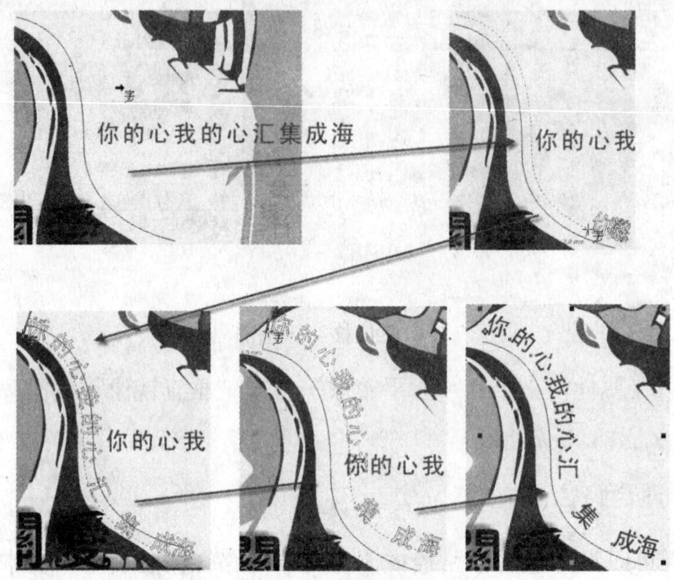


图6−27　将文本适配路径

### 3. 编辑路径文本

将文本适合路径后，我们可以通过属性栏上的设置，对路径文本进行编辑，包括“文字方向”、“与路径距离”或“水平偏移”等。

单击“文字方向”的下拉列表，可以选择文本适配路径的方向，如图6-28所示。

图6−28　文字方向的下拉列表

选择路径文本，在属性栏中“与路径距离”中输入值，可设置路径与文本的距离。在“水平偏移”对话框中输入值可以精确的设置文本的位置。

在属性栏上，单击按钮，在下拉选项中启用“打开贴齐记号”选项，然后在“记号间距”框中输入间距值，如图6-29所示。

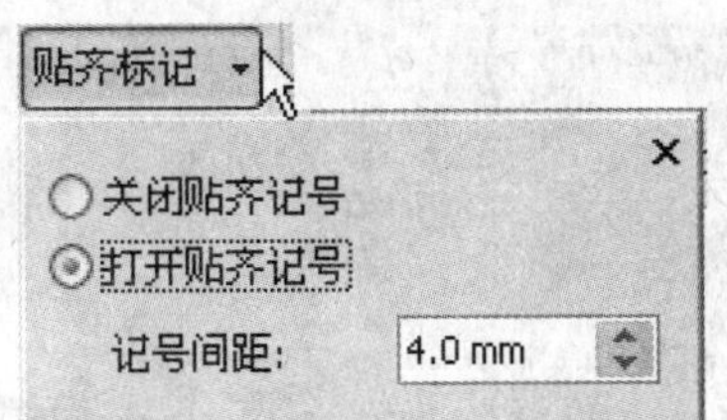


图6-29　贴齐标记的设置

在路径上移动文本时，文本将按我们在“记号间距”框中输入的间距增量移动，移动文本时，文本与路径间的距离显示在原始文本的下方，如图6-30所示。

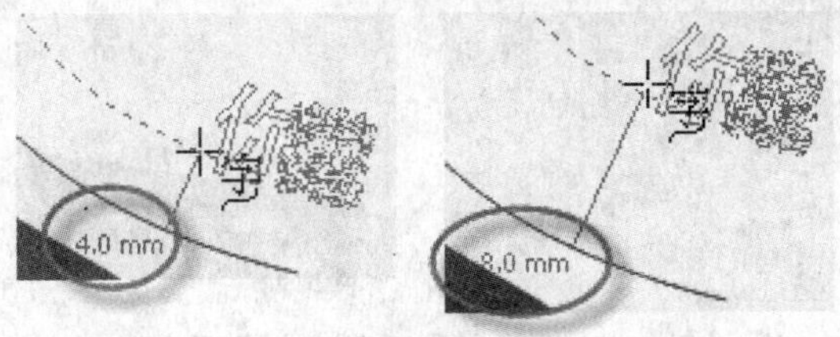


图6-30　文本与路径之间显示的距离

如果要使文本适合闭合的路径，文本将沿着路径居中，如果文本适合开放路径，则文本会从插入点开始流动。

在页面上绘制一个封闭的路径图形，选择段落文本，使用挑选工具在文本上按住鼠标右键拖动，将文本移动至封闭路径中，如图6-31所示。

图6-31　右键拖移文本至封闭路径

松开鼠标，在弹出的快捷菜单中，如图6-32所示，选择“内置文本”命令，即可将该段落文本全部添加到封闭的路径中，如图6-33所示。

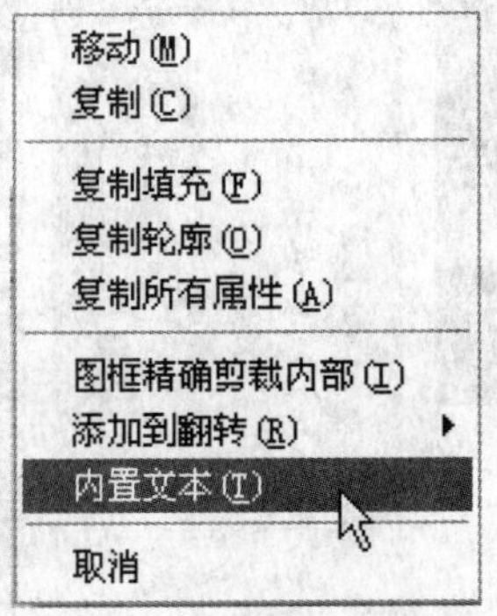


图6-32　弹出的快捷菜单

图6-33　将文本适配到封闭路径

## 6.5 段落的排版

在段落中应用首字下沉，可以放大首字母，并将其插入文本的正文，可以通过更改设置来自定义首字下沉格式，可以更改首字下沉与文本正文的距离，或指定出现在首字下沉旁边的文本行数，可以在任意一点移除首字下沉格式，而不会删除该文本。

段落的排版可分为链接段落文本和设置图文混排。

### 6.5.1 链接段落文本

如果文本太多，而封闭路径太小，导至文本无法全部显示在路径中，这时就需要调整路径的大小或文本的大小。

选择段落文字，如果文字多，而路径小，文本框下方会出现▣标志，鼠标点按该标志拖拉即可放大文本路径，如图6-34所示。

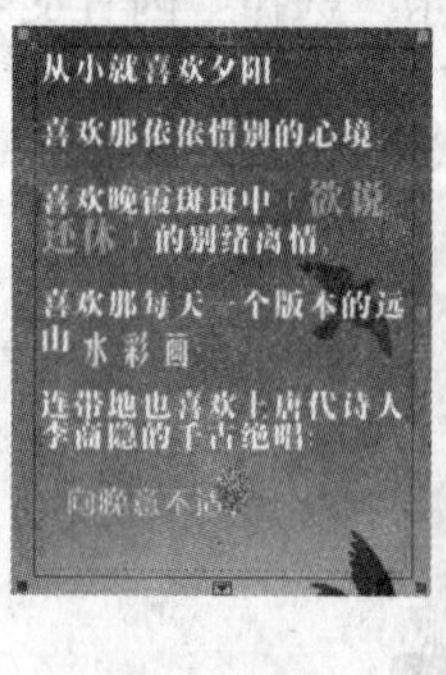

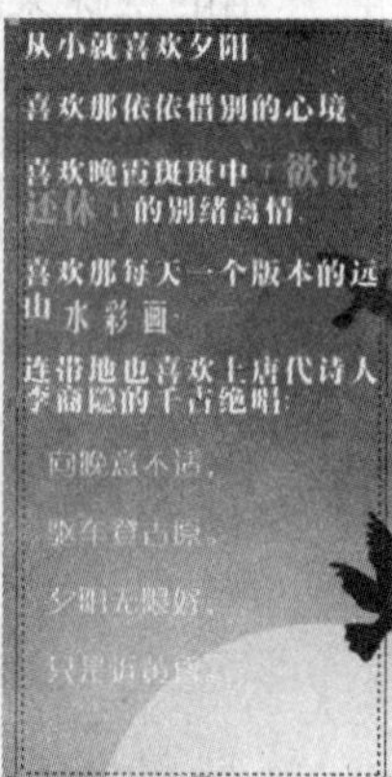


图6-34　调整路径文本框

也可以选择一个段落文本框，执行“文本”/“段落文本框”/“使文本适合框架”命令，使文本自动变换大小以适合文本框。

1. 链接段落文本

在排版时可将段落文本框链接组合起来。

如果文正本好适合文本框，文本框会显示“文本流”标志，如果文本量超过文本框的大小，文本框下方则会显示三角形按钮，单击该标志，则会出现标志，将该标志指向封闭路径或另一文本框，鼠标会变成箭头标志，单击文本框或封闭路径，文本流即从一个文本框导向另一个文本框，如图6-35所示。

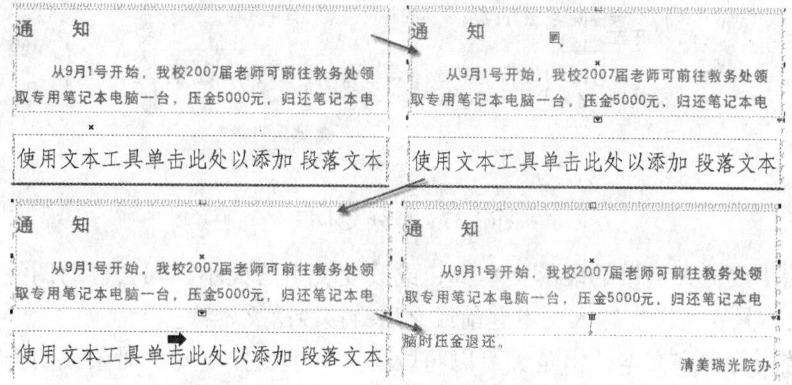


图6−35 链接段落文本框

也可以将段落文本框拆分成更小的组成部分，比如列、段落、项目符号、行、字以及字符等，每次拆分文本框时，各组成部分都被放置到不同的段落文本框中。

选择一个文本框。单击“排列”/“打散”命令，如图6-36所示，效果如图6-37所示。

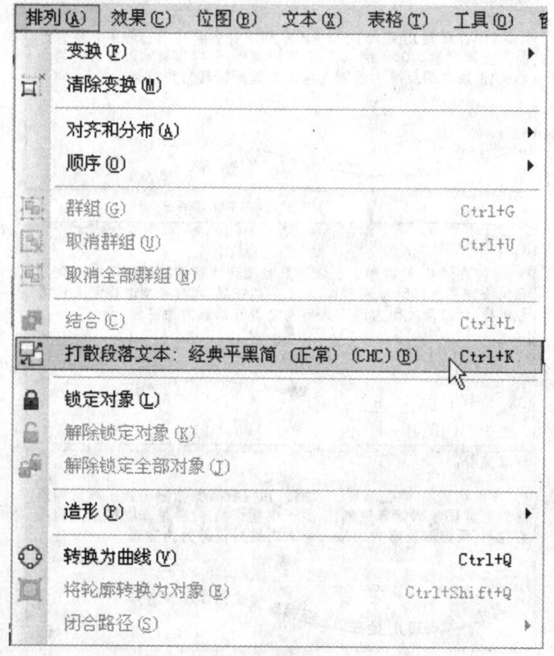


图6−36 “打散段落文本”命令

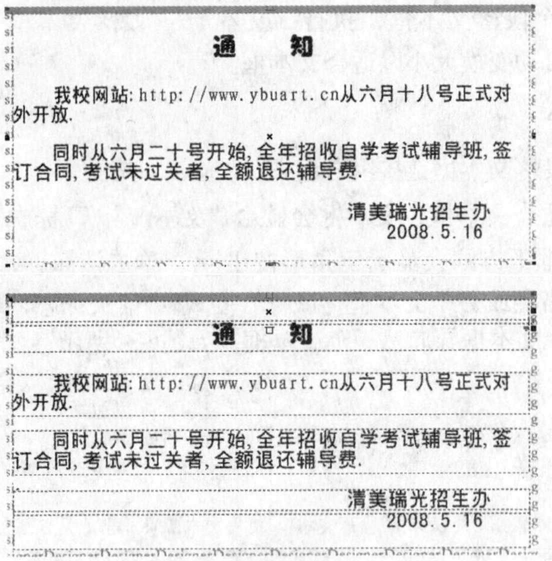


图6-37　拆分文本框

如果缩小或扩大链接的段落文本框，或改变文本的大小，则会自动调整下一个文本框中的文本量。可以在输入文本之前或之后链接段落文本框。

不能链接美术字文本，但是，可以将段落文本框链接到开放对象或闭合对象。将段落文本框链接到开放路径时，文本将沿着线条的路径流动。将文本框链接到闭合路径时，将在该对象中插入段落文本框，并指定文本流方向。如果文本超出开放或闭合路径，则可以将文本链接到另一个文本框或对象。我们也可以将文本链接到不同页面上的段落文本框和对象上，如图6-38所示。

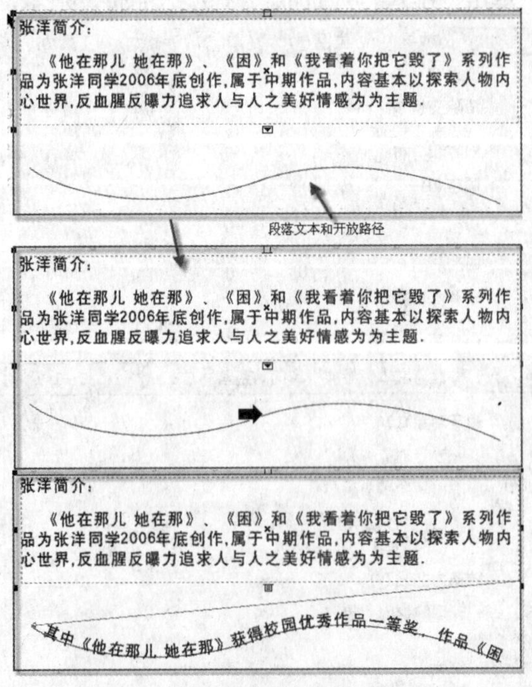


图6-38　将段落文本链接到开放路径

链接段落文本框之后，可以重新指定文本流从一个对象或文本框到另一个对象或文本框的方向，选择文本框或对象时，显示蓝色箭头指示文本流的方向。

如果文本适合的是链接的段落文本框，则该应用程序会调整所有链接的文本框中的文本大小。

2. 编辑首字下沉

选择段落文本，单击“文本”/“首字下沉”命令，如果要查看将首字下沉应用于文本后的显示方式，可启用“预览”复选框，启用“使用首字下沉”复选框，可以添加首字下沉（左）或悬挂式缩进首字下沉（右）。也可以指定首字下沉旁边的行数，在“下沉行数”框中输入数值，如图6-39所示。

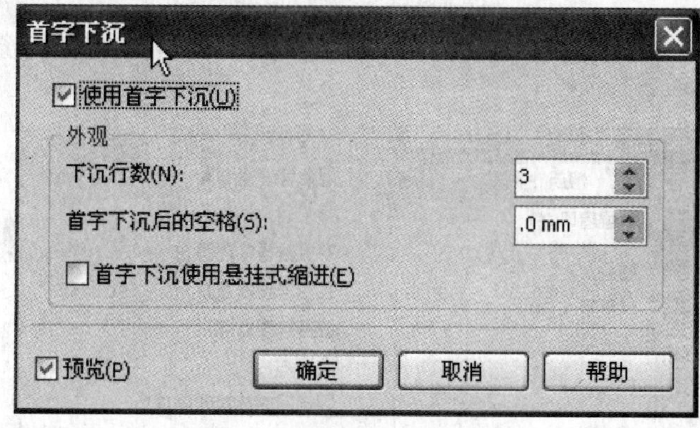


图6−39　首字下沉对话框

如果要移除首字下沉效果，可禁用“使用首字下沉”复选框即可。

如果要使首字下沉后偏移文本正文，可启用“首字下沉使用悬挂式缩进”复选框。

3. 缩进段落文本

选择段落文本，在“段落格式化”泊坞窗中，单击“缩进量”右侧的向下滚动箭头，在各框中输入适当值，如图6-40所示。

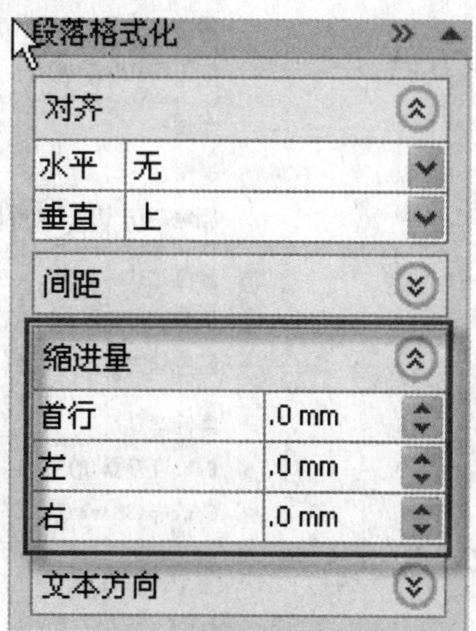


图6−40　缩进段落文本泊坞窗

在“首行”栏输入数值，可缩进段落文本的首行。

在“左”栏输入数值，可以创建悬挂式缩进，缩进除首行之外的所有的行。

在“右”栏中输入数值，可以将段落文本的右边缩进。

## 6.5.2 设置图文混排

设置图文混排，就是在段落文本内插入一些图片，使文本环绕在图片周围，可以使用轮廓图或方形环绕样式来环绕文本。轮廓图环绕样式沿着对象的曲线，方形环绕样式沿着对象的装订框排列文本。

还可以调整段落文本和对象或文本之间的间距大小，并且可以移除应用的任何环绕样式。

选择要在其周围环绕文本的对象或文本，单击“窗口”/“泊坞窗”/“属性”命令，如图6-41所示。

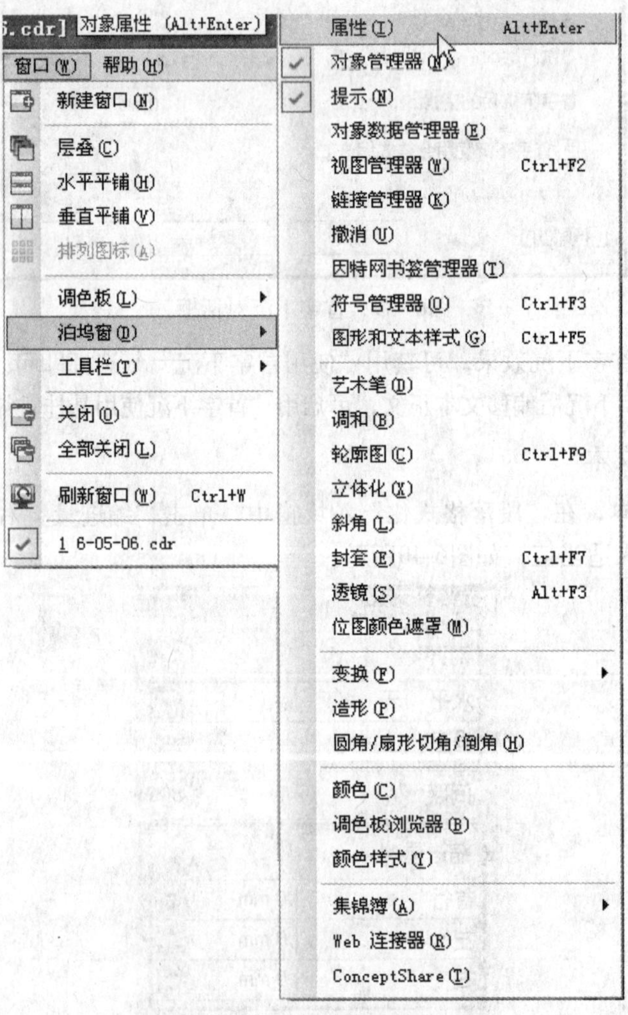


图6-41　泊坞窗属性菜单

弹出“对象属性”泊坞窗，如图6-42所示。

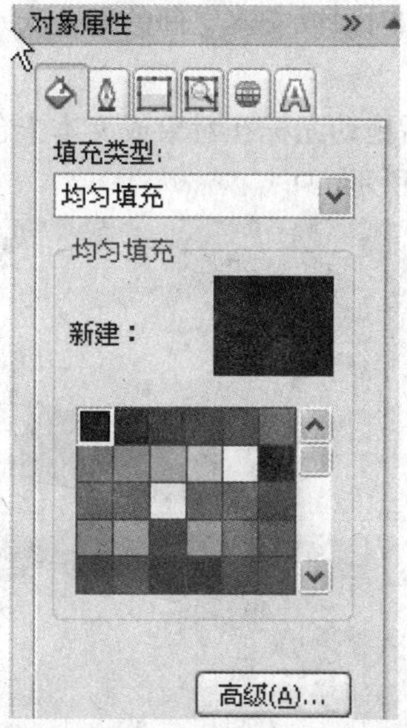


图6-42 对象属性泊坞窗

单击“对象属性”泊坞窗中的“常规”标签，如图6-43所示。

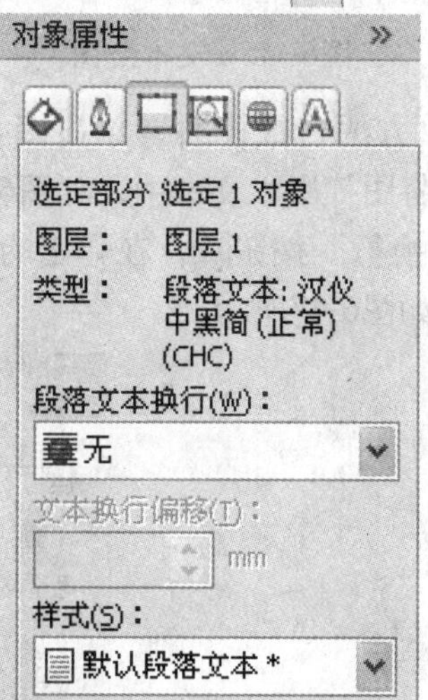


图6-43 “对象属性”泊坞窗中的“常规”标签

从“段落文本换行”下拉列表框中选择一种环绕样式，如图6-44所示。

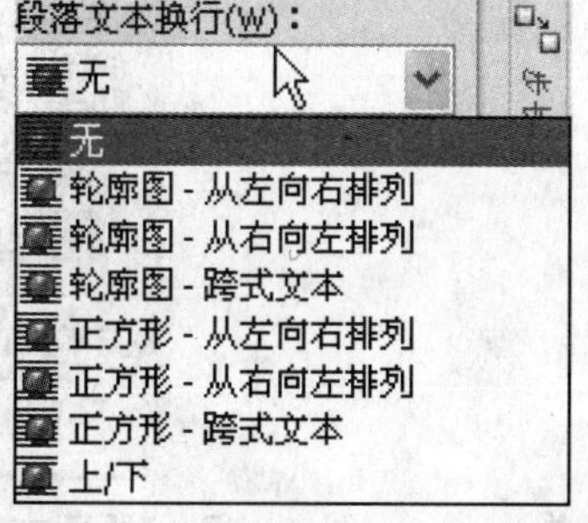


图6-44 段落文本换行下拉列表

如果要更改环绕的文本和对象或文本之间的间距大小，请更改“文本换行偏移”框中的值。

单击“文本”工具，然后拖动光标在对象或文本上创建段落文本框，在段落文本框中键入文本即可，如图6-45所示。

图6-45 文本绕图

还有两种文本绕图的简单方法，鼠标右键单击图片，在弹出的快捷菜单中选择“段落文要本换行”命令即可将图片嵌入文本中，如图6-46所示。

单击属性栏中“段落文本换行”按钮，在弹出的下拉列表中选择换行样式，设置“文本换行偏移”的数值，如图6-47所示。

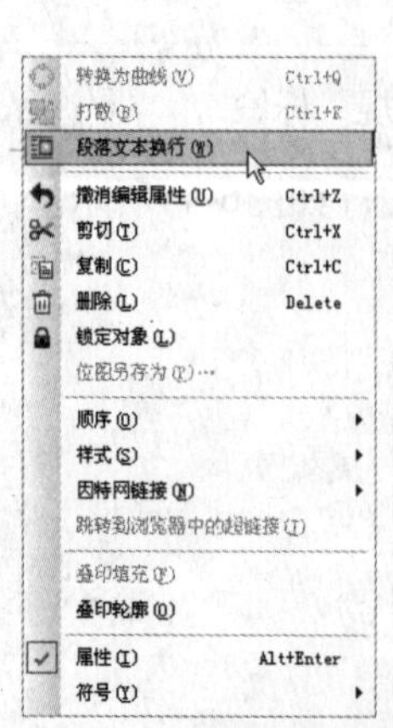


图6-46 弹出的快捷菜单

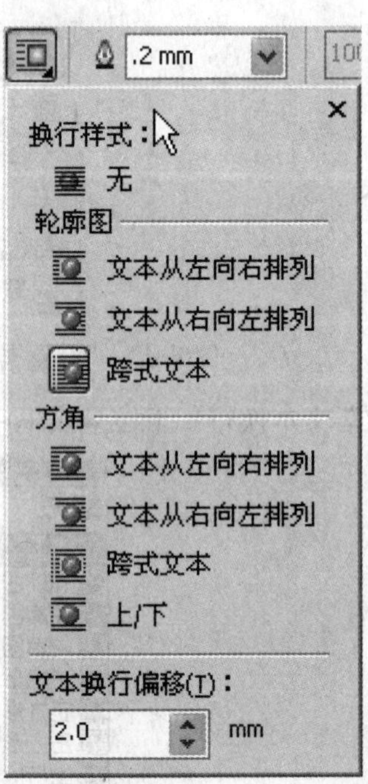


图 6-47 “段落文本换行”按钮的下拉列表

## 6.6 样题解答

（1）新建新文档，设置宽和高分别为180mm、180mm，纸张横向，分辨率150dpi。

（2）导入素材文件C:\2008CDR\Unit6\Y5-02.cdr，如图6-48所示。

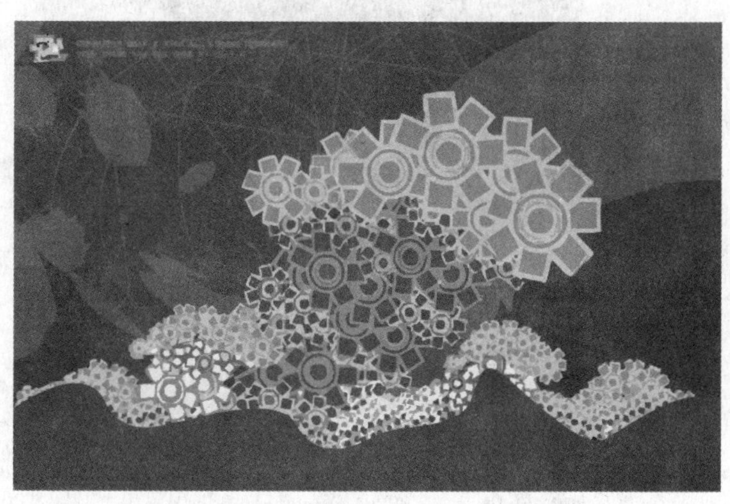

图6-48 导入素材

（3）单击工具箱中“文本工具”字在页面上输入美术文本“北京清美瑞光职业技术培训学校”，设置“字号”为9，“字体”为“汉仪中简黑”。

输入美术文本“ART”，选择A和T，设置字号为25，选择填充白色，设置“字体”为Arial。

同上的方法将文字R的字号设置为30，颜色为白色。

用“文本工具”字在页面上输入美术文本“黑白”，文字“黑”字号为11，颜色为黑色，文字“白”字号为11，颜色为白色。

（4）用“文本工具”字在页面上输入文本“我们的世界如此美好”，9.076 pt 字号为8，“字体”为“汉仪中黑简”，如图6-49所示。

图6-49 输入美术文本

用曲线工具绘制开放路径，如图6-50所示。

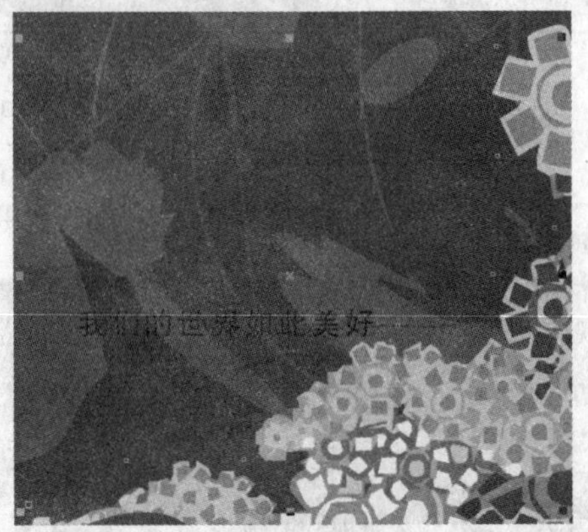

图6-50　绘制开放路径

选择文本，单击“文本”/“使文本适合路径”命令，如图6-51所示。

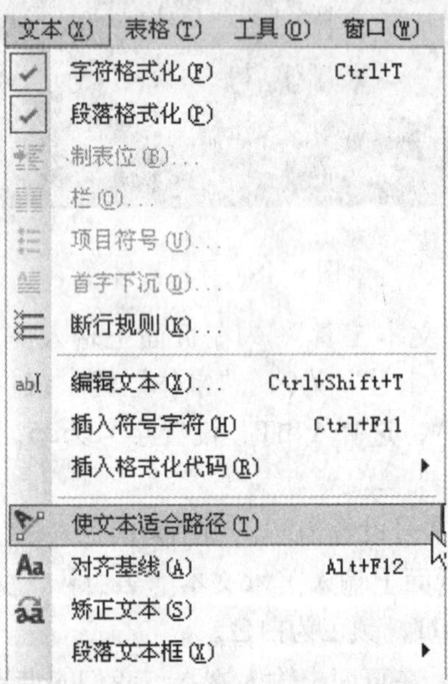


图6-51　执行文本适配路径命令

把文字适配到该路径，如图6-52所示。

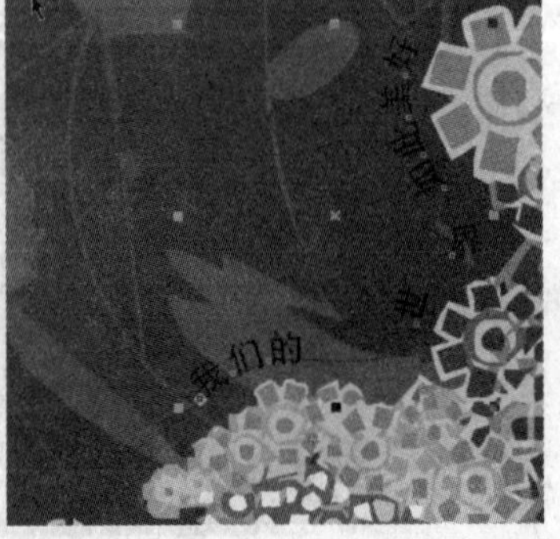


图6-52　将文本适配到路径

调整路径节点，以调整文本的适合度，如图6-53所示。

图6−53 调整路径后的文本

输入文本“有了”，设置字体为“汉仪中黑简”，旋转文字方向角度为347 347.0 °。

用“形状工具”单击文字“有”，设置字号为24，颜色为白色，文本旋转字符角度为25，如图6-54所示。

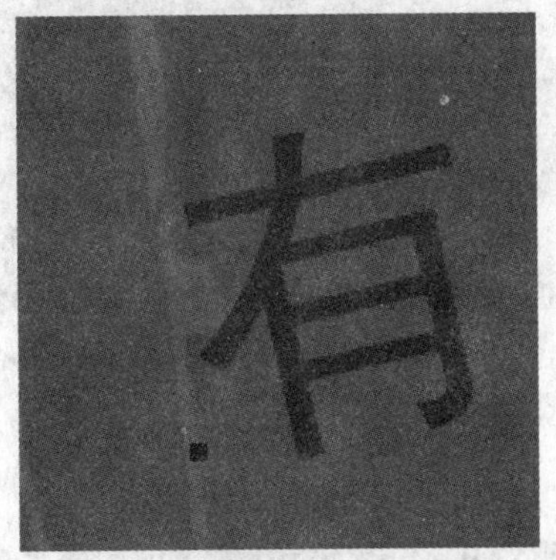


图6−54 文本“有”角度

同样的方法，设置文字“了”字号为16，颜色为白色，字符角度为0。

(5) 选择工具箱中“文本工具”，在页面的右上角拉出文本框如图6-55所示。

图6−55 拉出文本框

在文本框里输入文本“我们很普通，但我们努力，我们也许不够漂亮与帅气，但是我们够勤奋，和踏实，也许挑选我们做为工作中的一员，我们不是最有竞争力的一位，但是我们知道你的付出我们必将回报。选择我们，那是你最明智的决定”，在属性栏中设置文字字号为6，颜色为白色，如图6-56所示。

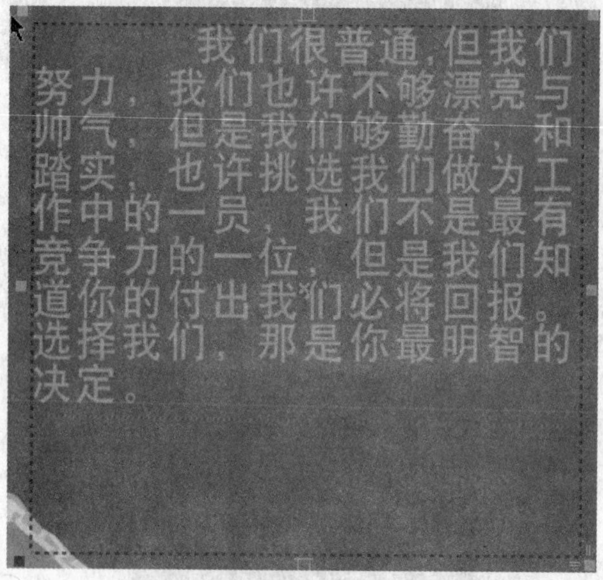


图6-56　输入段落文本

用挑选工具选择“努力”、“勤奋”、“踏实”，在属性栏中设置其字号为12，如图6-57所示。

图6-57　设置文本字号

选择工具箱中“文本工具”字，在不规则图形的轮廓上单击，出现文本框，如图6-58所示。

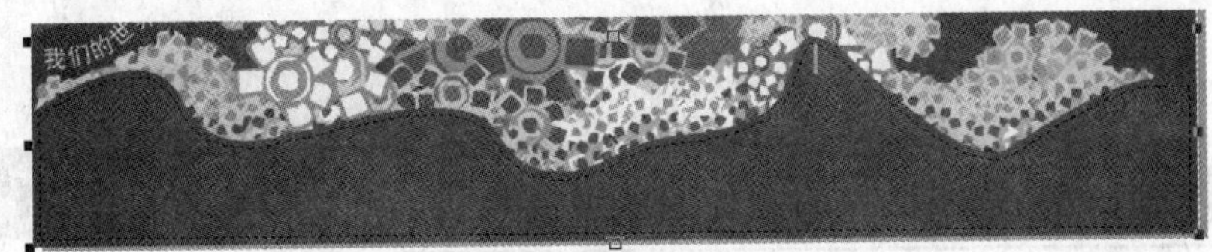


图6-58　对象中文本框

在此文本框输入文本“我们很普通，但我们努力，我们也许不够漂亮与帅气，但是我们够勤奋，和踏实，也许挑选我们做为工作中的一员，我们不是最有竞争力的一位，但是我们知道你的付出我们必将回报。选择我们，那是你最明智的决定”，设置 9.076 pt 字号为10，字体为“汉仪中黑简”，颜色为白色，段落文本字距和行距以系统默认，如图6-59所示。

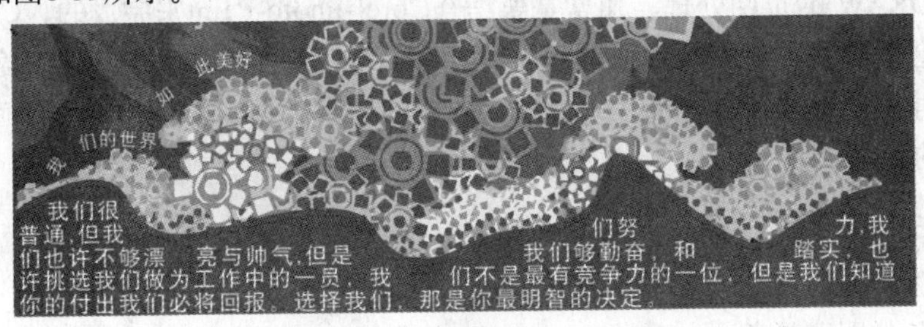


图6-59　在对象中输入文本

（6）单击属性栏中“保存”按钮，将文件保存到考生文件夹中，命名为Xcld6-01.CDR，效果如图6-60所示。

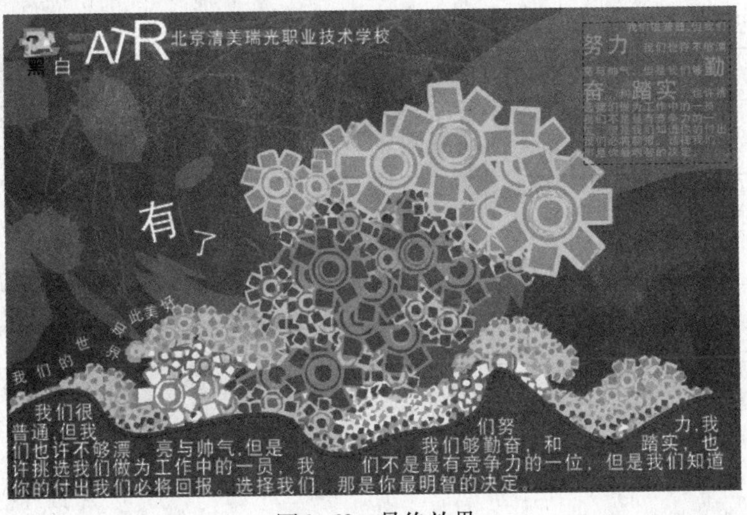


图6-60　最终效果

# 第7章　位图处理

CorelDRAW对位图的处理功能，就象Photoshop 里的滤镜功能一样强大，有时在Photoshop里要花很多步才能做出的眩目效果，到CorelDRAW里也许只需要一步就可搞定，而且CorelDRAW里可以描摹位图，从而将位图转换为可完全编辑的矢量图形。

CorelDRAW对位图的处理包括对位图进行缩放、修剪处理，还可以使用各种位图特效或将位图编辑成任意形状等。

CorelDRAW 的位图处理，通常是要结合Corel-Photo-Paint来完成的，Corel-Photo-Paint是一套全面的彩绘和照片编修程序，具有多个图像增强的滤镜，能改善扫描图像的质量，再加上特殊效果滤镜，大大改变图像的外观。用户可使用自然式画笔创造出如彩绘般的艺术效果。

**本章主要技能考核点：**

- 位图特效。
- 去除位图背景色。
- 矢量图转换为位图。

**评分细则：**

本章有3个概括基本点，每题考核3个方面

| 序号 | 评分 | 分值 | 得分条件 | 判分要求 |
|---|---|---|---|---|
| 1 | 位图特效 | 5 | 正确使用各种位图特效 | 未按要求不给分，每错一种特效扣除1分 |
| 2 | 去除位图背景色 | 2 | 正确使用Corel-Photo-Paint插件去除图像背景色 | 与原图像不符不给分 |
| 3 | 矢量图转换为位图 | 3 | 正确将矢量图转换为位图 | 与原图像不符不给分 |

## 7.1　样题示例

**操作要求**

制作草莓娇嫩欲滴的新鲜感觉，效果如图7-01所示。

图7-01　效果图

导入素材背景C:\2008CDR\Unit7\Y6-01A.cdr，如图7-02所示。导入草莓素材C:\2008CDR\Unit7\Y6-01B.cdr，如图7-03所示。

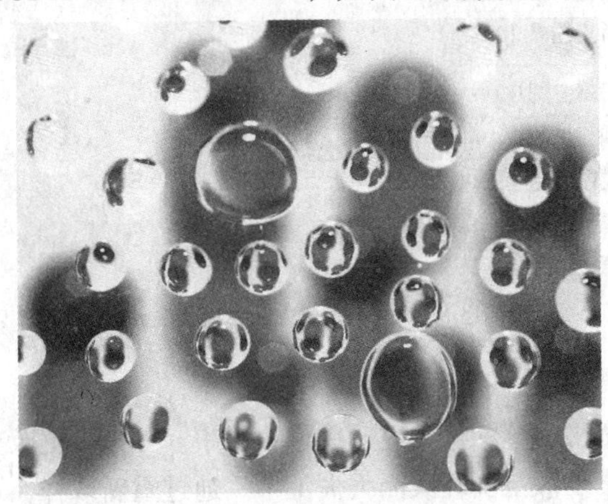

图7-02　背景素材

图7-03　草莓素材

（1）去除位图背景：去除草莓位图的背景。

（2）位图特效：为导入的背景位图添加“漩涡”特效。

（3）矢量图转换为位图：把制作好的效果矢量图转换为位图。

将最终效果以Xcld7-01.CDR为文件名保存在考生文件夹中。

## 7.2 样题分析

先观察导入的背景图，是和草莓一个色系的水珠背景，先使用“漩涡”特效为背景添加旋转的水流效果。

再把导入的草莓图形运用Corel-Photo-Paint编辑位图，为位图草莓去除背景色。

输入文本进行编辑，最后将制作好的海报图形转换为位图。

整个制作过程中，去除位图背景的工序要值得注意，需要很好的耐心和足够的技巧与正确的使用方法。

## 7.3 位图处理

CorelDRAW的位图处理，也会运用到许多的特效，而且运用Corel-Photo-Paint编辑位图，也可对位图进行抠图等操作，本节着重进行讲解。

### 7.3.1 裁剪和编辑位图

将位图添加到绘图后，可以对位图进行裁剪、重新取样和调整大小，裁剪可用于清除不需要的位图部分，要将位图裁剪成矩形，可以使用“裁剪”工具，要将位图裁剪成不规则形状，可以使用“形状”工具和“裁剪位图”命令，如图7-04所示。

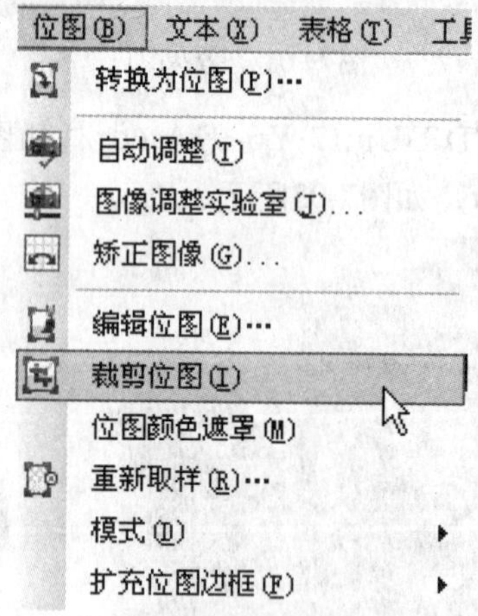


图7-04 裁剪位图对话框

对位图重新取样时，可以通过添加或移除像素更改图像分辨率。如果未更改分辨率就放大图象，则图像可能会由于像素扩散范围较大而丢失细节。通过重新取样，可以增加像素以保留原始图像的更多细节。调整图像大小可以使像素的数量无论在较大区域还是较小区域中均保持不变，增加取样就是通过添加像素保持原始图像的一些细节。

1．选择位图

单击工具箱中“裁剪”工具，用剪刀框取图像要剪裁部位，如图7-05所示。双击图像可快速地将位图裁剪成矩形，如图7-06所示。

图7-05　框取要剪裁图像部分

图7-06　剪裁后的图像

也可以使用“形状工具”单击位图的节点，拖动角节点后，通过单击属性栏上的“裁剪位图”按钮，对选定的位图进行裁剪。

2．重新取样位图

选择位图，单击“位图”/“重新取样”命令，如图7-07所示。

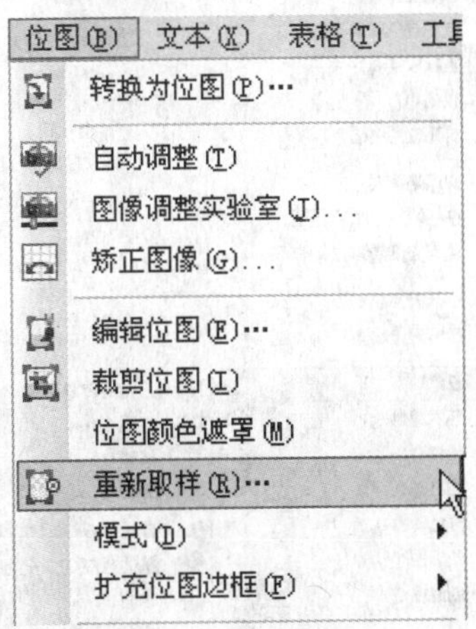


图7-07　执行“重新取样”命令

在弹出的对话中“分辨率”区域的水平或垂直框中输入值更改图像的分辨率，如果要保持位图的比例，可启用“保持纵横比”复选框。如果要保持文件大小，可启用“保持原始大小”复选框，如图7-08所示。

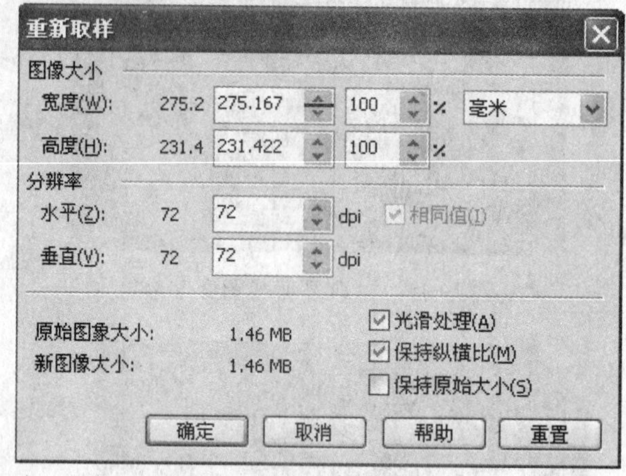


图7－08　重新取样对话框

## 7.3.2 位图特效

CorelDRAW也可以对位图应用三维（3D）效果和艺术效果等多种特殊效果，以创建纵深感。

### 1．三维效果

该命令可以为位图创建纵深感的效果，包括浮雕、卷页和透视点等效果。

单击“位图”/“三维效果”命令，即弹出三维特效的命令菜单，如图7-09所示。

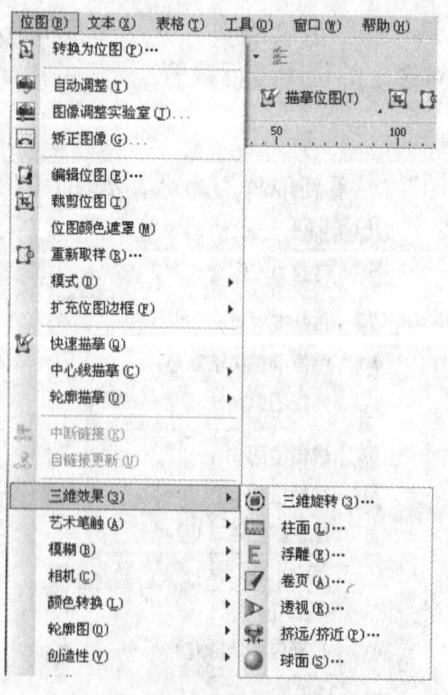


图7－09“三维效果”子菜单

下面讲解两种三维效果的特效。

（1）卷页效果。

可以使图像的角自动卷起。可以指定某个角并设置卷起方向、透明度和大小。也可以为卷页选择颜色，并选择图像卷离页面后所暴露的背景色。

选择位图，在弹出的“卷页”对话框中选择卷页的位置和颜色，如图7-10所示。

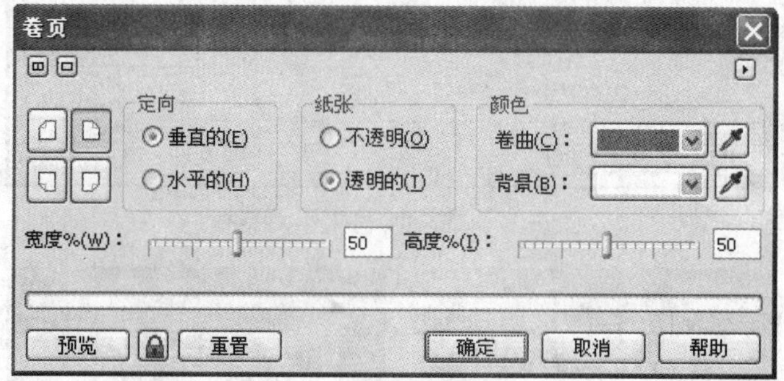


图7－10　卷页对话框

选择卷页方向为右上角，卷页方向为“水平”，卷页的纸张部分为“透明”，调整滑块或输入数值设置卷页的宽度和高度，颜色自定，单击“确定”按钮，效果如图7-11所示。

图7－11　位图卷页效果

（2）挤远/挤近效果。

通过将图像向前挤近或向后挤远来弯曲图像。

选择位图，执行“位图”/“三维效果”/“挤远/挤近”命令，在弹出的对话框中拖动滑块设定“挤远/挤近”的值，如图7-12所示，效果如图7-13所示。

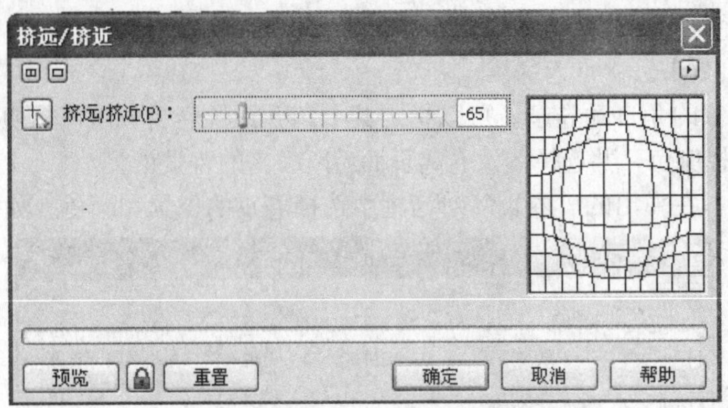


图7-12 “挤远/挤近”对话框

图7-13 位图的“挤远/挤近”效果

还可以可以通过调整交互式三维模型来旋转图像，为位图制作“三维旋转”特效，如图7-14所示。

图7-14 位图的三维旋转特效

2．艺术笔触

艺术笔触特殊效果可以使图像具有手工绘画外观，包括蜡笔画、印象派、彩色蜡笔画、水彩画和钢笔画效果，如图7-15所示。

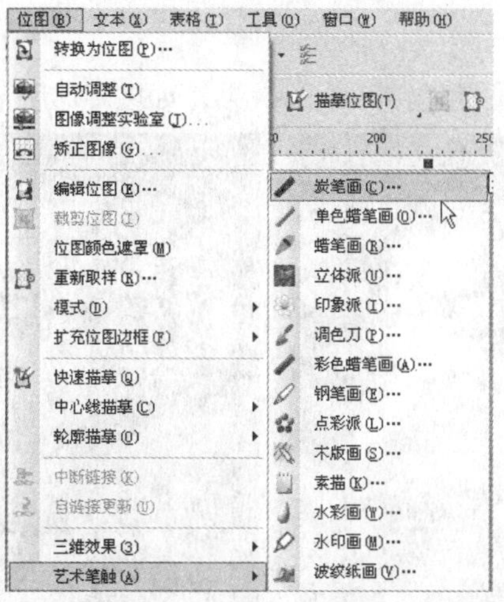


图7-15　位图的艺术笔触栏

运用“艺术笔触”特效的“水彩画”效果，可让作品产生特殊的意境，如图7-16所示。

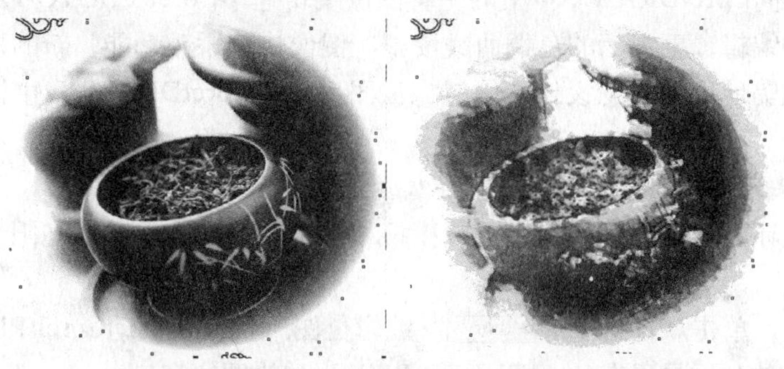

图7-16　位图的水彩效果

“艺术笔触”特效的多样化可使用户很好地发挥各种创意，这里我们不多作实例讲解，用户可自行试用各种效果。

3．模糊

模糊特殊效果可以更改图像的像素，以便柔化像素，使其边缘平滑，调和像素，或者创建动态效果，如图7-17所示。

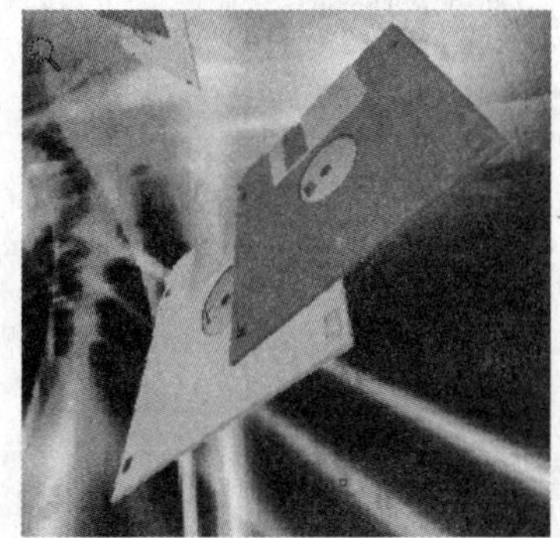
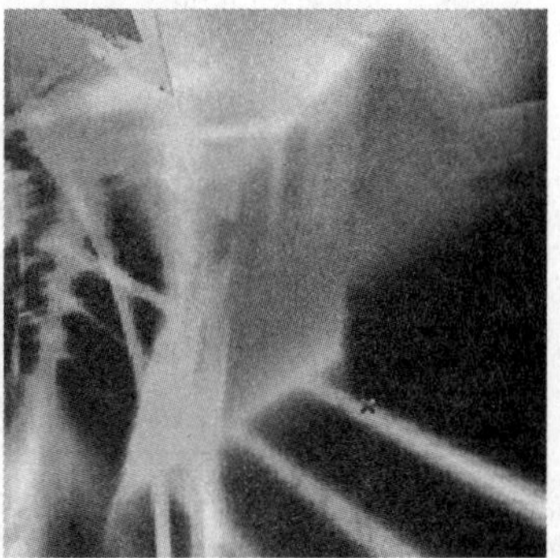

图7-17　位图的动态模糊

4．相机

相机特效可以模拟由扩散透镜产生的效果，如图7-18所示。

图7-18　扩散效果的前后对比

也可以访问CorelDRAW X4 中的完善图像编辑程序Corel PHOTO-PAINT X4来对位图进行各种编辑，更灵活的色调曲线校正、图像快速矫正功能、新的透镜效果、可以使用户更完美地完成创意设计，编辑完位图后可在CorelDRAW X4中快速恢复所做的工作。

（1）镜头光晕。

可以将光环添加到RGB图像中，以模拟相机镜头对准直射的明亮阳光时出现在相片上的晕光。

选择位图，单击属性栏上 编辑位图(E)... “编辑位图”按钮，启动Corel PHOTO-PAINT X4程序，选定的位图显示在Corel PHOTO-PAINT X4的图像窗口中。

执行“效果”/“相机”/“镜头光晕”命令，如图7-19所示。

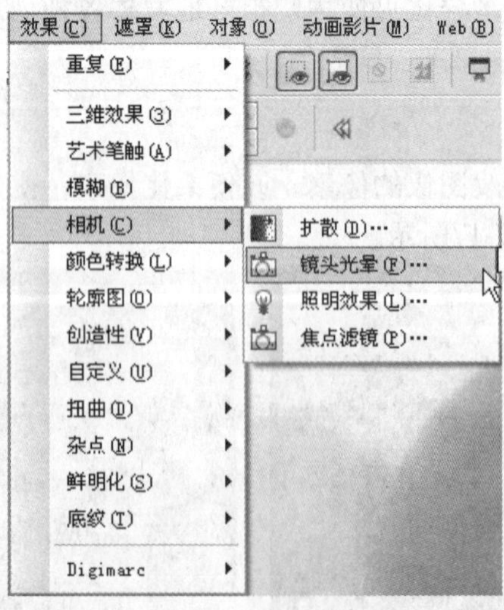


图7-19　执行镜头光晕特效

弹出“镜头光晕”对话框，单击“光晕”标签设置所需的属性。如图7-20所示。

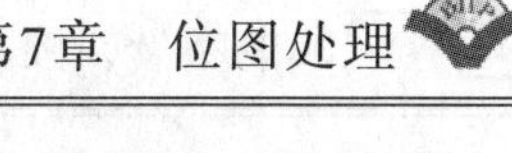

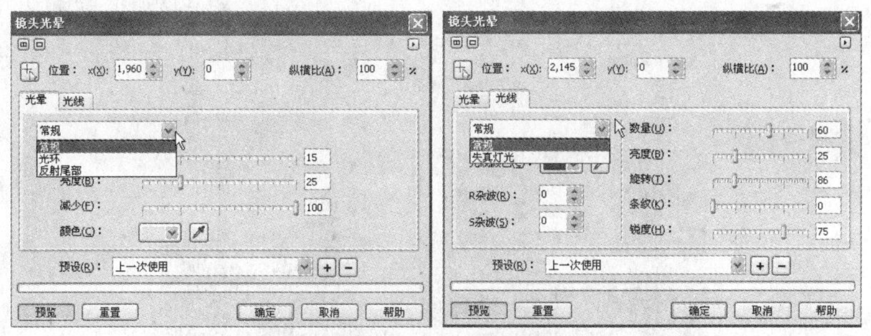


图7-20　镜头光晕对话框

可以创建阳光从表面反射时的外观，或者创建具有星云和星系的太空景象，还可以控制一种透镜晕光效果的多种元素。

“光晕”反射光最明亮的一部分。

“光环” 出现在晕光周围的光圈。

“反射尾部”是晕光处移出来的一系列较小的圆。

“光线”是晕光向外辐射的光线。

“失真灯光”穿过晕光的光条纹。

选择位图，在弹出的“镜头光晕”对话框中，选择“光晕”的“常规”选项，在“预设”的下拉列表中选择“右侧蓝色太阳光线”，设置“大小”的值为60，亮度值为23，减少值为60，单击“确定”按钮，效果如图7-21所示。

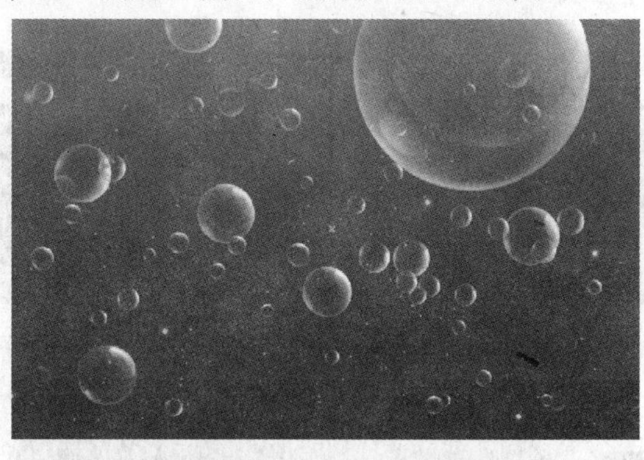

图7-21　位图的光晕效果（常规）

如果需要修改光环或反射尾部，可以从列表框中选择“光环”或“反射尾部”选项，然后修改所需的设置，效果如图7-22所示。

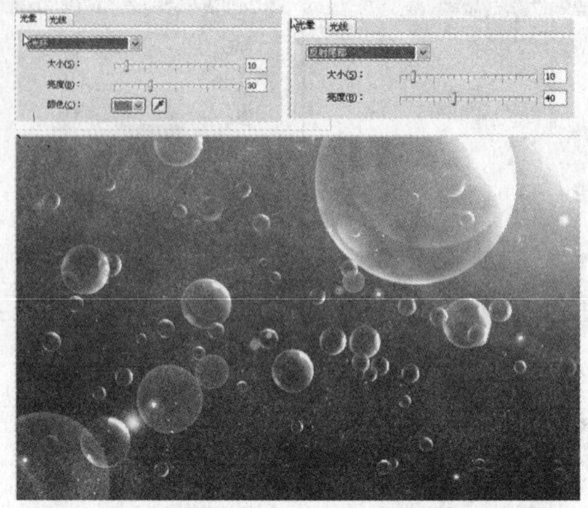

图7-22　镜头光晕的光环和反射尾部效果

（2）照明效果。

通过向RGB或灰度图像中添加光源，以创造聚光灯、泛光灯或阳光的幻觉。可以指定光源的类型和数量、光源强度和光源颜色。 也可以通过应用预设或修改色频通道信息来创建浮雕，还可以使用预设光源或底纹样式，或者自定义预设样式并将其保存在预设列表中。

选择位图，单击“效果”/“相机”/“照明效果”命令，弹出“照明效果”对话框，如图7-23所示。

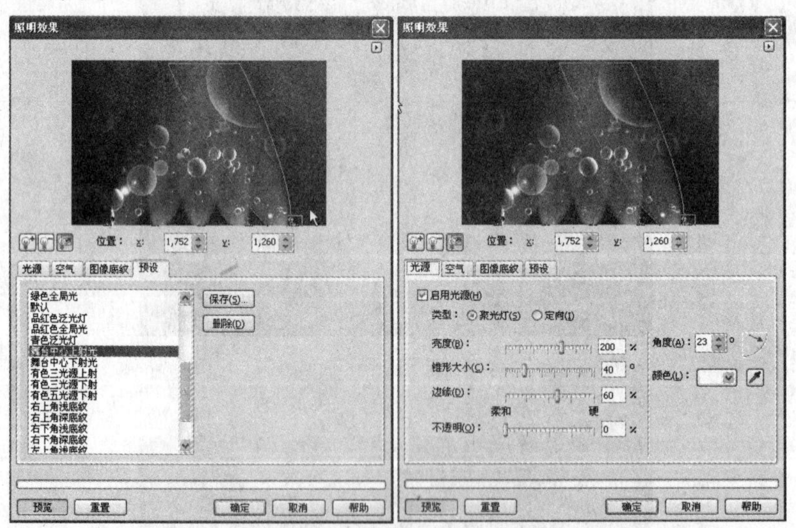


图7-23　“照明效果”对话框

单击“光源”标签，启用“类型”区域中的“聚光灯”选项，在预览窗口中，拖动“光源选择器”，设置光源的位置和方向。

在“角度”框中输入数值，以设置光源角度。

拖动“亮度”滑块，可设置光源强度的大小。

“锥形大小”用于设置光束宽度，值越高，产生的扩散光束就越宽、越多，效果如图7-24所示。

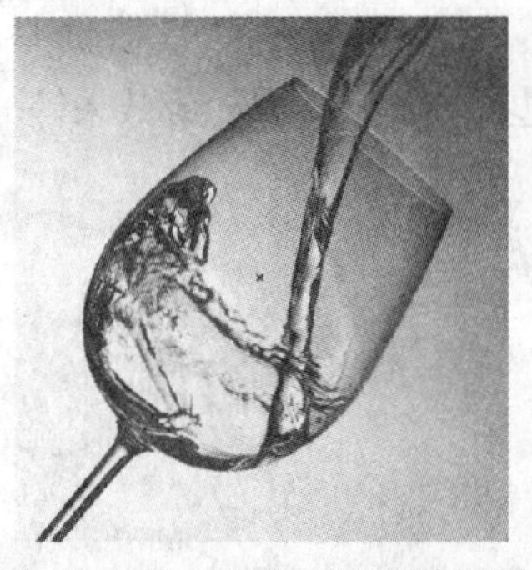
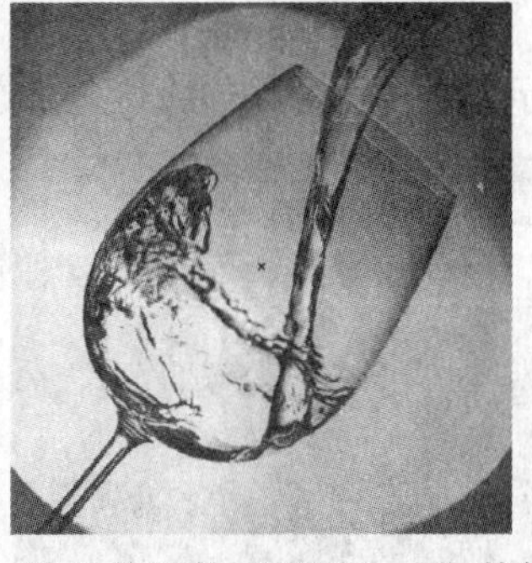

图7-24　位图添加“预设照明”效果并设整“锥形大小”的值

“边缘”值的大小，可设置光源沿光束边缘扩散的大小。

设置“不透明度”的值，可设置光源密度。

还可以更改光源颜色，单击“颜色”挑选器颜色(L)：，然后在调色板中选择一个色样。

如果要添加与上次应用的光源具有相同属性的光源，单击“添加光源”按钮，删除上次应用的光源，单击“删除光源”按钮，如果要隐藏或显示光源选择器，可单击“隐藏/显示光源”按钮。

还可以使用色频通道添加三维底纹，单击“图像底纹”标签，从“色频”列表框中选择一个色频通道，然后修改所需的设置，如图7-25所示。

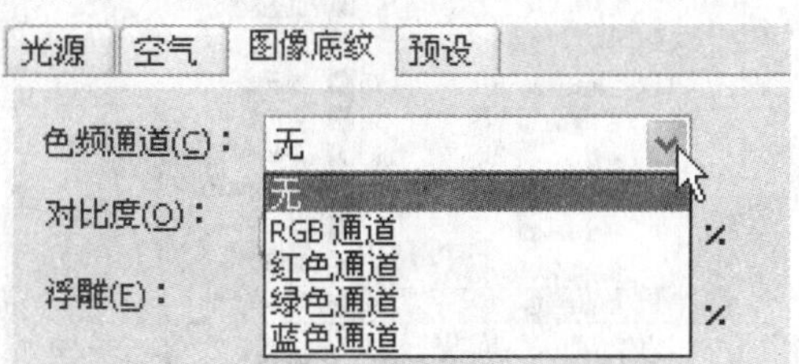


图7-25　“图像底纹”标签列表

5．颜色变换

通过半色调、梦幻色调和曝光方法等方法减少或替换颜色来创建摄影幻觉效果，如图7-26所示。

图7-26　对位图执行半色调特效

6．轮廓图

可以突出显示和增强图像的边缘，包括边缘检测和描摹轮廓效果等，如图7-27所示。

图7−27　对位图执行“查找边缘”特效

7．创造性

“创造性”菜单中包括可以对图像应用各种底纹和形状的特效，包括织物、玻璃砖、晶体化、漩涡和彩色玻璃等效果，如图7-28所示。

图7−28　创造性的各种特效菜单

以下选择几种特效进行讲解。

（1）虚光。

选择位图，先将位图转换模式，执行“位图”/“模式”/“RGB颜色”命令，再添加特效，执行“位图”/“创造性”/“虚光”命令，在弹出的对话框中设置虚光的颜色和光源偏移等，如图7-29所示。

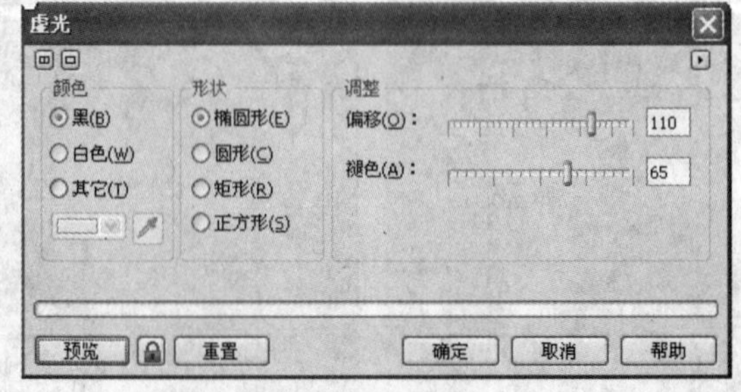


图7−29　虚光特效的对话框

设置偏移值为110，褪色值为65，效果如图7-30所示。

图7-30 位图的虚光特效

（2）茶色玻璃。

可向图像中应用透明的淡彩色，可以指定茶色玻璃的颜色、淡色的不透明度以及模糊量。

选择位图，执行“位图”/“创造性”/“茶色玻璃”命令，在弹出的对话框中设置“淡色”和“模糊”值，选择合适的颜色，单击“确定”按钮，效果如图7-31所示。

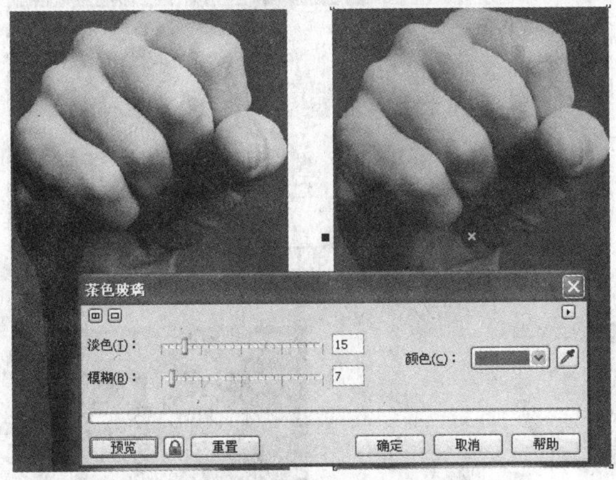


图7-31 为位图添加“茶色玻璃”特效

（3）天气。

用于对图像应用雨、雪、雾等效果，可以指定该效果的强度和相关元素的大小。

选择位图，执行“位图”/“创造性”/“天气”命令，在弹出的“天气”对话框中，选择天气，设置相应的值，如图7-32所示，效果如图7-33所示。

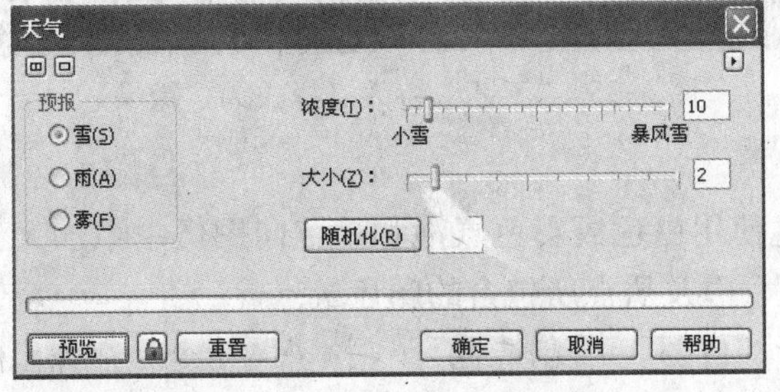


图7-32 “天气”对话框

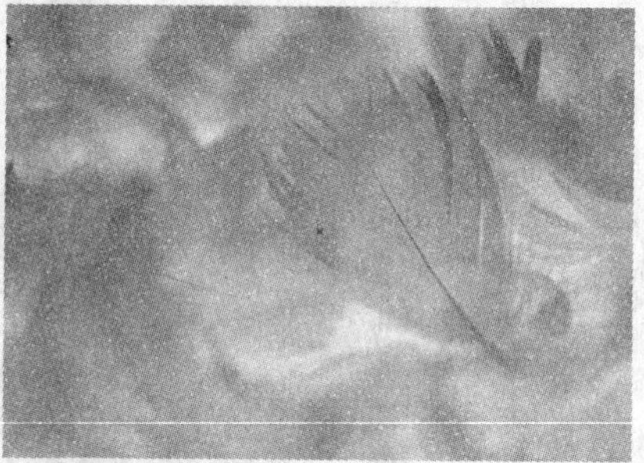

图7-33　为位图添加“雪”的特效

（4）工艺。

使用该特效可使图像看上去好像是用工艺形状创建的，还可以指定形状的大小和角度，以及效果的亮度。

选择位图，执行“位图”/“创造性”/“工艺”命令，在弹出的“工艺”对话框中，选择工艺样式，设置旋转角度和大小等相关值，如图7-34所示，单击“确定”按钮，效果如图7-35所示。

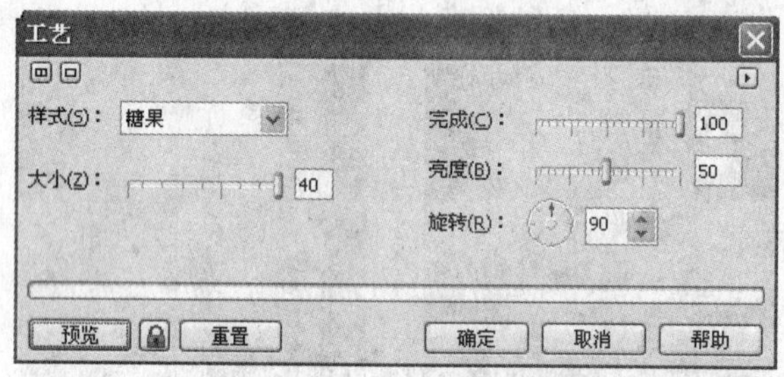


图7-34　“工艺”特效对话框

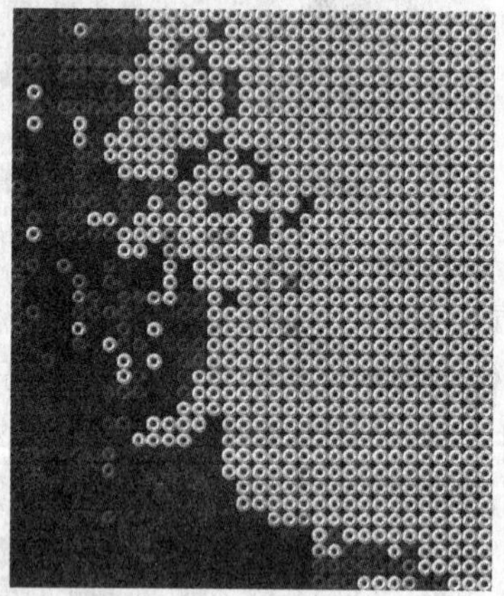

图7-35　“工艺”特效（样式为“糖果）

（5）粒子。

该特效可以通过使用白色或彩色气泡和星点向图像中添加火花，可以指定质点的大小、数量和透明度，以及质点所包含的颜色量。

选择位图，执行“位图”/“创造性”/“粒子”命令，在弹出的对话框中选择添加粒子的样式，如图7-36所示。

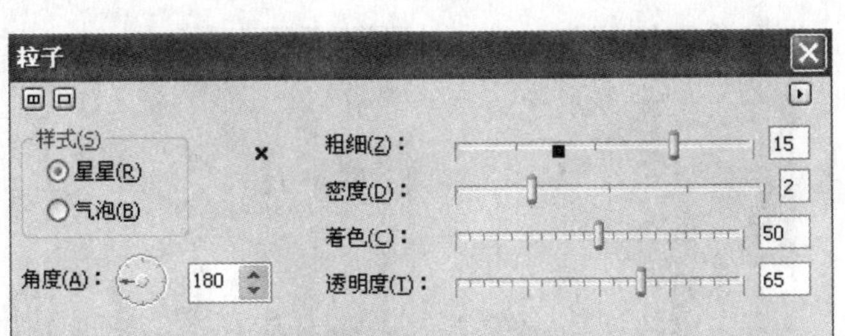


图7−36　“粒子”对话框

选择样式为“星星”设置星星分布的粗细、密度、角度等，单击“确定”按钮，效果如图7-37所示。

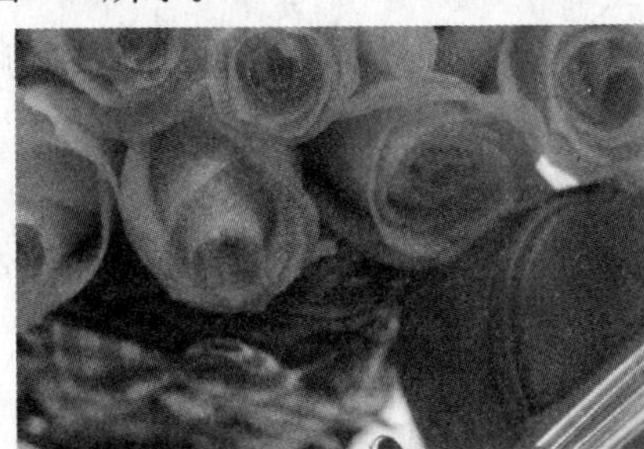

图7−37　添加“星星”粒子特效

8．扭曲

扭曲特效可以在不增加深度的情况下变换图像外观，使图像表面变形，包括龟纹、块状、漩涡和平铺等多种效果。

（1）旋涡。

根据指定的旋转方向、数量以及角度，在整个图像上创建旋涡。

选择位图，执行“位图”/“扭曲”/“旋涡”命令，弹出“旋涡”对话框，如图7-38所示。

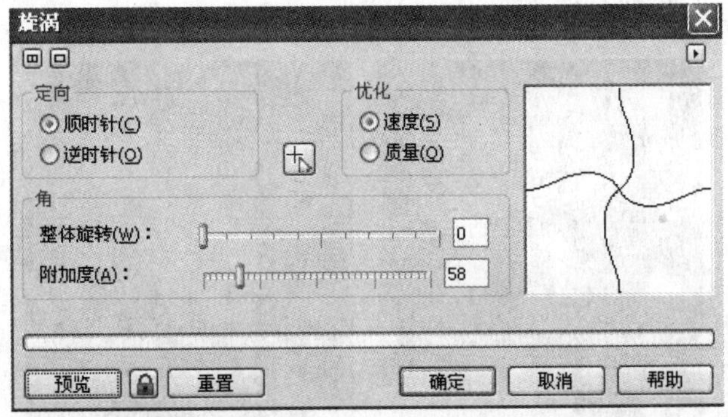


图7−38　“旋涡”对话框

在对话框中，选择“定向”的方向，设置旋转的参数，单击“确定”按钮，效果如图7-39所示。

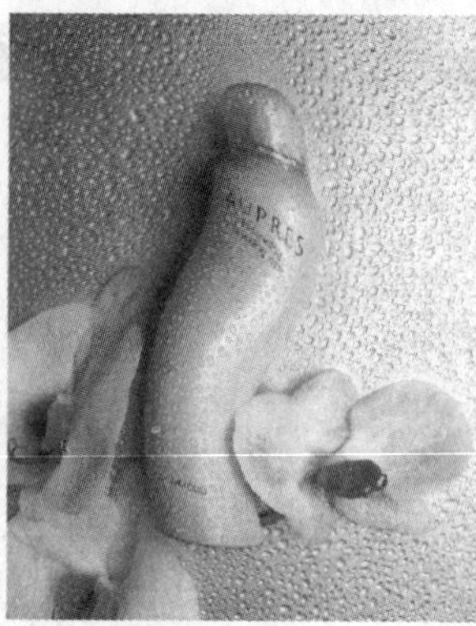

图7-39　应用“旋涡”特效

（2）湿画笔。

在图像上创建湿笔画的视觉效果，可以指定色滴的大小以及图像中受影响的颜色范围。

选择位图，执行“位图”/“扭曲”/“湿画笔”命令，在弹出的“湿画笔”对话框中，设置“润湿”值和“百分比”的值，如图7-40所示。

图7-40　添加“湿画笔”特效

（3）龟纹。

利用一个或多个波纹来使图像扭曲，可以指定设置图像扭曲的主波纹的强度或者添加附加垂直波以增大扭曲。

选择位图，执行“位图”/“扭曲”/“龟纹”命令，在弹出的“龟纹”对话框中，调整主波纹的周期和振幅的强度，设置波纹的优化选项，根据设计需要设置垂直波纹的振幅强度，效果如图7-41所示。

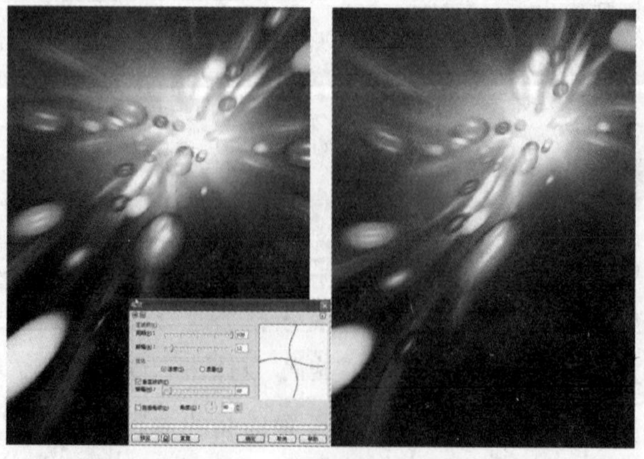

图7-41　添加“龟纹”特效

9．杂点

杂点特效是在位图编辑过程中，在整个图像上显示定义为随机像素的杂点，类似于电视屏幕上的静电效果。

杂点特殊效果用于创建、控制或消除杂点。可以修改图像的粒度，包括添加杂点、去除龟纹和去除杂点效果。

杂点特殊效果的子菜单如图7-42所示。

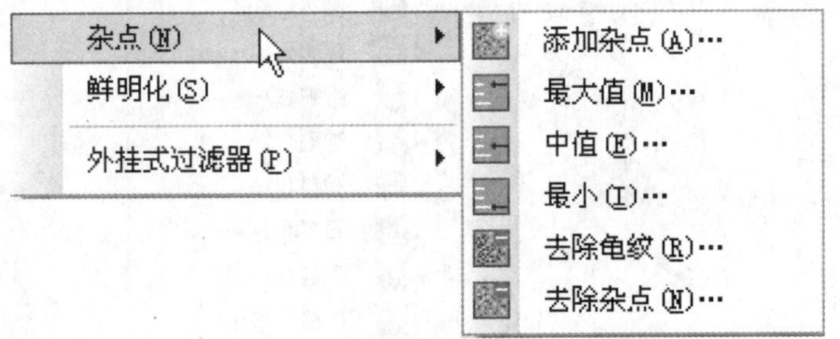


图7−42　杂点特效的子菜单

“添加杂点”特效可创建一种粒状效果，将底纹添加到平面图像或调和过度的图像，可以指定添加到图像中的杂点的类型和量。

“最大值”，可以根据相邻像素的最大色值调整某一像素的色值，从而移除杂点，这种效果也会在应用多次后产生柔和模糊效果。

“中值”，根据周围像素的中等色值调整某一像素的色值，从而移除杂点和细节。

“最小值”，根据相邻像素的最小色值调整某一像素的色值，从而移除杂点。

“去除龟纹”和“去除杂点”可以用来消除图像中的龟纹或杂点。

10．鲜明化

可以添加鲜明化效果，以突出和强化边缘。包括适应非鲜明化、高通滤波器和非鲜明化遮罩效果，对话框如图7-43所示。

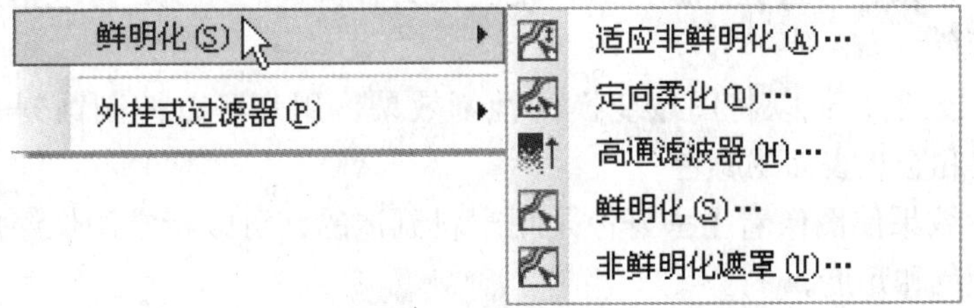


图7−43　“鲜明化”特效的子菜单

## 7.3.3　Corel PHOTO-PAINT X4中的特效

可将位图在Corel PHOTO-PAINT X4中进行特殊效果处理，这些特殊效果在CorelDRAW 中是无法达到的。

1．底纹特效

Corel PHOTO-PAINT X4的底纹特殊效果是使用各种形状和表面向对象添加底纹，

可以使用砖形、气泡、画布、折皱、塑料和石头，或者可以创建蚀刻和底色，还可以使用这些效果使图像看上去仿佛是在石灰墙上绘制的，或者就像透过网格门观看到该图像的效果。

底纹特殊效果包括的12种，如图7-44所示。

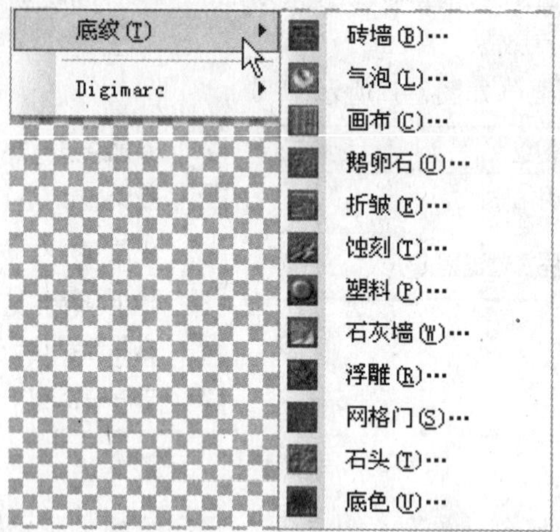


图7-44 “底纹”特效的子菜单

“砖墙”效果，将像素分组为一系列互锁的单元格，使图像看上去仿佛是砖墙上的画，可以指定砖块大小和砖形图样的密度。

“气泡”效果，可用于在图像上创建各种鼓泡的泡沫，可以指定气泡的大小以及所覆盖面积的大小。

“画布”效果，允许用户将其他图像用作画布，以此将其他某一图像应用为底纹表面，可以选择预设画布映射，或者载入任何图像作为画布映射。

“鹅卵石”效果，会使图像看上去好像是用鹅卵石创建的，用户可以指定鹅卵石的大小、间距和粒度。

“折皱”效果，通过叠加波形线，使图像具有折皱的外观，可以指定折皱的程度以及折皱的颜色。

“蚀刻”效果，可以将图像变换为蚀刻效果，用户可以控制蚀刻的深度、细节量、光照方向和金属表面的颜色。

“塑料”效果使图像看上去好像是用塑料制造的，可以指定图像深度以及光线照在塑料上的颜色和角度。

“石灰墙”效果，通过重新分布像素，使图像看上去好像是在石灰墙上绘制的。

“浮雕”效果，可将图像变换为浮雕，可以设置浮雕的平滑度、所包含的细节量、光源方向和表面颜色。

“网格门”效果，会使图像看上去就像透过网格门观看的效果，用户可以指定网孔细节和亮度、图像中的软度以及图像是彩色的还是黑白的。

“石头”效果，可以使图像具有石头底纹，可以指定细节量、图样的密度和光线直射到图像上的角度，还可以应用预设石头样式，或创建自定义石头样式并将其另存为预设样式。

"底色"效果，会使图像看上去就像是在画布上创作的画，此画布随之会被覆盖上各种图层，可以指定要在原始图像上覆盖绘画至何等程度，也可以调整该图像的亮度。

下面演示一下"折皱"效果。

选择位图，单击属性栏中"编辑位图"按钮，即可使位图在Corel PHOTO-PAINT X4中打开，执行"效果"/"底纹"/"折皱"命令，在弹出对话框中设置折皱的"年龄"和"颜色"，如图7-45所示。

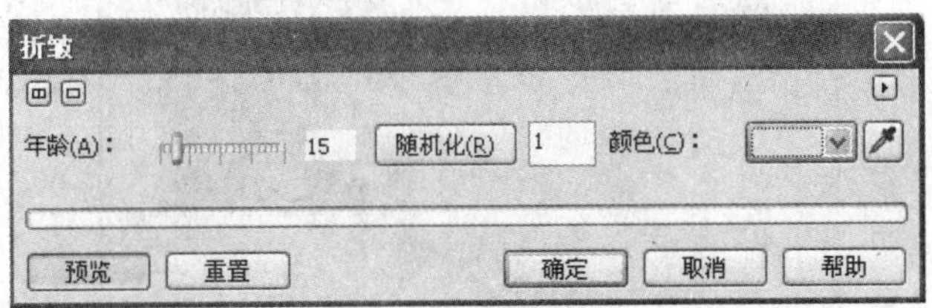


图7－45 "折皱"对话框

根据设计需要设定"年龄"的值，选择折皱的颜色，单击"确定"按钮，效果如图7-46所示。

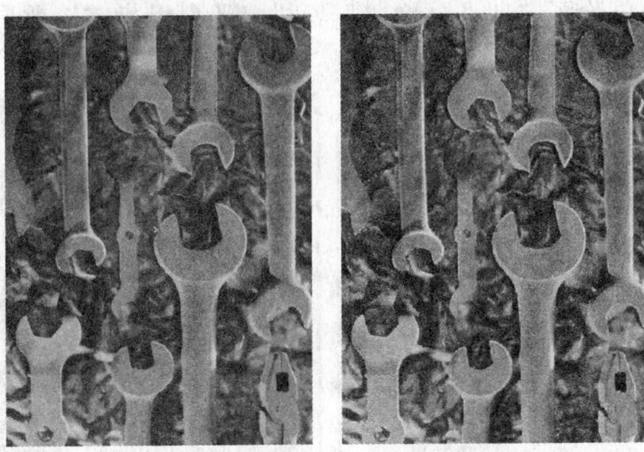

图7－46 位图的"折皱"效果

2．自定义特殊效果

自定义特殊效果可以提供种类繁多的效果，以供变换图像。可以创建艺术笔绘画，使用自定义图像重叠另一个图像，或使用各种不同的模糊、鲜明化和边缘检测效果。

自定义特殊效果包括"Alchemy"效果、"带通滤波器"效果、"凹凸贴图"效果和"用户自定义"效果四种，如图7-47所示。下面举两种特效的例子进行讲解。

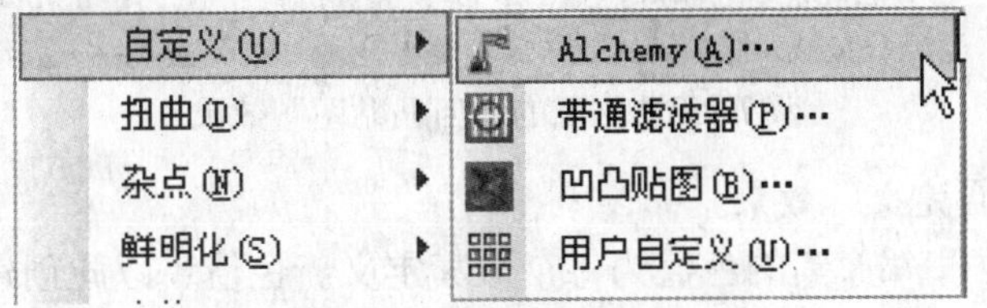


图7－47 "自定义"特效的子菜单

（1）“凹凸贴图”效果。

可以根据凹凸贴图图像的像素值和通过向图像表面嵌入浮雕，将底纹和图样添加到图像中。

单击“效果”/“自定义”/““凹凸贴图”命令，弹出对话框如图7-48所示。

图7-48 “凹凸贴图”对话框

在该对话框中，除了“凹凸贴图”标签栏，还可以指定该效果的表面和照明属性，如图7-49所示，效果如图7-50所示。

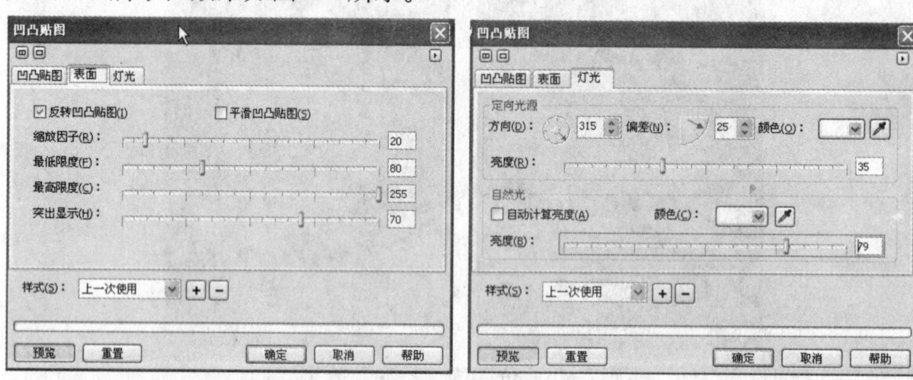


图7-49 “凹凸贴图”对话框中“表面”和“灯光”选项卡

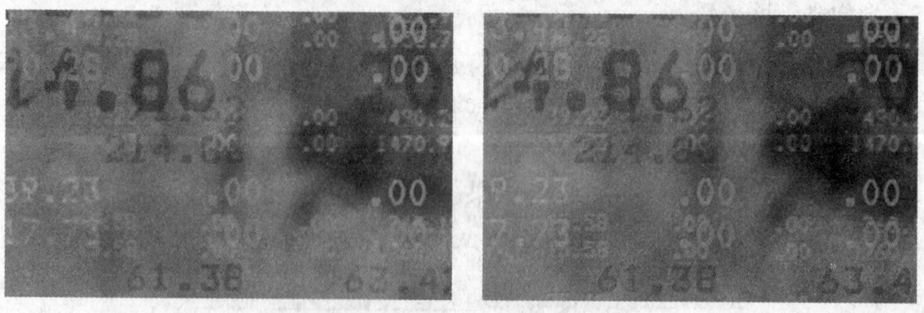

图7-50 位图的“凹凸贴图”效果

（2）“用户自定义”效果。

用户可以根据相邻像素的色值为每个像素定义新色值，以此创建模糊、鲜明化或边缘检测特殊效果。

选择位图，将位图发送到Corel PHOTO-PAINT X4中进行编辑，单击“效果”/“自定义”/“用户用定义”命令，弹出“用户自定义”对话框，如图7-51所示。

用户自定义
过滤器
高通滤波器 2
选项
除数(D)： 1
偏移(O)：
自动估计除数(A)
保护颜色(P)
对称中心(S)
中心

|  |  |  |  |  |
|---|---|---|---|---|
|  |  |  |  |  |
|  |  | -1 |  |  |
|  | -1 | 5 | -1 |  |
|  |  | -1 |  |  |
|  |  |  |  |  |

预览 重置 确定 取消 帮助

图7-51 “用户用定义”对话框

在“过滤器”的标签栏里，单击按钮，可进入用户自定义的过滤器文件，在“选项”标签栏里设定除数与偏移值。

通过在“中心”标签栏的网格中输入数值来定义用数字表示的选定像素值。网格中的中间框表示选定像素，而网格周围的框则表示相邻的像素。在网格中间框中输入的数字乘以选定像素的原始色值，得出的数字就是选定像素的新色值。

可以对该数字进一步修改，方法是：选择该数字受相邻像素值影响的程度值，然后将选定像素值加上或从选定像素值中减去该程度值。

例如，如果想在中间像素周围的所有框中都输入0，则该像素值不受周围像素的影响，而只受我们在中间框中输入的数字影响。 在网格中输入的所有数字都要先乘以相应的像素值，再相互加起来，以产生新的像素值。然后，将这个新像素值除以用户所选的除数值。如果该除数就是我们在中间框中输入的数字，则所有数字将会相互抵消，而新像素值仅取决于相邻像素值。

在该对话框中开启“自动估计除数”、“保护颜色”和“对称中心”，“中心”标签栏的数值默认，效果如图7-52所示。

图7-52 位图的“用户自定义”特效前后对比

## 7.4 去除位图背景

在CorelDRAW 中去除位图的背景，对于简单的对象背景可用图框精确剪裁，把不需要的背景部分剪裁掉，这种方法在前面的章节中我们已经做过讲解，这里我们主要讲解另一种处理较复杂位图背景的方法，是将位图发送到Corel PHOTO-PAINT X4中进行去除位图背景。

Corel PHOTO-PAINT X4中去除背景的方法比较灵活，这根据图像的样式决定。

单击“图像”/“剪切图实验室”命令，在弹出的对话框中，单击“轮廓色工具”按钮，设置“笔尖大小”，在预览窗口中，沿着需要剪切的图像区域边缘绘制线条，如图7-53所示。

图7-53　绘制背景边缘

绘制线条完毕后，单击“填充内部”工具，然后在需要剪切的图像区域内单击填充颜色，如图7-54所示。

图7-54　为图像区域填充颜色

单击“预览”按钮，如果要润色剪切图，请单击“添加细节”按钮，或“移除细节”按钮，然后在边缘上拖动鼠标完成操作，单击“确定”按钮完成图像剪切，如图7-55所示。

图7-55　完成图像剪切

单击性栏中“结束编辑”按钮，将位图保存到CorelDRAW中，如图7-56所示。

图7-56　完成去除位图背景的操作

Corel PHOTO-PAINT X4中的“剪切图实验室”的对话框选项栏如图7-57所示。

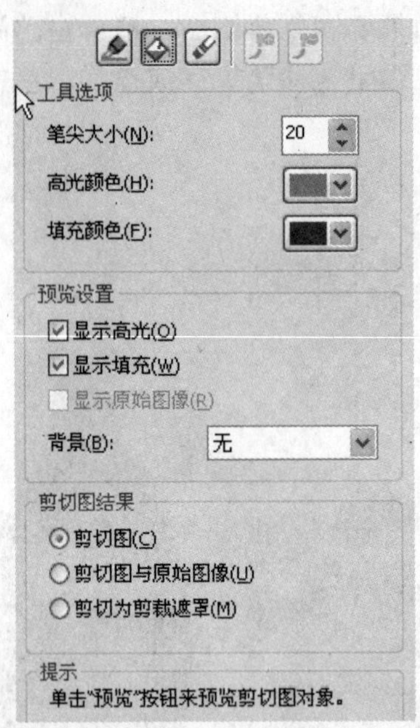


图7-57 “剪切图实验室”的对话框选项栏

在“剪切图结果”的区域中，选择“剪切图”可以从剪切图创建一个对象并舍弃原始图像。

如果选择“剪切图与原始图像”，可以从剪切图创建一个对象并保留原始图像。

如果选择“剪切图作为剪裁遮罩”，则会从剪切图创建一个剪裁遮罩并将剪裁遮罩附加到原始图像，如果从背景图像创建剪切图，则背景将转换为对象。

还可以擦除轮廓线和填充，单击“橡皮擦”工具，在要删除的轮廓线和填充上拖动鼠标，即可清除不需要的范围。

撤消或重做操作，单击左下角的“撤消”或“重做”按钮，还原为原始图像，单击“重置”按钮。

在“预览设置”区域中，启用“显示轮廓线”选项，将显示围绕剪切图的轮廓线，启用“显示填充”则显示剪切图内部的填充，启用“显示原始图像”选项，可在剪切图下层显示原始图像。

“背景”下拉列表框如图7-58所示。

图7-58 “背景”下拉列表

选择“无”会对照黑白相间的棋盘格图案显示剪切图。

选择“灰度”，对照灰色背景显示剪切图，如果启用“显示原始图像”复选框，则移除区域显示为浅灰色。

选择“黑边”，对照黑色背景显示剪切图，如果启用“显示原始图像”复选框，则移除区域显示为浅黑色。

选择“白边”，对照白色背景显示剪切图，如果启用“显示原始图像”复选框，则移除区域显示为浅白色。

## 7.5　矢量图转换为位图

通过CorelDRAW将矢量图形或对象转换为位图，可以将特殊效果应用到对象，将矢量图形转换为位图的过程在有些程序中也称为“光栅化”。

转换矢量图形时，可以选择位图的颜色模式，颜色模式决定构成位图的颜色数量和种类，因此文件大小也受到影响。

还可以为递色、光滑处理、叠印黑色、背景透明度和颜色预置文件等控件指定设置。

也可以将文件导出为位图文件格式（如TIFF、JPEG、CPT或PSD），在导出文件时使用相同的位图转换选项。

**1．将矢量图形转换为位图**

选择一个矢量对象，单击“位图”/“转换为位图”命令，弹出对话框如图7-59所示。

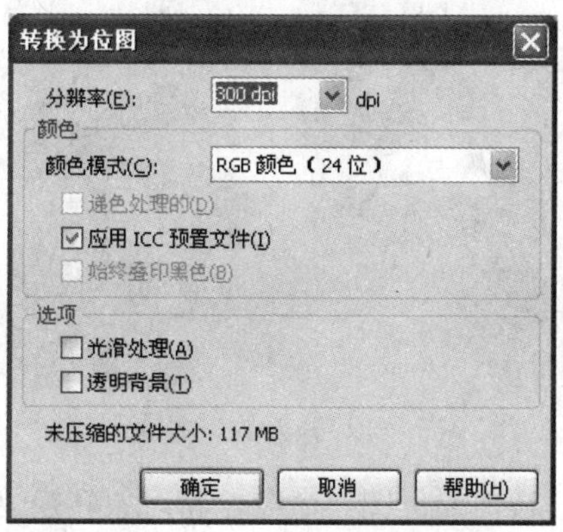


图7—59　转换位图的对话框

在“分辨率”下拉列表框中选择分辨率，从“颜色模式”下拉列表框中选择颜色模式。

启用“递色处理的”选项，可以模拟数目比可用颜色更多的颜色，此选项可用于使用256色或更少颜色的图像。

启用“应用ICC预置文件”选项，该选项应用国际颜色委员会预置文件，使设备与色彩空间的颜色标准化。

启用“始终叠印黑色”选项，可以让黑色为上层颜色时叠印黑色，打印位图时，启用该选项可以防止黑色对象与下面的对象之间出现间距。

启用选项栏的“光滑处理”选项，可以平滑位图的边缘，让位图看起来更自然。

启用选项栏的“透明背景”选项，能使位图的背景透明。单击“确定”按钮，效果如图7-60所示。

图7-60　将文本对象转换为位图并添加特效

## 7.6　样题解答

（1）单击“文件”/“新建”命令新建文件，在属性栏设置页面宽和高分别为324mm、256mm，纸张为横向，单击“版面”/“页面设置”命令设置其分辨率为300dpi。

（2）导入素材C:\2008CDR\Unit7\Y6-01A.cdr作为背景，如图7-61所示。

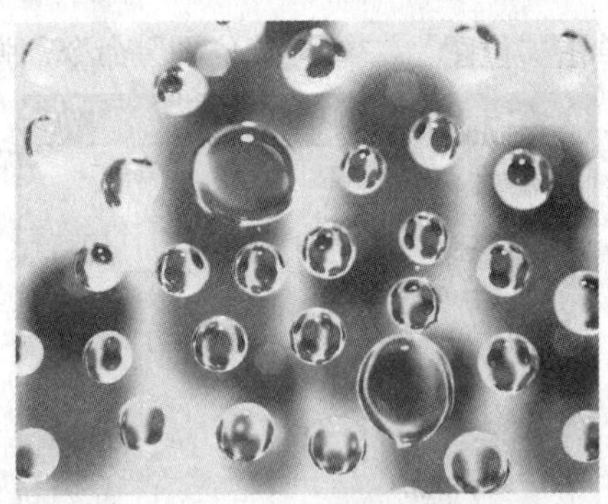

图7-61　导入的背景素材

（3）单击“位图”/“转换为位图”命令，将对象转换为位图。如图7-62所示

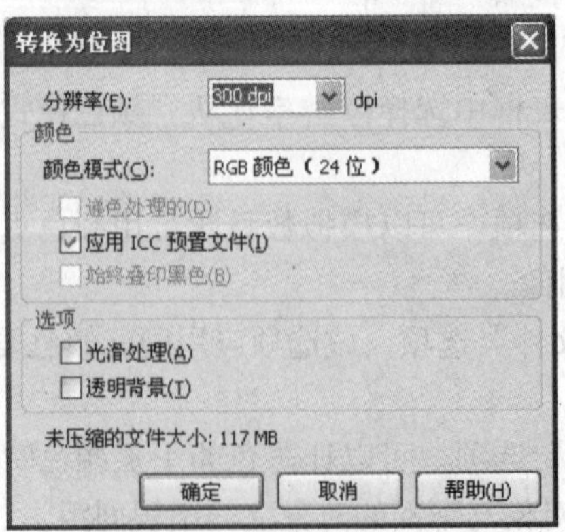


图7-62　转换位图对话框

再执行“位图”/“扭曲”/“旋涡”命令，设置附加度为220，方向为顺时针，如图7-63所示，效果如图7-64所示。

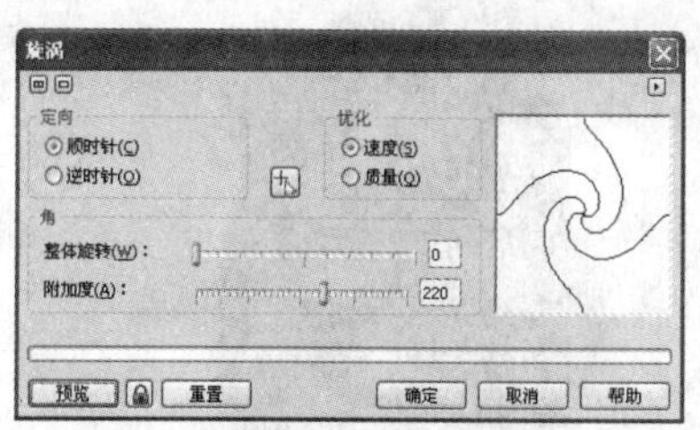


图7-63 设置“旋涡”值的对话框

图7-64 位图添加“旋涡”特效

（4）导入水果素材C:\2008CDR\Unit7\Y6-01B.cdr，如图7-65所示。

图7-65 导入水果素材

单击属性栏上的“编辑位图”按钮，将导入的位图发送到Corel PHOTO-PAINT X4中去除背景，单击“图像”/“剪切图实验室”命令，如图7-66所示。

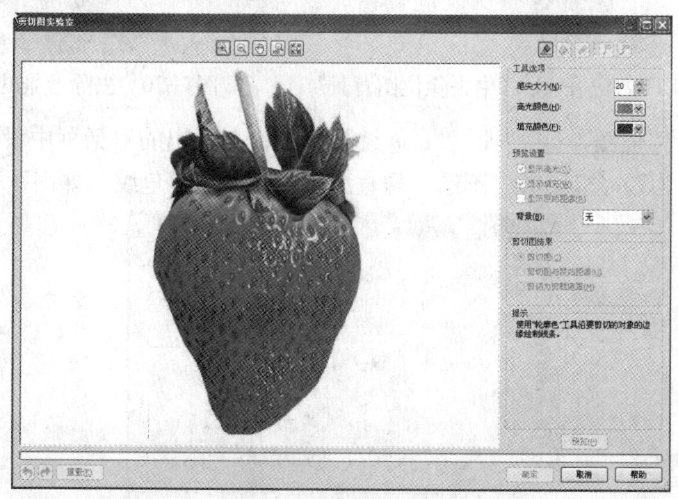


图7-66 “剪切图实验室”的界面

选择“放大”工具，将图像放大以方便绘制线条，选择“轮廓色工具”，绘制图像去除区域线条，如图7-67所示。

绘制线条完毕后，单击“填充内部”工具，然后在需要剪切的图像区域内单击填充颜色，如图7-68所示。

图7-67　绘制区域边缘线条

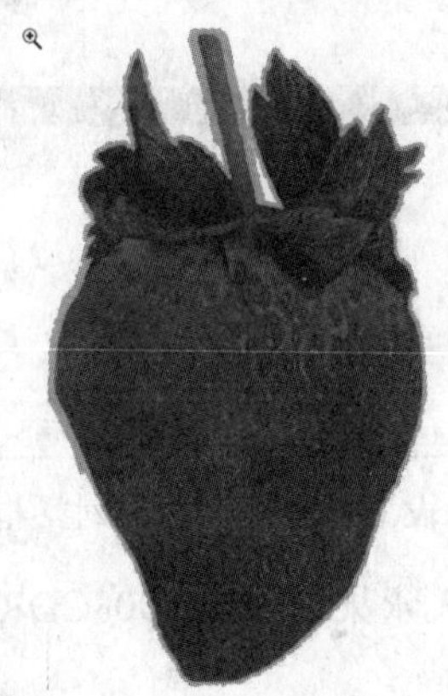

图7-68　填充图像区域

单击“确定”按钮，回到Corel PHOTO-PAINT X4的主界面中，如图7-69所示。

单属性栏中的“结束编辑”按钮，将图像保存到CorelDRAW中，如图7-70所示。

图7-69　Corel PHOTO-PAINT中去除位图背景

图7-70　去除背景的位图

（5）执行“位图”/“扭曲”/“龟纹”特效，在弹出的对话框中设置主波纹的周期为100，振幅为7，角度为5，不选“垂直波纹”和“扭曲龟纹”如图7-71所示。

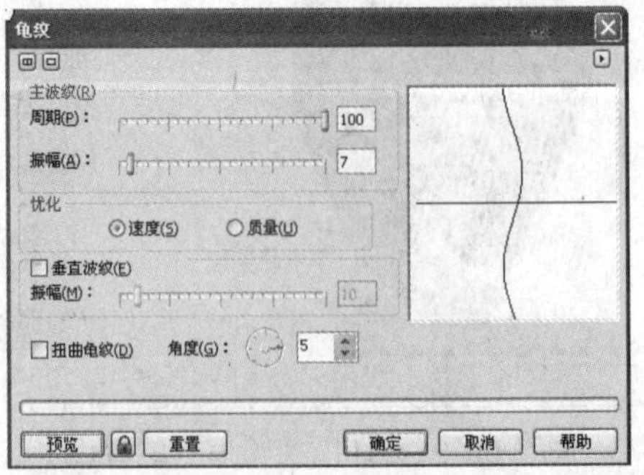


图7-71　“龟纹”特效对话框

将水果缩小90%，旋转330°，单击工具箱中的“文本工具”，输入文本“天然滋好味”，设置字体为楷体GB_2312，字号为100，色值为C: 0 、M: 0 、Y:0、 K：0，效果如图7-72所示。

图7−72　输入文本

（6）为文本执行“位图”/“转换为位图”命令，将文本转化为位图，再为文本位图执行“位图”/“三维效果”/“浮雕”特效，在弹出的“浮雕”对话框中设置深度为15，层次为200，方向为229，浮雕色为原始颜色，如图7-73所示。

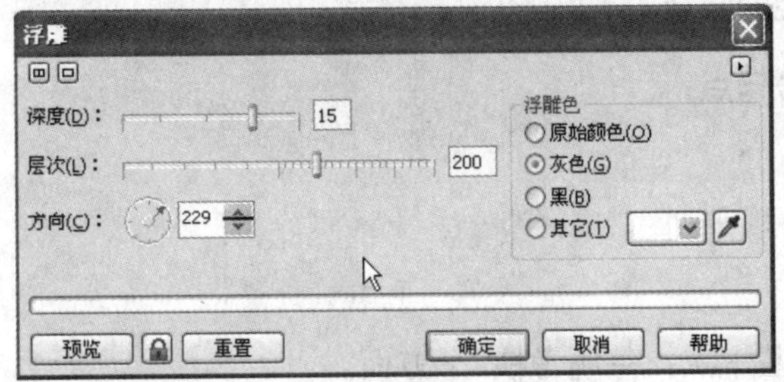


图7−73　“浮雕”对话框

单击“确定”按钮，效果如图7-74所示。

图7−74　位图添加“浮雕”特效

将结果命名为Xcld7-01.CDR， 保存在考生文件夹中，最终效果如图7-75所示。

图7−75　最终效果

# 第8章　网页运用

随着网络的普级和广泛运用，很多的软件都增加了网页设计功能，CorelDRAW软件也如此，随着软件的升级，在CorelDRAW X4中创建的Web，已经可以在浏览器中获得非常好的浏览效果。

虽然关于网页设计的更专业的软件，使得CorelDRAW中的网页运用功能并未得到推广，但掌握运用CorelDRAW中的网页设计，也可以让那些不熟悉专业网页设计软件的用户在CorelDRAW中完成网页设计的梦想。

网页设计主要靠设计者独特的个人想像力的发挥，创作出别具一格的网页效果，在这一章，我们主要讲解在CorelDRAW中设计网页的基础操作，想要更完美的设计。还需要想像力与技能的结合。

**本章主要技能考核点：**

- 建立链接。
- 发布网页。

**评分细则：**

本章有2个概括基本点，每题考核2个方面。

| 序号 | 评分 | 分值 | 得分条件 | 判分要求 |
| --- | --- | --- | --- | --- |
| 1 | 建立链接 | 5 | 正确插入因特网对象建立链接 | 未按要求插入因特网对象扣2分，未作链接扣1分 |
| 2 | 发布网页 | 2 | 正确发布主页 | 未按要求不给分 |

## 8.1　样题示例

**操作要求**

制作搜索网页，效果如图8-01所示。

图8-01　效果图

导入素材C:\2008CDR\Unit8\Y7-01.tif，作为网页背景，如图8-02所示。

（1）绘制背景矩形、绘制装饰矩形、绘制一个输入栏。

（2）输入文本，“welcome”和“铂金戒指的选购方法”，为中文文本创建链接。

（3）输入文本“搜索”，绘制一个矩形翻转按钮，为该按钮创建链接。

（4）发布操作结果至Web，路径为C\2008CDR\Unit8\CDR-08\Xcld8-01。

图8-02　背景素材

将最终结果以Xcld8-01.CDR为文件名保存，并将发布结果保存在考生文件夹中。

## 8.2　样题分析

本题运用CorelDRAW的绘图功能与Web功能相结合制作简易的搜索网页。

首先要蕴酿好网页的页面风格，绘制并图形色彩同系的主页背景矩形，并加以填充颜色。

然后输入文本“welcome”和“铂金戒指的选购方法”，并绘制搜索的输入栏。

接着在输入栏的右侧绘制矩形搜索按钮，为按钮创建“翻转”效果，调整按钮各种状态时的颜色，以适合最后发布网页。

最后将制作好的网页发布至Web，完成网页作品的绘制过程。

由上可以看出，在CorelDRAW中制作网页的方法其实很简单，但需要读者发挥自己的想像与创意，更深入的制作技巧需要在实际应用时开发探讨。

## 8.3 创建网页对象

CorelDRAW中创建网页，需要先创建支持网页的对象，以便在浏览器中获得最佳浏览效果。可以将文本转换成与网页兼容的格式以便可以在浏览器中编辑；也可以添加Web表单对象（如选项和复选框），并把CorelDRAW的对象创建交互式翻转。

### 8.3.1 设置网页尺寸

由于设计的网页主要是发布于网络上供它人浏览之用，所以在设计网页时，网页尺寸的设置就显得至关重要。

CorelDRAW X4中提供了Web标题（468×60）、Web Page(600×300)、网页(760×420)三种格式，在当前页面状态下单击属性栏中 A4 “纸张的类型/大小”按钮，在弹出的列表中即可选择，如图8-03所示。

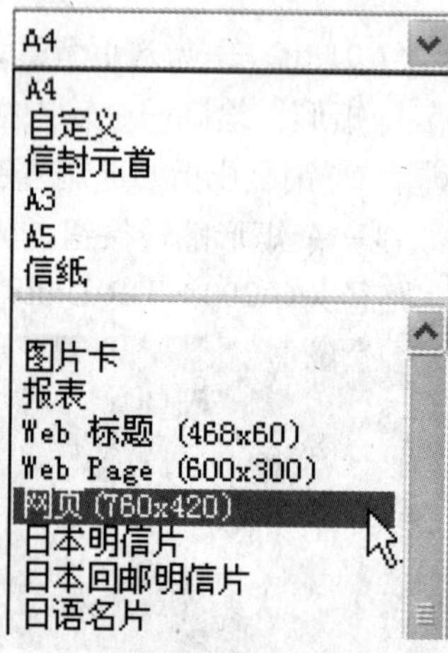


图8-03 “纸张的类型/大小”的列表

用户也可以自定义网页的尺寸，将属性栏中 A4 “纸张的类型/大小”，选择为“自定义”，即可直接在属性栏中设置纸张的宽度和高度，也可以在“选项”对话框中设置纸张的宽度、高度和分辨率，如图8-04所示。

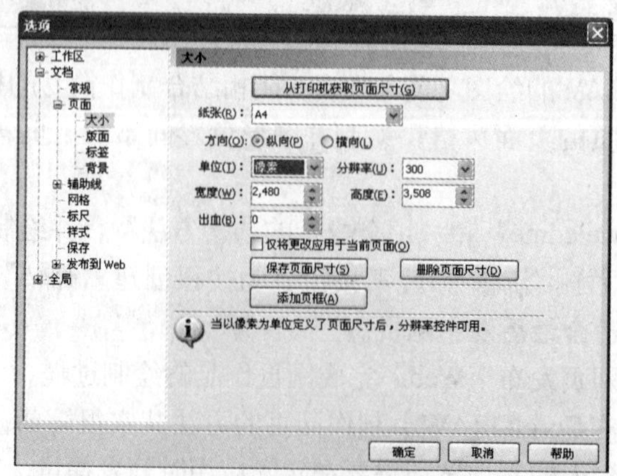


图8-04 “选项”对话框

## 8.3.2 应用因特网对象

网页中除了文字和图像以外，还有其他网页对象，比如简单按钮、提交按钮、搜索按钮或复选按钮等，这些对象可在“编辑”菜单下的“插入因特网对象”中直接插入，也可由用户自行绘制创建。

CorelDRAW X4中的网页文字可以是曲线文本也可以是纯文本，使用纯文本时需要将文本转换为Web兼容的文本。

（1）将段落文本变成Web兼容文本 。

选择落文本，单击“文本”/“生成Web兼容的文本”命令，如图8-05所示。

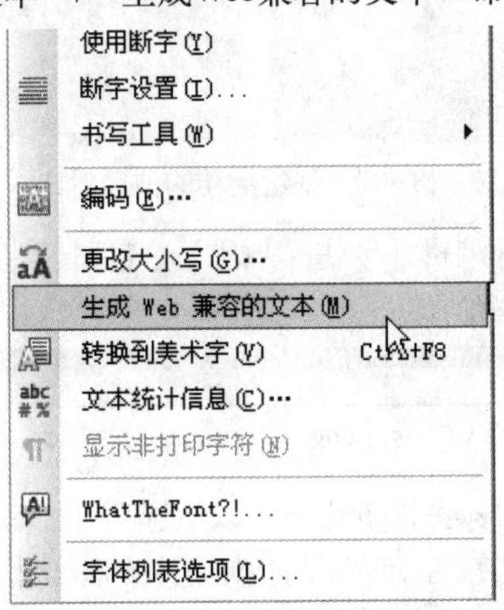


图8−05　执行“生成Web兼容的文本”

即将文本转换为Web兼容的文本，转换后的文本在视觉上没什么变化。

（2）生成 Web兼容的新文本。

单击“工具”/“选项”命令，在类别列表中，双击“工作区”、“文本”，然后单击“段落”，启用“使所有新的段落文本框具有Web兼容性”复选框，如图8-06所示。

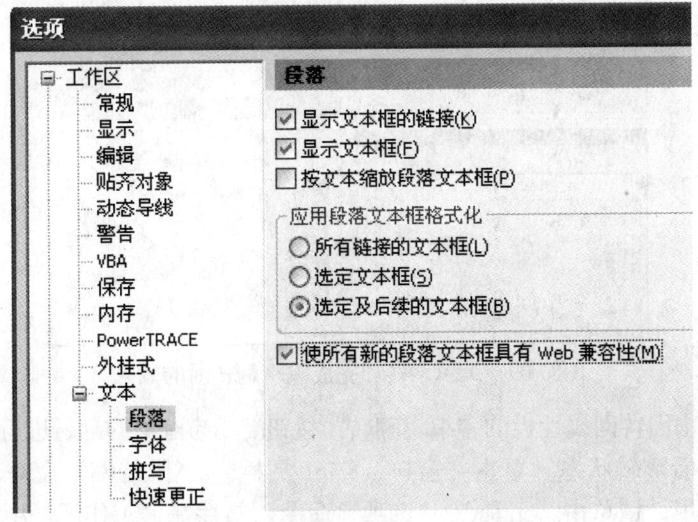


图8−06　设置新文本为Web兼容文本

## 8.3.3 创建翻转

### 1. 创建翻转

翻转是指在单击或指向对象时，其外观会发生变化的交互式对象，可以将对象创建翻转。

要创建翻转，选择一个对象，单击“效果”/“翻转”/“创建翻转”命令，效果如图8-07所示。

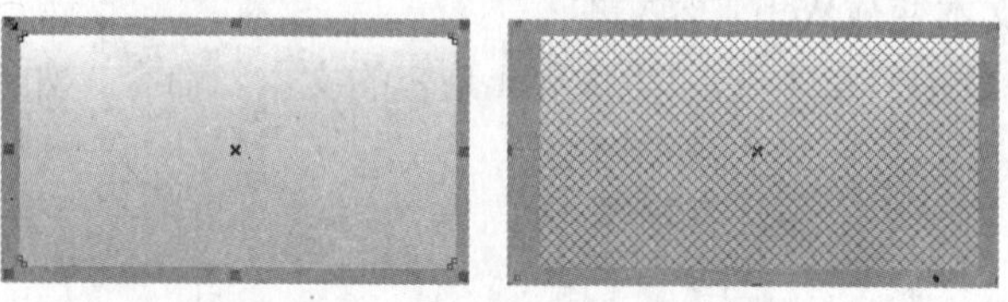

图8-07　创建翻转的前后对比

创建翻转后，可以进行编辑，单击“效果”/“翻转”/“编辑翻转”命令，弹出因特网设置属性栏，如图8-08所示。

图8-08　因特网属性栏

在“活动翻转状态”的标签栏下可选择以下选项：

“常规”选项，表示鼠标活动时，与按钮无关的默认状态。

“上”选项，表示指针划过按钮时按钮的状态。

“下”选项，表示单击按钮时的状态。

编辑完成后单击该栏上“完成编辑翻转”按钮，如图8-09所示。

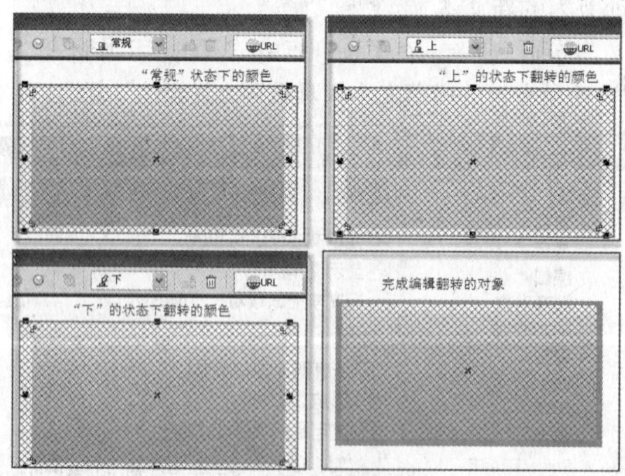


图8-09　编辑翻转和完成编辑翻转后的效果

也可以单击因特网属性栏的“编辑翻转”按钮，为对象的翻转进行编辑。

如果要查看翻转状态，单击“窗口”/“工具栏”/“因特网”命令，如果“因特网”命令不可用，请单击“工具”/“选项”命令，然后在“工作区”中“自定义”类别列表中单击“命令栏”，并确保启用了“因特网”复选框，如图8-10所示。

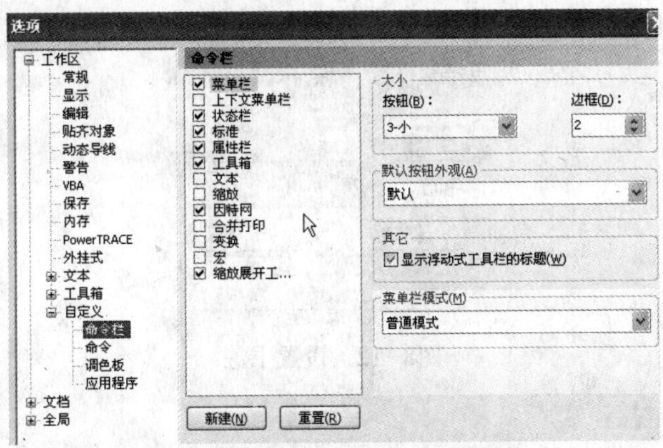


图8-10　选项栏复选“因特网”标签

在“因特网”工具栏上，从“活动翻转状态”列表框的“常规”、“上”和“下”三种状态中选择一种状态，即可查看该状态下的翻转。

如果要查看翻转属性，可单击“窗口”/“泊坞窗”/“对象编辑器”命令，如图8-11所示。

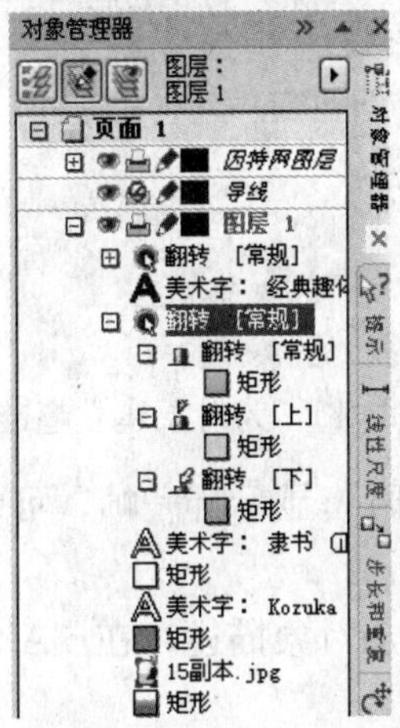


图8-11　“对象编辑器”中查看翻转属性

单击翻转所在的页面和图层，单击翻转名称，然后展开“常规”、“上”和“下”状态即可。

## 2．创建超链接

无论用专业的网页设计软件还是其他软件建立网页，都需要用到链接，链接可以很方便的从一个网页转到另一个网页。

CorelDRAW X4可以让用户在Web文档中创建超链接，建立链接的方式有两种，文本链接和图片链接。在建立因特网时可以将这些超链接应用到翻转、位图和其他对象。

在文档之中，超链接连接到任一设置了书签的对象，或者使用该文档的URL链接到Web上的任何文档，就可以沿对象轮廓设置热点，或在对象的边框内填充热点。

（1）指定书签。

右键单击图层，在弹出的快捷菜单中单击“属性”命令，单击“因特网”标签，从“功能”列表框中选择“书签”，在栏中输入书签名称即可，如图8-12所示。

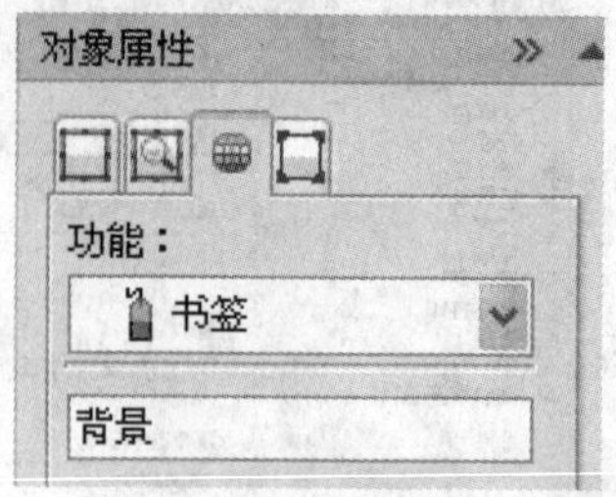


图8-12　设置书签

（2）建立超链接。

右键单击要建立链接的对象，然后单击“属性”命令，单击“因特网”标签，从“功能”列表框中选择“URL”，输入链接地址，如http://sohu.com.cn，回车即可，如图8-13所示。

图8-13　为对象建立超链接

如果想指定当鼠标单击翻转时将显示哪一帧，可从“目标图文框”_top列表框中选择目标框架类别。

如果要在纯文本浏览器中添加对象描述，在“Alt注释”文本框中输入描述文字，按回车即可。

单击因特网工具栏上的“显示热点”按钮，则所有已指定了URL链接的对象都将以交叉阴影和背景热点颜色来显示。

从“定义热点时使用”列表框中选择“对象形状”或“对象的边界框”可以定义热点区域的形态，如图8-14所示。

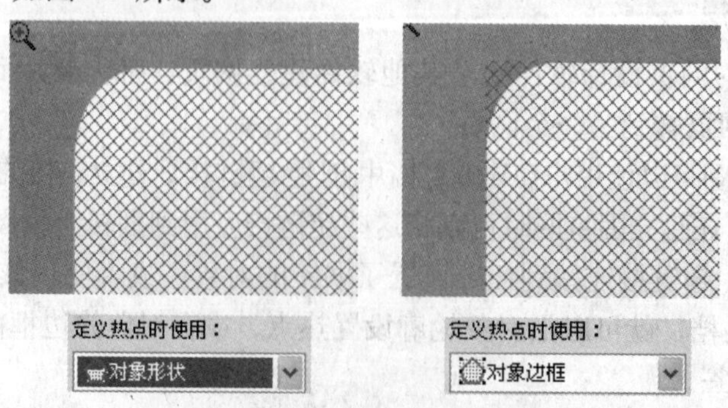


图8-14　不同的热点边框状态

交叉网格的颜色可以在“交叉阴影”颜色挑选器中进行选择，网格的背景色也可以在“背景”颜色挑选器中选择指定。

链接外部因特网站点的URL必须包含 http://前缀。

要激活链接，必须在发布网页之前保存绘图。

（3）验证因特网文档中的链接。

单击“窗口”/“泊坞窗”/“链接管理器”命令，如图8-15所示。

在列表中，验证所有URL链接是否都显示绿色勾状的复选标记，单击右下角“刷新整个列表”按钮，可以验证所有对象是否有断开的链接。

如果要在“链接管理器”中验证单个链接，可以右键单击该链接，在弹出的快捷菜单中单击“验证链接”即可进行验证，如图8-16所示。

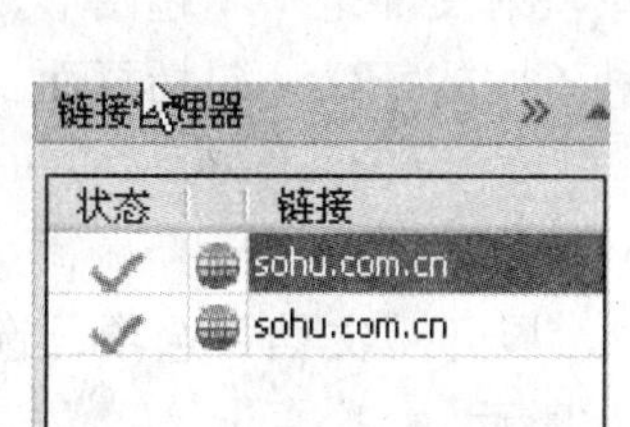


图8−15 “链接管理器”泊坞窗

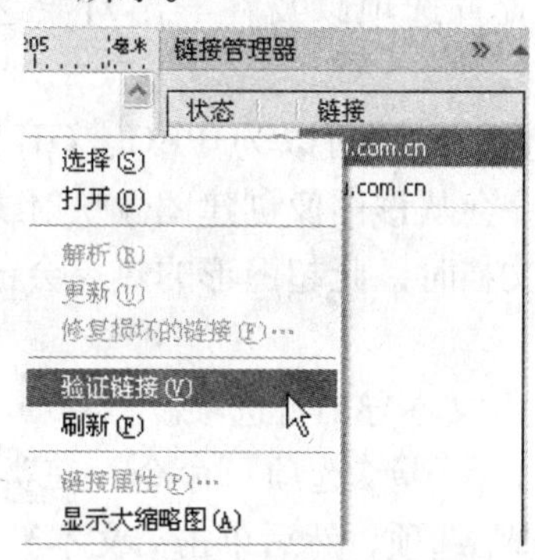


图8−16 执行“验证链接”

如果要在因特网浏览器中通过打开URL来测试链接，可以用右键单击链接对象，在弹出的快捷菜单中选择“跳转到浏览器中的超链接”命令，如图8-17所示。

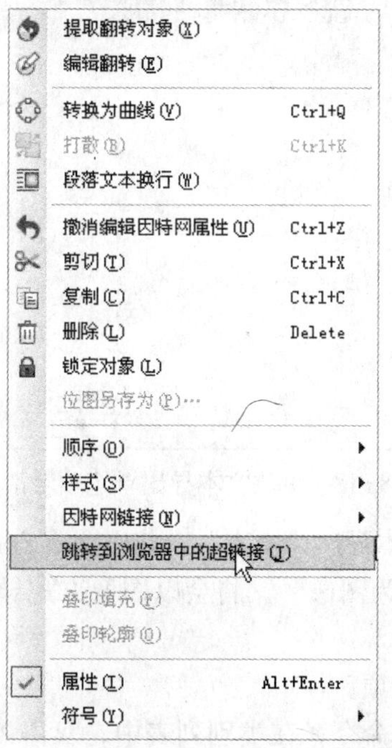


图8−17 执行“跳转到浏览器中的超链接”命令

## 8.4 发布网页

网页设计完成后，就要发布到因特网上，以供网络浏览，CorelDRAW X4应用程序提供了用于将文档发布到Web上的选项，可以确定布局选项、设置链接颜色并选择网页文本首选项。在文本导出选项中，可以将因特网兼容的文本作为纯文本导出，这样用户就可以复制和重新使用此文本；也可以将所有文本作为图像导出，以便文本总是按照原本的设计显示。

### 8.4.1 为网页发布准备文件和对象

通过设置首选项以及在导出对象之前校验对象，可以准备用于网页的文件和对象。

发布网页的图形可以为JPEG、GIF或PNG格式，也可以将文档作为单个图像发布，应用程序会从该图像创建图像映射文件，图像映射文件是一个超图形，在用浏览器查看网页文档时，此超图形的热点会链接到各种不同的URL，包括页面、位置和图像等。

（1）更改文本导出首选项。

单击“工具”/“选项”命令，在类别列表中，展开“文档”选项，选择再展开“发布到Web”选项，然后单击“文本”，如图8-18所示。

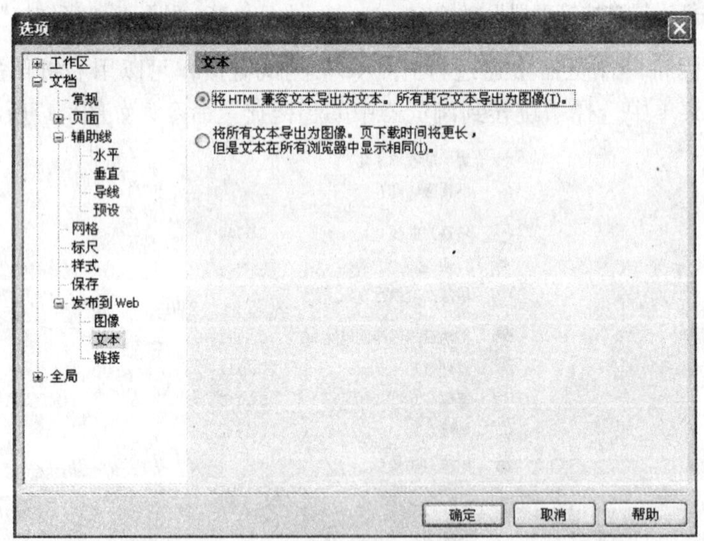


图8-18 更改文本导出首选项对话框

启用“将HTML兼容文本导出为文本”，将以文本方式导出Web兼容文本。

启用“将所有文本导出为图像”，将会以图像方式导出文本并确保与所有的浏览器兼容。

（2）更改链接导出首选项。

单击“工具”/“选项”命令，在类别列表中，双击“文档”、“发布到Web”，然后单击“链接”，启用“下划线”复选框，如图8-19所示。

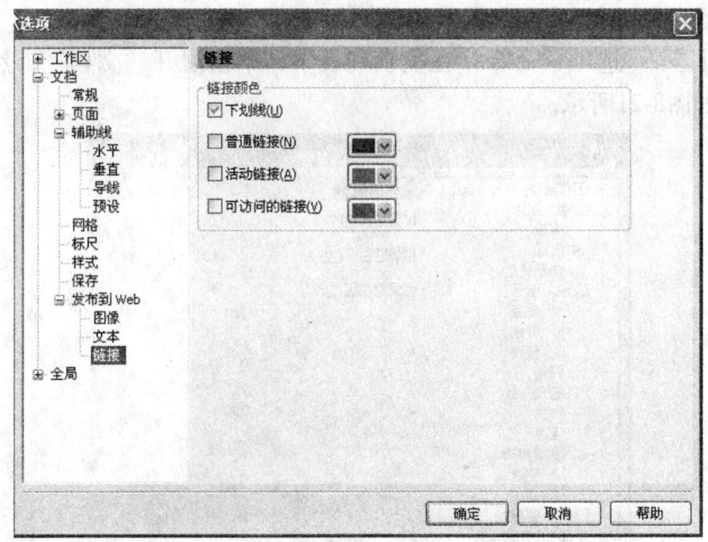


图8-19　更改链接导出首选项

启用“普通链接”、“活动链接”或“访问过的链接”复选框，并为每类链接选择一种颜色。

（3）更改图像导出首选项。

单击“工具”/“选项”命令，在类别列表中，展开“文档”再展开“发布到Web”，然后单击“图像”，如图8-20所示。

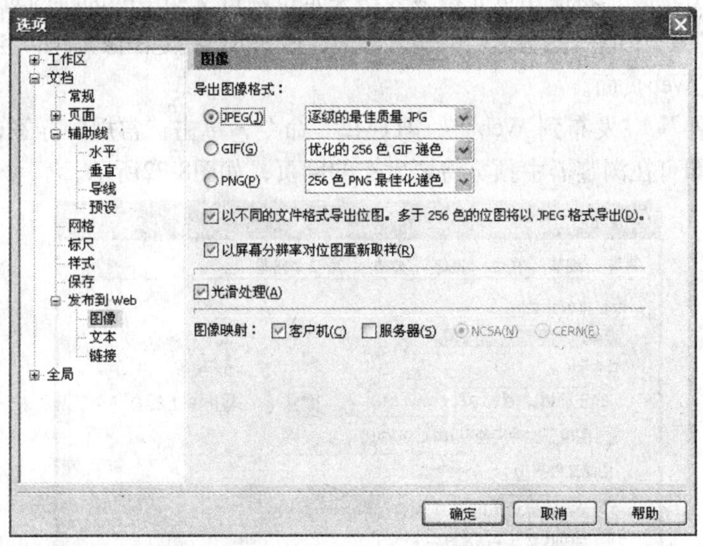


图8-20　更改图像导出首选项

在“导出图像格式”区域中，启用JPEG、GIF或PNG，设置任意导出位图的格式选项。

还可以启用“光滑处理”复选框对图像应用光滑处理，如果启用“客户机”复选框，可以创建客户端图像的映射，如果启用“服务器”复选框，然后选择一种格式，可以创建服务器端图像映射。这些选项的设定可根据创建网站时的实际需要进行选择。

（4）更改HTML页面布局导出首选项。

单击“工具”/“选项”命令，在类别列表中，单击展开“文档”，然后单击“发布到Web”，如图8-21所示。

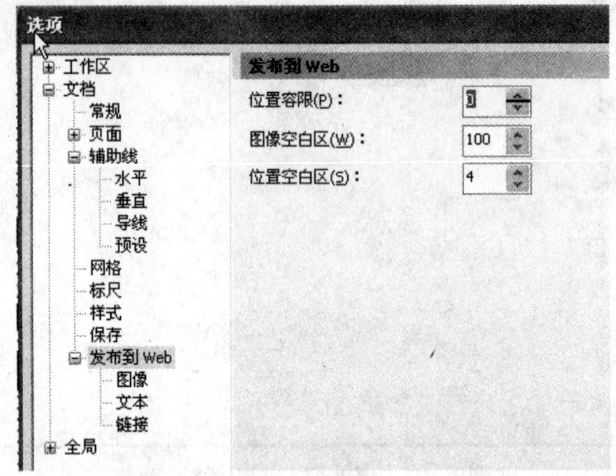


图8-21　更改HTML页面布局导出首选项

在“位置容限”框中设置数值，可以指定可自动微调的像素文本的数量，避免引入只有几个像素大小的行或列。

在“图像空白区”数值栏中输入数值，可以指定在与相邻单元格合并之前空白单元格上能够出现的像素的数量，这样可以避免拆分跨相邻单元格的单个图形，选用HTML 表布局方法时，将使用单元格或表格来定位网页文档中的因特网对象。

如果在“位置空白区”的数值栏中输入数值，用户可以指定图像允许的空白区域数量。

（5）预览Web页面。

单击“文件”/“发布到 Web”/“HTML”命令，单击“常规”标签，单击“浏览器预览”按钮即可在浏览器中预览将要发布的网页，如图8-22所示。

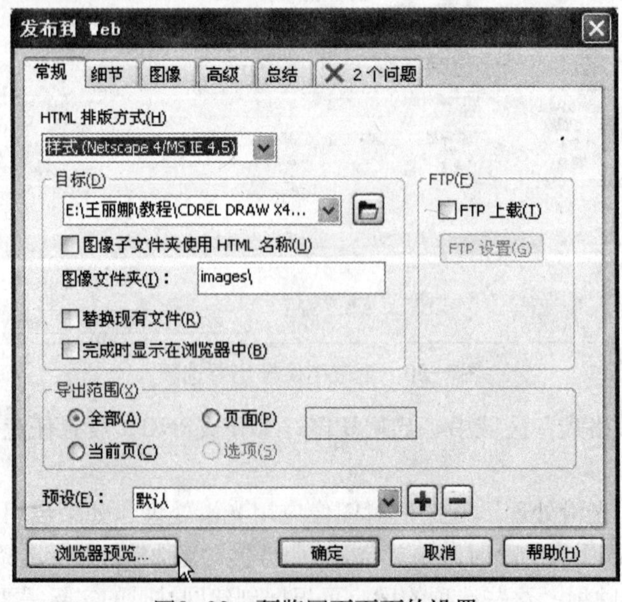


图8-22　预览网页页面的设置

## 8.4.2 发布为 HTML

将作品发布为网页就是先将文档保存为网页格式，单击“文件”/“发布到Web”/“HTML”命令，打开“发布到Web”对话框，对话框中有六个标签栏，“常规”、“细节”、“图像”、“高级”、“总结”和“问题”，如图8-22所示。

下面我们简单讲解一下各标签的功用能。

“常规”选项卡包含HTML布局、HTML文件和图像的目标文件夹、FTP 站点和导出范围等选项，也可以选择、添加和移除预设，用于设置网页的基本参数，如图8-22所示。

“细节”选项卡包含生成的所有网页文件的资料，且允许更改网页名和文件名，如图8-23所示。

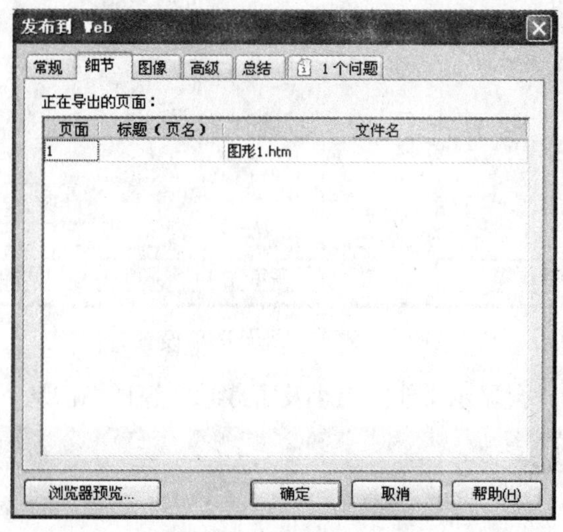


图8-23 细节标签选项

“图像”选项卡列出所有当前网页发布的所有图像，可将单个对象设置为JPEG、GIF或PNG格式，单击“选项”可以弹出图像类型预设的选项，如图8-24所示。

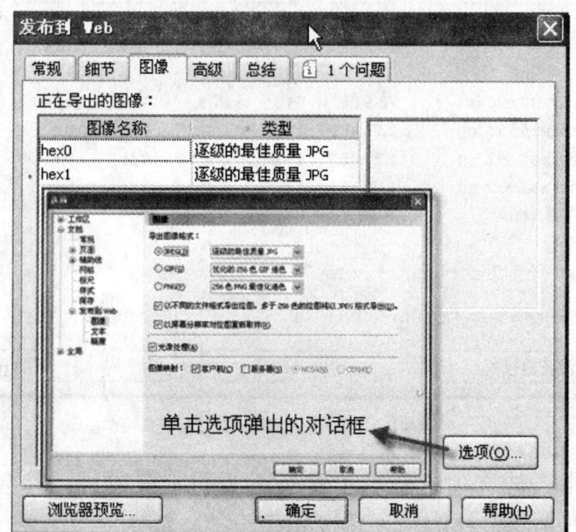


图8-24 “图像”标签

“高级”选项卡，提供了生成翻转和网页对象层叠样式表的JavaScript，可以维护到外部文件的链接，如图8-25所示。

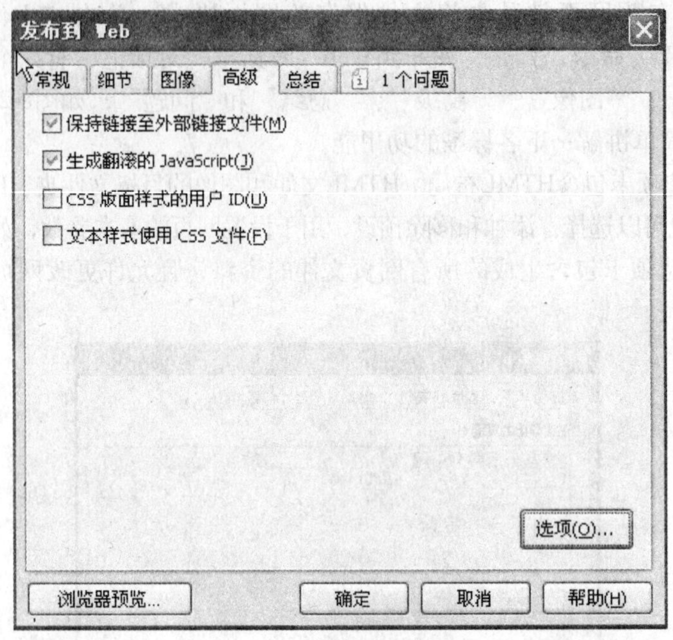


图8－25 “高级”选项设置

“总结”选项卡，会显示文件的大小及下载时间等详细信息，如图8-26所示。

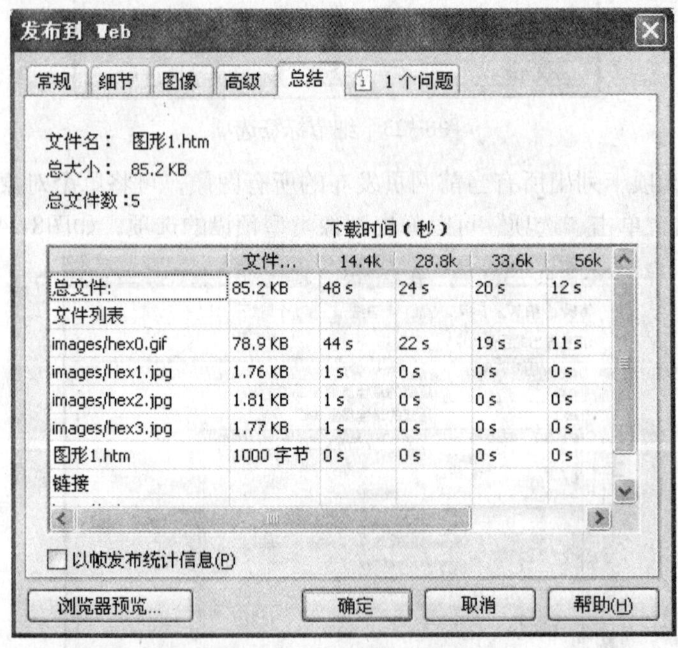


图8－26 “总结”选项卡

“问题”选项卡，该选项卡显示了发布页面的所有项目，并会将网页潜在的问题以列表的形式显示出来，包括解释、建议和提示等，如图8-27所示。

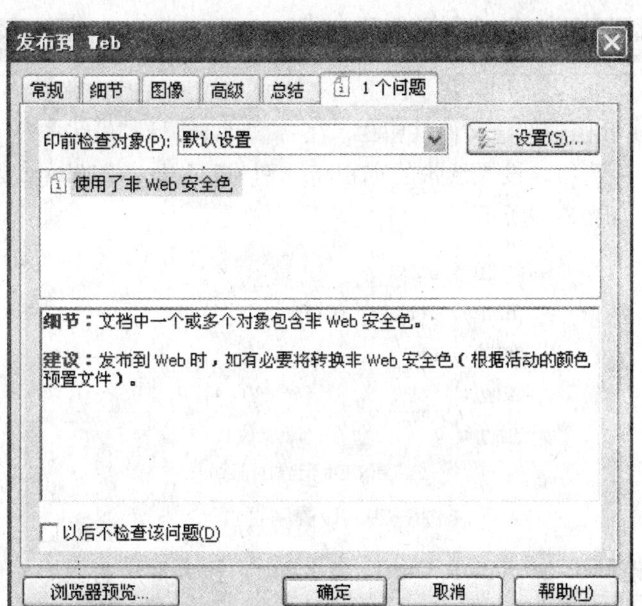


图8-27 “问题”选项卡

单击“设置”按钮会弹出“印前检查设置”对话框，如图8-28所示。

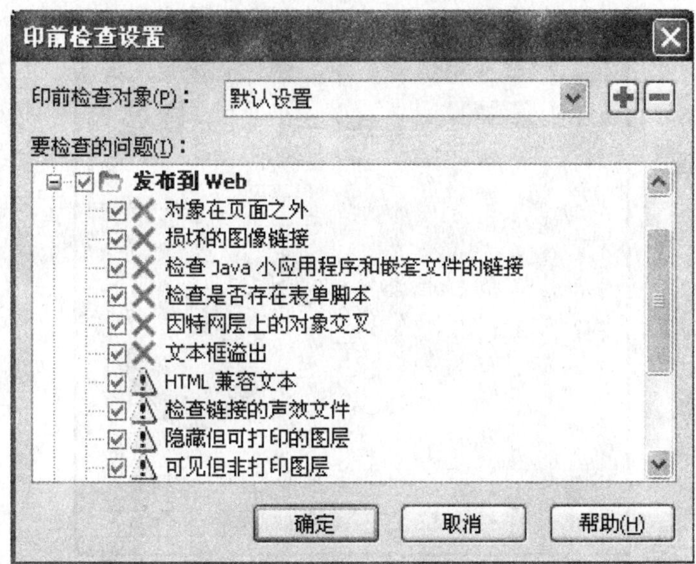


图8-28 “印前检查设置”对话框

在“要检查的问题”列表中，展开“发布到Web”目录树，可以取消勾选不需要检查的问题，以节省网页发布的时间。

将设计完成的网页保存为HTML格式后，CorelDRAW X4会将页面中的对象自动转换成HTML格式，这样可以使网页在浏览器中的显示与在原页面中的显示相同。如果我们将网页中的图像导出成JPEG或GIF格式，在发布网页完成后，CorelDRAW X4会将网页中的图片集中到指定的文件夹里image文件夹中，并将发布的网页以.htm为扩展名保存到指定的文件夹中。

## 8.5 样题解答

（1）单击属性栏中新建文件按钮，在“纸张类型/大小”下拉列表中选择“自定义”选项，设置纸张的宽和高分别为545mm、210mm，纸张横向，设置分辨率为72dpi，如图8-29所示。

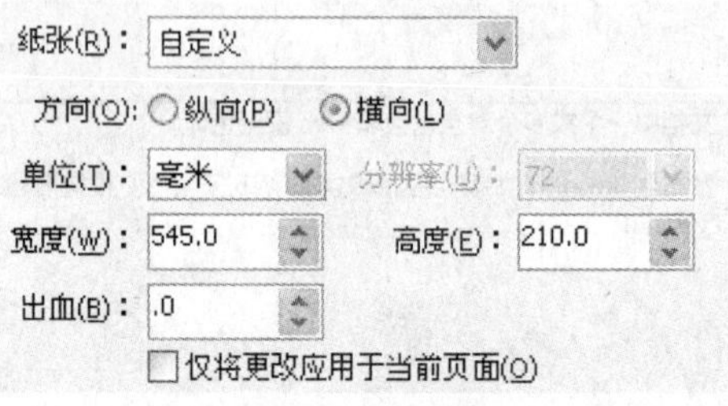


图8-29 设置网页页面

（2）导入素材C:\2008CDR\Unit8\Y7-01.tif，作为网页背景，将图片大小调整为545mm×175mm。

（3）单击工具箱中“矩形”工具，在页面上绘制矩形，设置大小为545mm×210mm，圆角值为5，填充线性渐变颜色C：90、M：48、Y：0、K：0到C：0、M：0、Y：0、K：0，如图8-30所示，效果如图8-31所示。

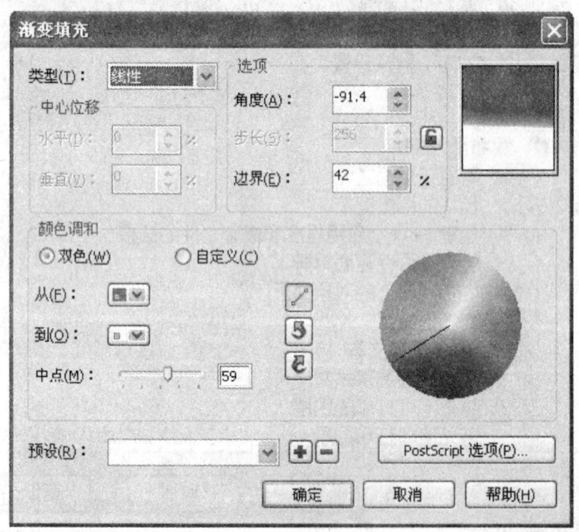


图8-30 渐变填充

图8-31 渐变填充背景

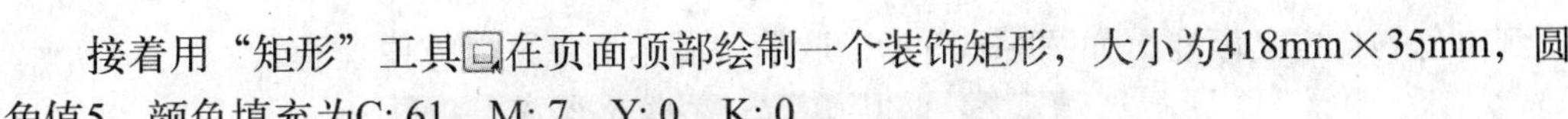

接着用“矩形”工具□在页面顶部绘制一个装饰矩形，大小为418mm×35mm，圆角值5，颜色填充为C: 61、M: 7、Y: 0、K: 0。

然后再绘制一个矩形输入栏，大小为152mm×20mm，填充颜色为白色，如图8-32所示。

图8−32　绘制装饰矩形和输入栏

（4）单击工具箱中的“文本工具”字输入文本welcome，选择“字体”为SWIS721 BLKEX BT，设置“字号”为48，填充颜色为白色。

输入文本“铂金戒指的选购方法”，设置“字体”为黑体，“字号”48，填充白色, 如图8-33所示。

图8−33　输入的文本

选择文本“铂金戒指的选购方法”，单击“对象属性”泊坞窗中“因特网”标签，在“功能”下拉列表中选择URL，然后在URL：http://www.sina.com.cn URL栏中输入链接网址http://www.sina.com.cn，如图8-34所示。

图8−34　输入链接网址

（5）用“矩形工具”□绘制一个大小为63mm×28mm的矩形，执行“效果”/“翻转”/“创建翻转”命令，为该矩形制作翻转按钮，为该按钮创建链接，在“因特网”工具栏的“功能”下拉列表中选择URL，然后在http://www.ybuart.co... URL栏中输入链接网址为http://www.ybuart.com.cn，单击“显示热点”按钮，如图8-35所示。

图8−35　单击“显示热点”按钮后的对象显示

在工具栏中设置“目标框架”为_top，单击“效果”/“翻转”/“编辑翻转”命令，选择“活动翻转状态”的列表，在工具栏上“常规”状态下，设置颜色为C: 100的蓝到白色的自定义渐变，如图8-36所示，取消“显示热点”以方便查看。

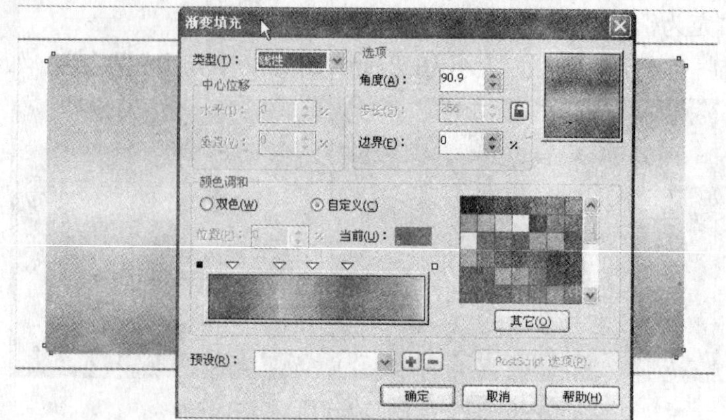


图8-36　设置“常规”状态下的翻转渐变

设置在“上”的状态下，色值为C：56、M：46、Y：0、K：0到C：7、M：2、Y：0、K：0的自定义渐变，如图8-37所示。

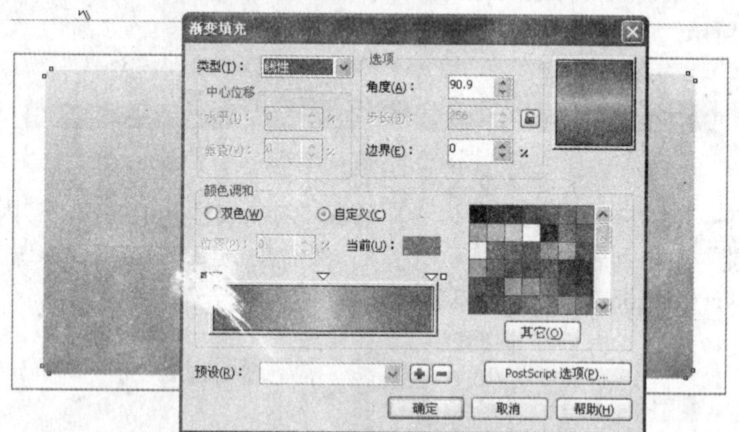


图8-37　设置“上”状态下的翻转渐变

在“下”的状态下，设置填充颜色为C：21、M：11、Y：9、K：22到白色的自定义渐变，如图8-38所示。

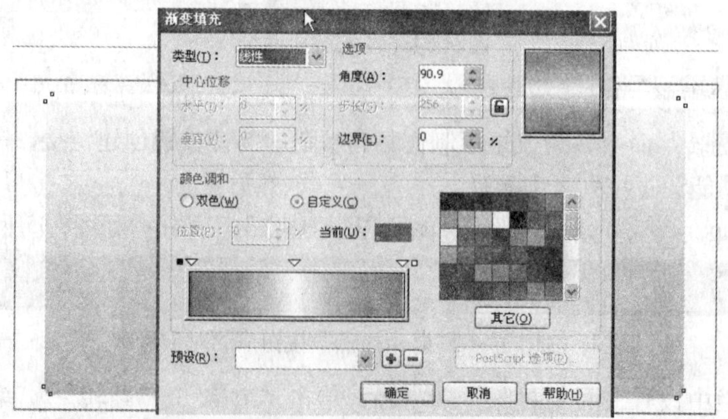


图8-38　设置“下”状态下的翻转渐变

单击工具箱中的“文本工具”字，在翻转按钮上输入文本“搜索”，设置“字体”为经典趣体简，“字号”为48，颜色填充为黑色。

（6）变换图形位置，用“挑选工具”在页面上拖选页面顶的对象，将文本与矩形水平对齐，将操作结果以Xcld8-01.cdr为文件名保存在考生文件夹中。

执行“文件”/“发布到Web”命令，如图8-39所示。

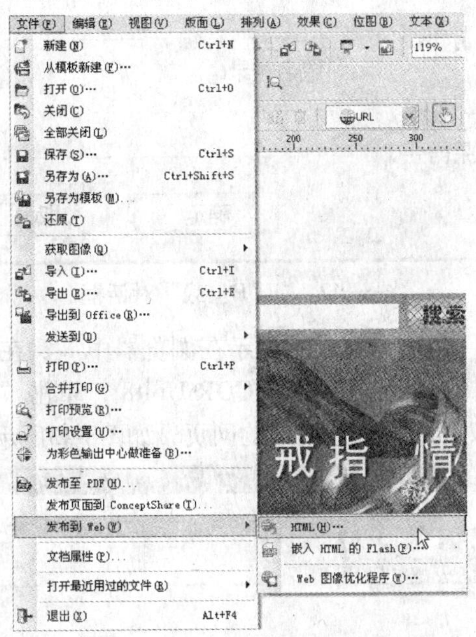


图8-39　执行发布到HTML任务菜单

弹出“发布到Web”对话框，在“HTML排版方式”下拉列表中选择“HTML表（兼容大多数浏览器）”选项，如图8-40所示。

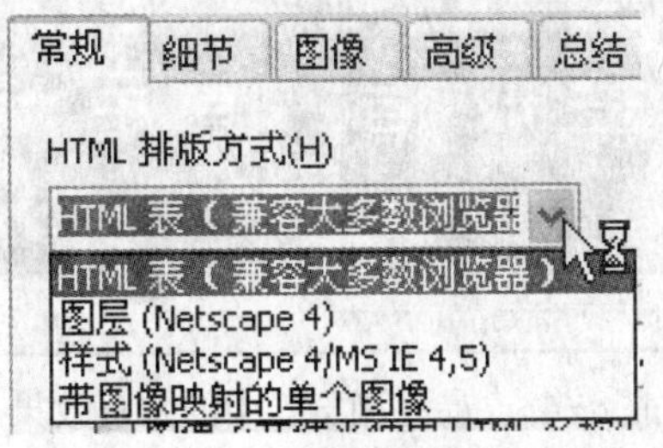


图8-40　选择“HTML排版方式”选项

如果要将网页直接上传到服务器，可选择“FTP上载”复选框，如图8-41所示。

图8-41　勾选“FTP上载”

单击“FTP设置”按钮，弹出“FTP上载”对话框，在“FTP服务器”、“用户名”、“口令”框中设置相应参数，如图8-42所示。

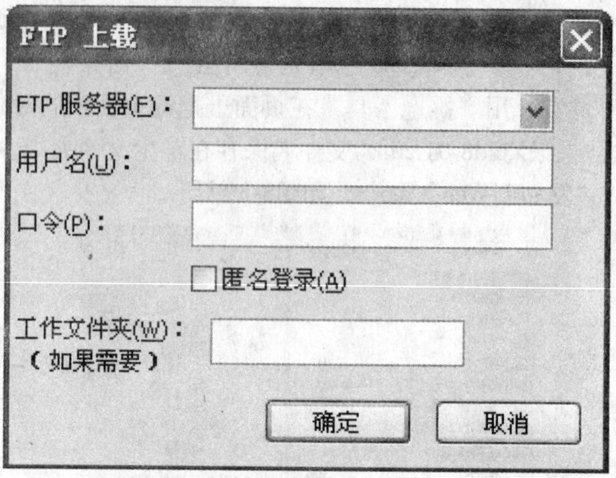

FTP 上载

FTP 服务器(F)：

用户名(U)：

口令(P)：

匿名登录(A)

工作文件夹(W)：（如果需要）

确定 取消

图8-42 “FTP上载”对话框

单击“确定”按钮，勾选“完成时显示在浏览器中”，在“目标”栏中指定发布网页的目标文件夹，选择目标为C：\2008CDR\Unit8\，单击“确定”按钮，即发布网页完成，可在目标文标文件内打开已发布的网页，如图8-43所示。

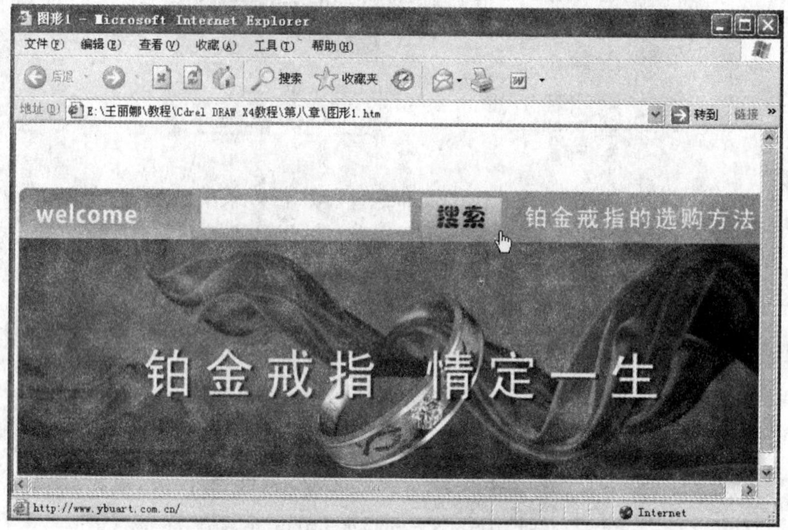


图8-43 最终浏览器中的网页效果

# 第9章　综合应用

在用CorelDRAW X4进行设计时，有些时候需要在一个文件中建立多个页面，比如设计画册或排版杂志，并且各个页面都会运用到相同的图形与色彩等，而很多时候我们设置的色彩不是标准色彩，如果在每个页面中逐一再进行颜色设置就会增加设计的时间，这时候可以用到“复制属性自...”命令，以简化操作。

在对一个比较繁杂的对象中的不同部分修改时，可以用“查找与替换”功能。

本章讲解“添加条型码”命令，条形码通常用于标识商品、库存以及文档，虽然很多时候我们并不需要用到条型码功能，但也应该掌握该功能的基本操作。

本章还运用的一些前面章节讲解过的部分。

**本章主要技能考核点：**

- 复制属性自命令。
- 查找与替换。
- 综合应用。
- 添加条形码。

**评分细则：**

本章有4个概括基本点，每题考核4个方面。

<table>
<tr><th>序号</th><th colspan="2">评分</th><th>分值</th><th>得分条件</th><th>判分要求</th></tr>
<tr><td>1</td><td colspan="2">复制属性自命令</td><td>2</td><td>正确复制图形的属性</td><td>与原图像不符不给分</td></tr>
<tr><td>2</td><td colspan="2">查找与替换</td><td>2</td><td>正确查找和替换图形</td><td>与原图像不符不给分</td></tr>
<tr><td rowspan="3">3</td><td rowspan="3">综合应用</td><td>图形处理</td><td>2</td><td>正确制作图形</td><td>与原图像不符不给分</td></tr>
<tr><td>文字处理</td><td>0.5</td><td>正确输入文字</td><td>格式不符不给分，格式每错一项扣除0.5分</td></tr>
<tr><td>存储处理</td><td>0.5</td><td>正确保存</td><td>未按要求不给分</td></tr>
<tr><td>4</td><td colspan="2">添加条形码</td><td>1</td><td>正确输入条形码</td><td>未按要求不给分</td></tr>
</table>

## 9.1 样题示例

**操作要求**

绘制手机充值卡，如图9-01所示。

图9−01　充值卡效果图

导入素材文件夹下的unit9\Y8-01.cdr文件，如图9-02所示。

（1）综合应用：绘制充值卡外观的基本图形，调整导入图形的大小与位置，运用渐变填充绘制的装饰图形，并输入文本，对文本格式排版。

（2）查找与替换：查找颜色并将图形的RGB颜色模式替换成CMYK颜色模式。

（3）复制属性自命令：绘制装饰图形，填充颜色，并复制颜色属性到其他装饰图形。

（4）添加条形码：在背面添加条型码。

将最终结果以Xcld9-01.CDR为文件名保存在考生文件夹中。

图9−02　导入素材图形

## 9.2　样题分析

本题结合了一些前几章的综合运用，并讲解了查找与替换颜色的命令操作。

首先为导入图形执行“查找与替换”命令，将图形的RGB颜色模式替换为CMYK颜色模式。

然后绘制基本图形，并编辑成装饰图形，复制充值卡的背景颜色属性为装饰图形的颜色。

接着在绘制好的充值卡背面输入文本，运用文本对齐功能对文本的格式进行编排。

本题中运用“查找与替换”命令是需要重点掌握的，“复制属性”命令的使用也可大大节省我们在设计绘图的时间。

## 9.3　查找与替换

在绘制比较复杂的图形时，可以使用“编辑”菜单下的“查找”和“替换”向导，在绘图中定位和编辑对象。

### 9.3.1　查找

使用用户自已指定的搜索内容，可以是任何对象，查找向导将在需要查找和替换绘图中的对象时提供逐步向导，搜索标准可以包含对象类型及其相关属性、填充和轮廓属性或应用于对象的矢量效果、对象和样式的名称等。

1．查找对象

在当前页面上执行“编辑”/“查找和替换”/“查找对象”命令，弹出“查找向导”对话框，如图9-03所示。

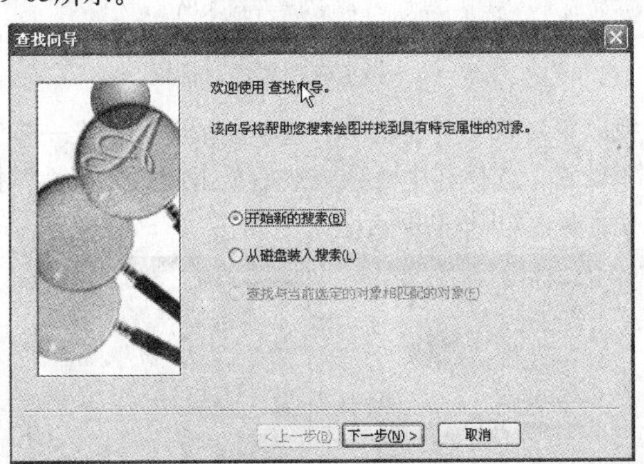


图9－03　“查找向导”首选项对话框

选择“开始新的搜索”或“从磁盘装入搜索”单选按钮，再单击“下一步”按钮，打开的对话框如图9-04所示。

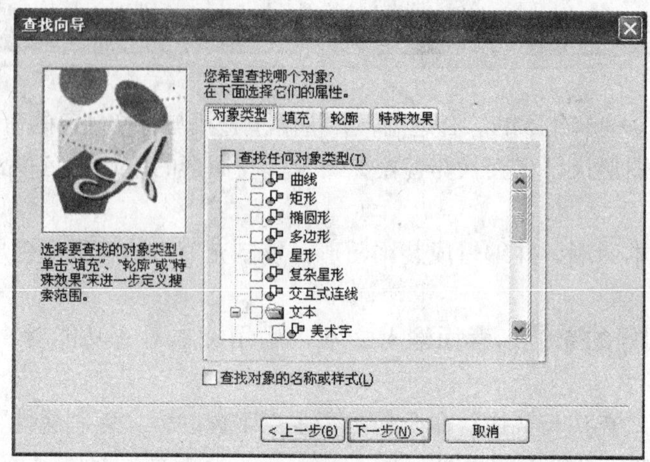


图9-04 “查找向导”选择查找类型

在该对话框中，用户可以选择“对象类型”、“填充”、“轮廓”或“特殊效果”的标签栏对要搜索的对象进行设置，每一个标签栏里都有详细的搜索范围供用户选择，然后单击“下一步”按钮进入“查找向导”的下一级对话框，如图9-05所示。

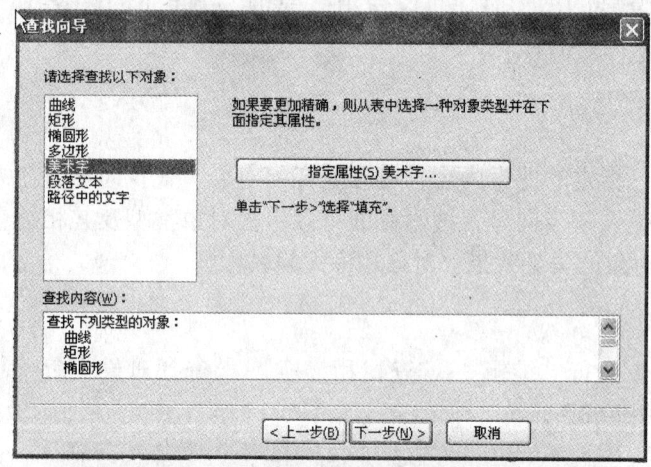


图9-05 指定查找属性对话框

在“请选择查找以下对象”列表栏中的选项会依我们在上一步所选的搜索范围有所增减，想要进一步设置，选择其中一项，然后单击“指定属性”按钮，会弹出所选择属性的指定设置对话框，如图9-06所示。

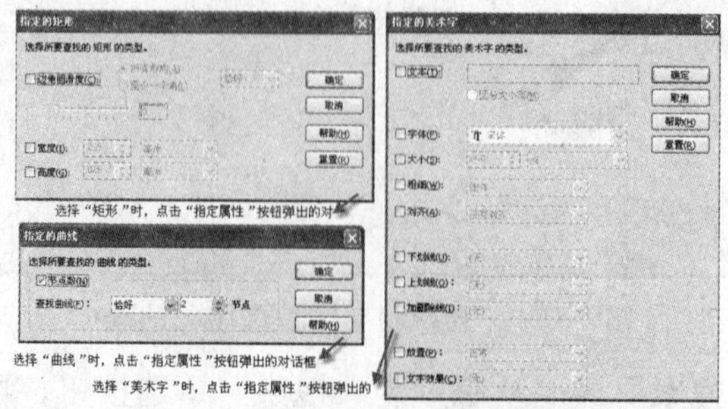


图9-06 各种选择弹出的“指定属性”对话框

在指定属性对话框中，可以更详细的指定要搜索的范围，例如在“指定的美术字”对话框中可以指定要搜索的文本的内容、字体、字号、样式等，指定好后单击“确定”按钮，回到查找向导对话框，单击“下一步”按钮，如果选择了“特殊效果”的选项，则还会弹出对话框，如图9-07所示。

查找向导
您已选择查找以下特殊填充：
位图图样
如果要更加精确，则从表中选择一种特殊填充并在下面指定其属性。
任意查找(I) 位图图样
查找指定内容(N) 位图图样
指定属性(S) 位图图样...
单击"下一步>"检查搜索。
查找内容(W)：
查找下列类型的对象：
曲线
矩形
椭圆形
<上一步(B) 下一步(N) > 取消

图9－07 位图图样的查找向导

如果要使选择更加精确，可选择“查找指定内容位图图样”然后单击“指定位图图样属性”属性按钮，对要查找的位图图样进行更详细的指定范围，再单击“下一步”按钮，即弹出完成查找的对话框，如图9-08所示。

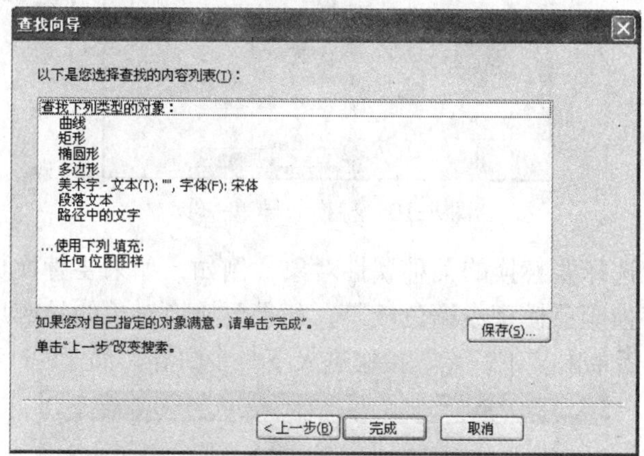


图9－08 完成查找向导的设置

在该对话框中会显示出在前几步选择的查找内容的属性设置列表，可以单击“保存”按钮，对些设置进行保存，以供日后查找同一内容时使用，可以在搜索过程中更改搜索标准。

2．查找文本

查找指定的文本，可以在查找对象向导中进行设置，也可以直接执行“查找文本”命令进行查找。

单击“编辑”/“查找与替换”/“查找文本”命令，在弹出的对话框中“查找”栏中直接输入要查找的文本，再单击“查找下一个”按钮即可，如图9-09所示。

图9-09　查找文本对话框

如果要缩小搜索范围，可选择“区分大小写”或“仅查找整个单词”选项。

## 9.3.2 替换

替换向导可以引导我们完成查找包含指定属性的对象并将这些属性替换为其他属性。

例如，可以将所有对象的特定颜色填充替换为另一种颜色的填充，也可以替换颜色模式和调色板、轮廓属性和文本属性（例如字体和字体大小）等。

还可以搜索特定字，并将它们替换为其他字。

1．替换对象

单击“编辑”/“查找与替换”/“替换对象”命令，弹出“替换向导”对话框，如图9-10所示。

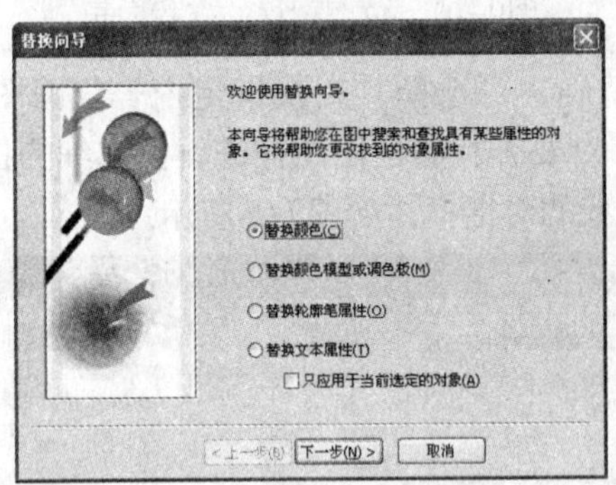


图9-10　替换向导第一步

在该对话框中选择要替换的某种属性对象，例如，如果要替换页面中对象的颜色模式，就选择“替换颜色模型或调色板”，如果要替换对象的轮廓属性，就选择“替换轮廓笔属性”然后单击“下一步”按钮进入下一步向导，如图9-11和图9-12所示。

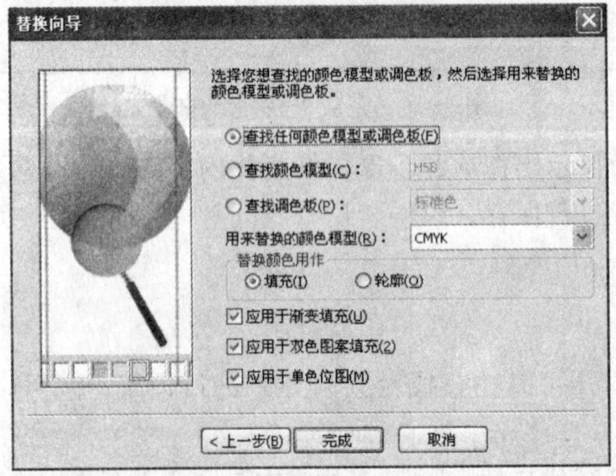


图9-11　“替换颜色模型或调色板”的向导

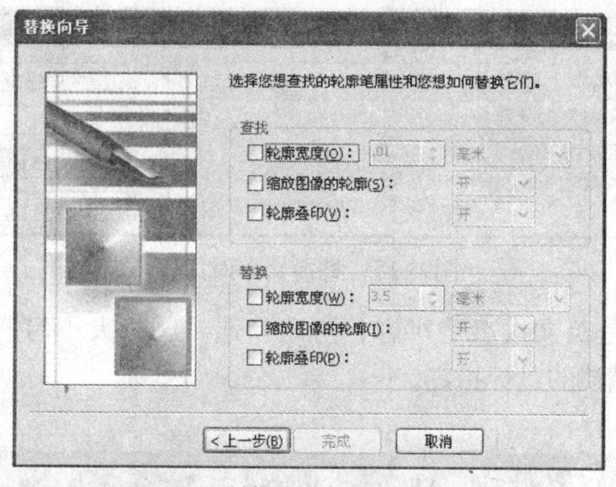


图9−12　“替换轮廓笔属性”向导

在向导中选择要查找和替换对象的属性，例如，想把对象的颜色模式进行更改，在“替换颜色模型或调色板”的向导中在“查找颜色模型”中选择颜色模式如RGB，再到“要替换的颜色模型”中选要要替换的颜色模式如CMYK，如图9-13所示。

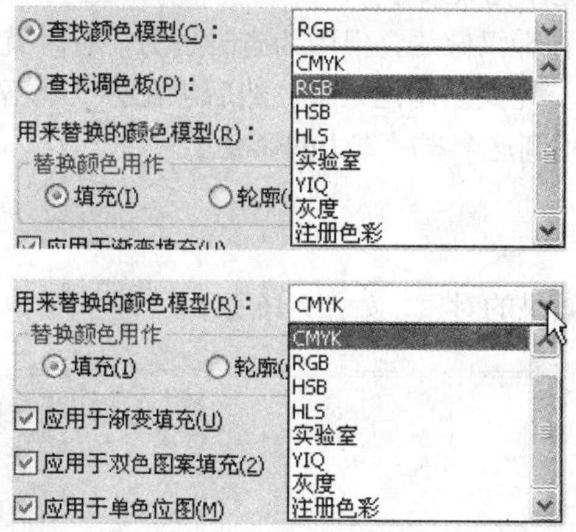


图9−13　选择查找和替换的颜色模式

单击“完成”按钮完成向导设置，弹出“查找并替换”的对话框，可选择“全部查找”，系统会自动进行查找指定属性的对象，再单击“替换”或“全部替换”按钮即可，如图9-14所示。

图9−14　“查找并替换”对话框

2．替换文本

在大批量的文字排版时，如果需要更改文本或一些符号，可以用“替换文本”命令。

单击“编辑”/“查找与替换”/“替换文本”命令，弹出如图9-15所示对话框，在“查找”栏中输入要查找的文本内容，在“替换为”栏中输入将要替换的文本内容，单击“替换”或“全部替换”按钮即可。

替换文本
查找(F): 手面
替换为(R): 手机
区分大小写(C)
仅查找整个单词(I)
查找下一个(N)
替换(E)
全部替换(P)
关闭

图9-15　替换文本对话框

如果要替换的是英文或者是拼音，可以勾选“区分大小写”或“仅查找整个单词”选项，进行更精确的目标指定。

## 9.4　复制对象属性

现在我们来讲解一下复制对象的属性，在“编辑”菜单中有“复制属性自...”命令，一般说来，该项功能是针对应用了特殊效果的对象而言，如交互式阴影效果，交互式透明效果，交互式立体化效果等。

复制属性其实是一种懒汉做法，但因为省时省力，有时就特别有用。比如，我们创作了一个非常精彩的交互式立体化效果，然后想在另一个不同的对象上应用完全一样的效果，这时就可以用到这个省时省力的命令了。

### 9.4.1　复制属性自

选择一个没有任何效果的对象，如图9-16所示。

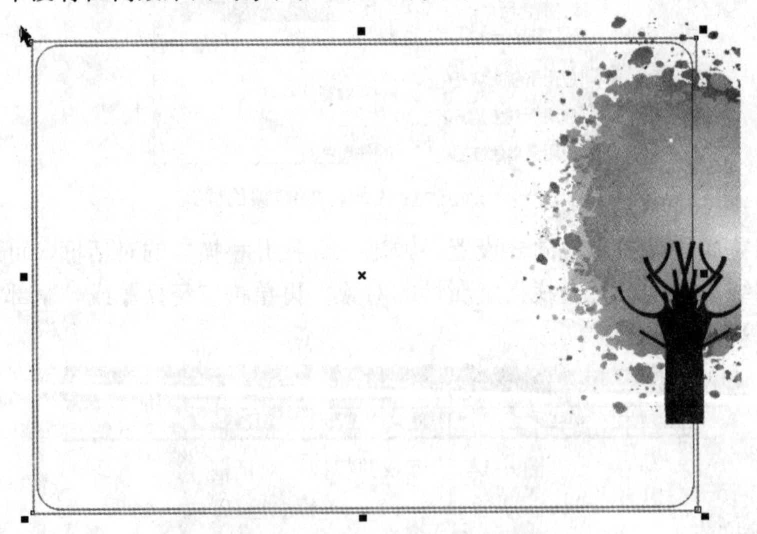

图9-16　选择要执行命令的对象

将图中树的填充复制到背景中，执行“编辑”/“复制属性自”命令，弹出“复制属性”对话框，如图9-17所示。

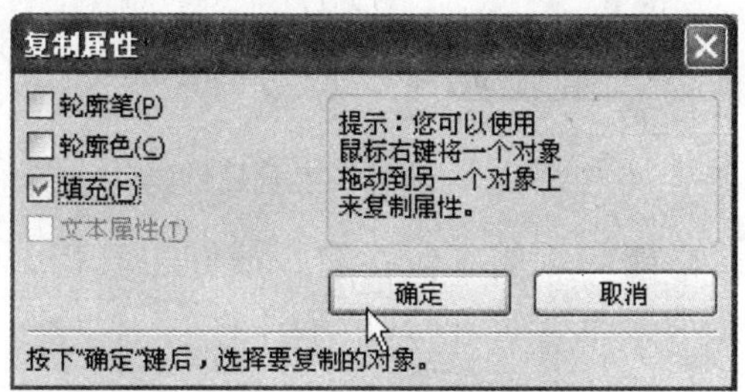


图9-17　复制属性对话框

在对话框中选择要复制对象的属性，这里选择“填充”，单击“确定”按钮，指针变为“箭头”➡形状，单击要复制的对象的底层树木，即可将背景填充为与树木同样的填充属性，如图9-18所示。

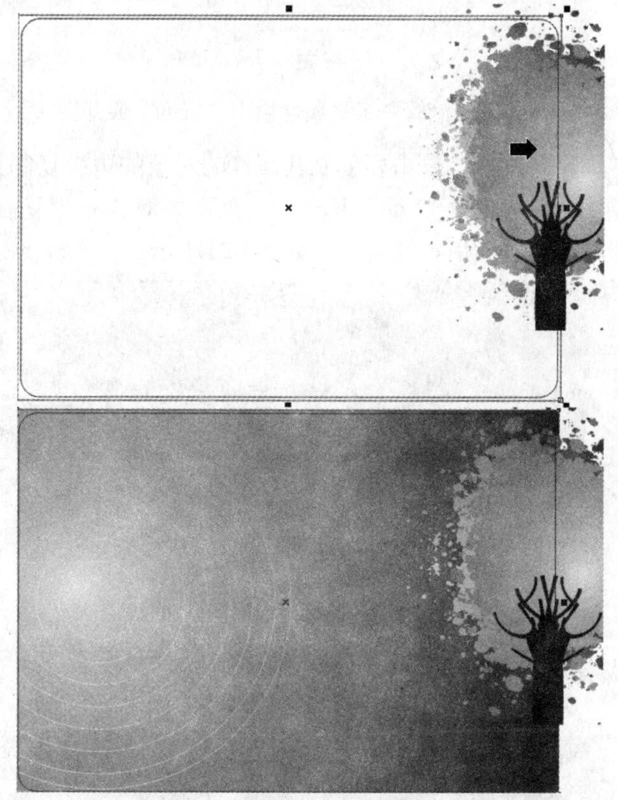

图9-18　复制底层树木的颜色属性

要复制对象的“轮廓笔”或“轮廓色”属性，方法也与上面讲解的操作方法相同。

## 9.4.2　快捷复制对象的变换和效果

### 1. 复制并填充对象属性

在工具箱中，单击“滴管”工具，在属性栏上，从列表框中选择“对象属性”如图9-19所示。

图9-19 “滴管”工具属性栏

单击属性栏上的“属性”右侧下拉按钮，展开工具栏，启用“填充”、“轮廓”、“文本”之中任意复选框，如图9-20所示。

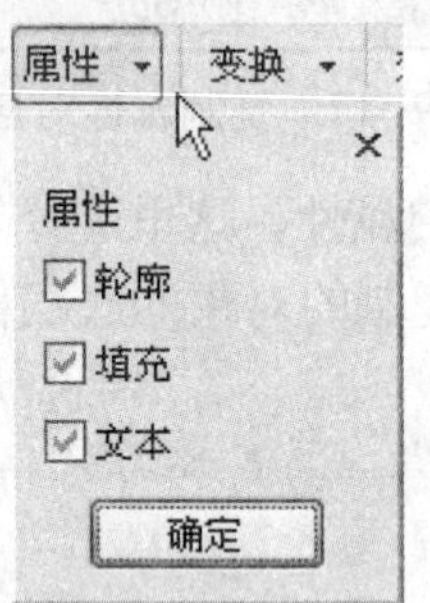

图9-20 “滴管”工具属性栏中“属性”展开栏

选择后单击“确定”按钮，单击要复制其属性的对象的边缘复制其属性。

然后在工具箱中，单击“颜料桶工具”，单击要对其应用复制属性的对象的边缘，即可将被复制对象的属性用于该对象，如图9-21所示。

复制云朵的颜色属性

填充复制的颜色属性

图9-21 复制颜色属性并填充

### 2．将大小、位置或旋转从一个对象复制到另一个对象

在工具箱中，单击“滴管”工具，在属性栏上，从列表框中选择“对象属性”，单击属性栏上的“变换”展开工具栏，然后启用“大小”、“旋转”或“位置”中任意复选框，如图9-22所示。

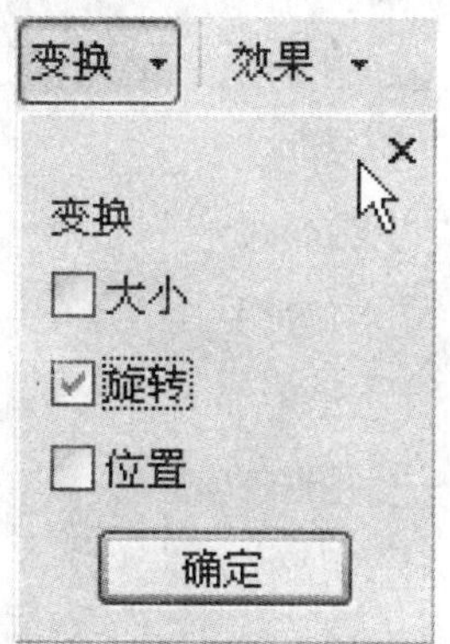


图9-22 “滴管”工具属性栏上“变换”展开工具栏

单击“确定”按钮，在工具箱中，单击“颜料桶工具”，单击要复制其变换属性的对象边缘即可，如图9-23所示。

复制云朵的大小

应用复制云朵的大小

图9-23 复制对象的大小

### 3．将效果从一个对象复制到另一个对象

在工具箱中，单击“滴管”工具，从属性栏上的列表框中选择“对象属性”，单击属性栏上的“效果”，展开工具栏，如图9-24所示。

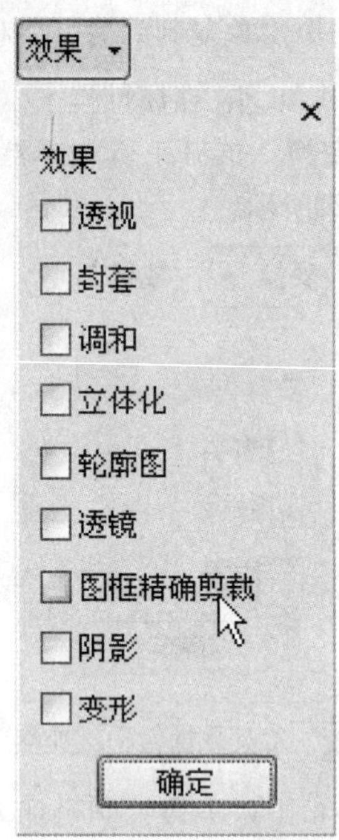


图9-24 “滴管”工具属性栏上的“效果”展开工具栏

然后启用列表里任一复选框，单击要复制其效果的对象的边缘，在工具箱中，单击“颜料桶工具”，单击要对其应用复制效果的对象的边缘即可，如图9-25所示。

图9-25 复制对象的透明效果

## 9.5　插入条形码

在设计包装或其他需要在超市出售的作品时，可能会需要添加条形码，这时就可以使用CorelDRAW中的条形码向导将条形码添加到绘图中。要创建条形码，必须选择一种行业标准格式，然后指定条形码向导编码的位数，就可以创建出各种类型的条形码。

### 1. 创建条形码

单击“编辑”/“插入条形码”命令，弹出“条码向导”对话框，如图9-26所示。

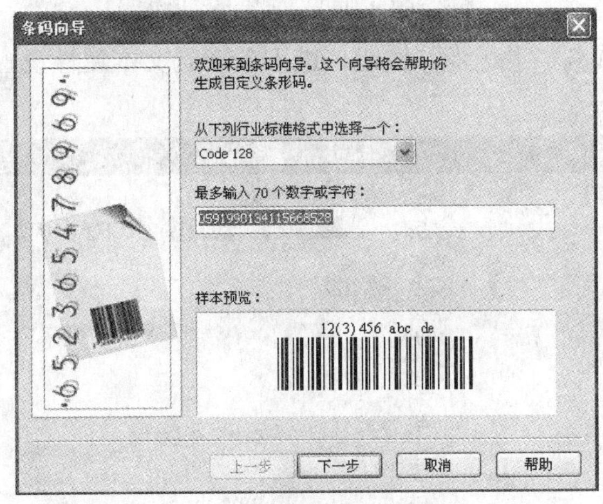


图9−26　条码向导对话框

在“从下列行业标准格式中选择一个”的下拉列表中选“Code 128”，在“最多输入70个数字或字符”中输入0591990134115668528，单击“下一步”按钮，进入下一步向导，如图9-27所示。

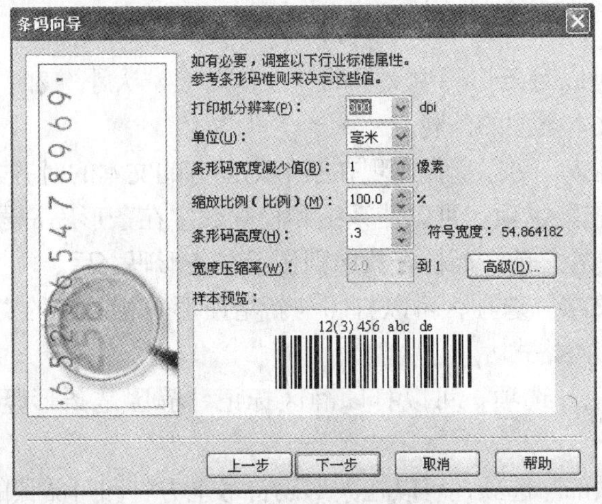


图9−27　条形码行业标准属性对话框

在对话框中设置条码打印时的分辨率、条码的单位、高度、缩放比例等，可以预览到条码的外观，单击“高级”按钮还可以进入“高级选项”设置对话框，如图9-28所示。

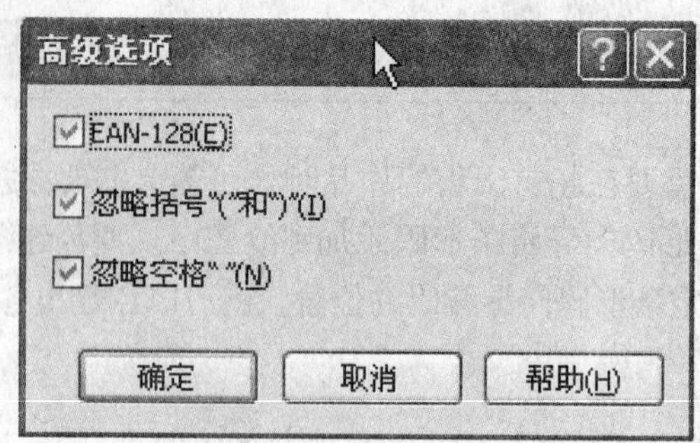


图9-28 “高级选项”对话框

设置完成后再单击“下一步”按钮，进入条形码文本属性设置向导对话框，如图9-29所示。

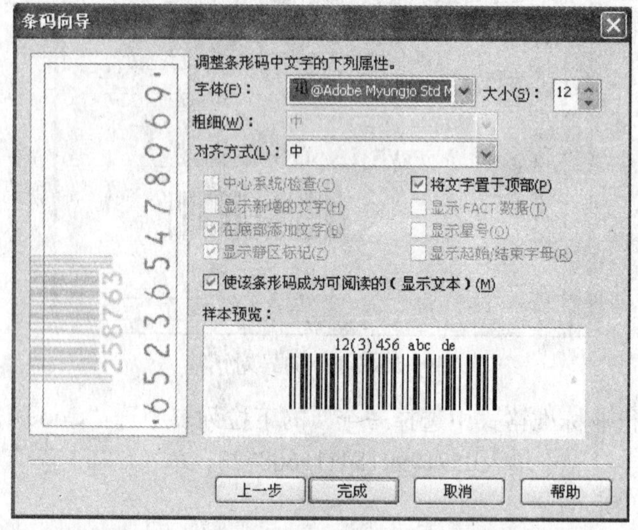


图9-29 条形码向导

在该向导中，可以对条形码中文本的“字体”、“大小”和“粗细”等选项进行设置，还可以确定文本类型的外观。

“对齐方式”列表，可以选择出现在条形码下方的文本的对齐方式。

“中心系统/检查”选项，可以使系统和检查数字在条形码符号上垂直居中，系统数字显示在条形码符号之前，而检查数字则显示在条形码之后。

“显示新增的文字”选项，可以打印与新增条形码相关联的文字，新增条形码不会应用于所有的条形码格式。

“显示静区标记”选项，可以打印静区标记，静区是条形竖线前后的空白区域（没有标记）。

“将文字置于顶部”选项，可以在条形码符号上方打印可阅读的文本。

“显示FACT数据”选项的复选，可以打印自动化编码技术联合(FACT)数据。

“显示星号”选项，可以打印条形码文本前后的星号。

“显示起始/结束字母”选项，可以打印起始字符和结束字符，起始字符表示符号的开始，结束字符表示符号的结束。

“使该条形码成为可阅读的”选项，可以打印文本和条形码符号。

设置后单击“完成”按钮，条形码即出现在页面中，如图9-30所示。

图9−30　添加的条形码

2．创建13位ISBN条形码

在需要插入条形码的绘图中，单击“编辑”/“插入条形码”命令，在条形码向导中，从“行业标准格式”列表框中选择“ISBN”，如图9-31所示。

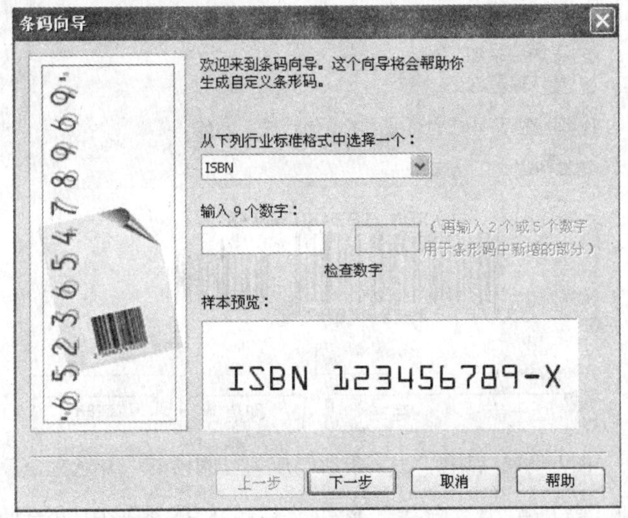


图9−31　选择“ISBN”条码向导

在对话框中“输入9个数字”框中输入条形码号码，然后单击“下一步”按钮，在下一步的向导对话框中单击“高级”，在“高级选项”对话框中，启用“附加 978”为条形码添加978前缀，或启用“附加979”为条形码添加979前缀，如图9-32所示。

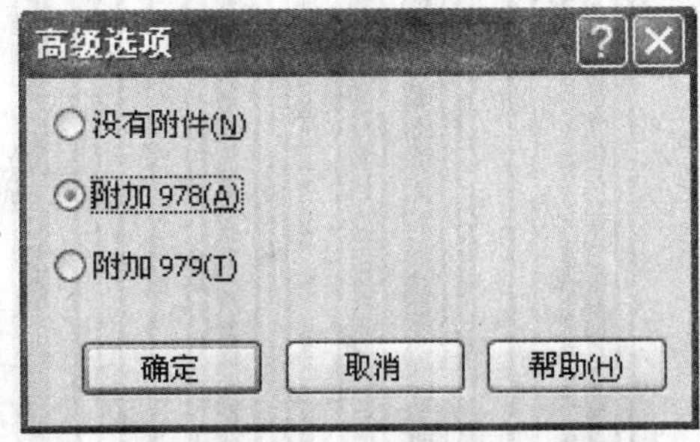


图9−32　附加978的高级选项

单击“确定”按钮回到向导对话框中，这些选项从ISBN号码生成了EAN-13代码，如图9-33所示。

图9-33　向导对话框生成的样本预览

然后单击“下一步”按钮，要查看附加的代码并使其可打印，请启用“使该条形码成为可阅读的”复选框，如图9-34所示。

图9-34　启用“使该条形码成为可阅读的”复选框

指定其他选项，然后单击“完成”按钮，13位ISBN条形码即添加到绘图中，如图9-35所示。

图9-35　生成的13位ISBN条形码

## 9.6　样题解答

（1）执行“文件”/“新建”命令建立新文档，设置宽和高分别为180mm、135mm，纸张横向，单击“版面”/“页面设置”命令，在弹出的“选项”对话框中设置分辨率为150dpi，如图9-36所示。

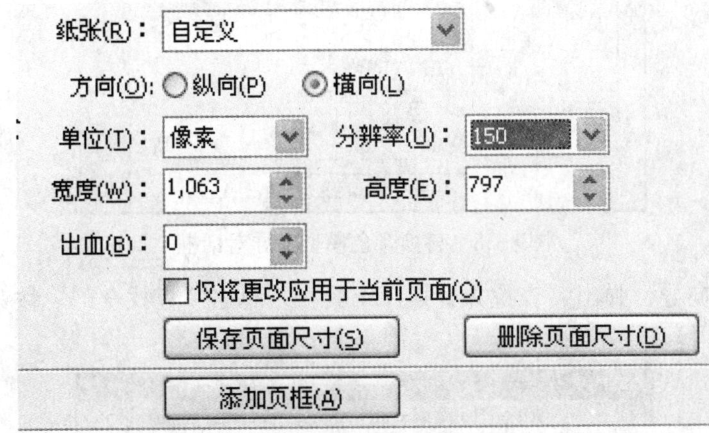


图9-36　选项对话框中设置页面分辨率

（2）在页面中执行“文件”/“导入”命令，导入素材文件夹下的矢量素材unit9\Y8-01.cdr，选择工具箱中的“矩形工具”□，在页面上绘制矩形，设置大小为55mm×80mm，边角圆滑为10，设置轮廓颜色为黑色，轮廓宽度为“发丝”，将导入的对象放置在适当位置，如图9-37所示。

图9-37　绘制矩形外形

（3）执行“编辑”/“查找与替换”/“替换对象”命令，在弹出的“替换向导”中选择⊙替换颜色模型或调色板(M)选项，单击“下一步”按钮，在弹出的向导对话框中，在“查找颜色模型”列表中选择RGB，在“用来替换的颜色模型”列表中选择CMYK，将“应用于渐变填充”、“应用于双色图案填充”、“应用于单色位图”全部勾选，单击“完成”按钮，如图9-38所示。

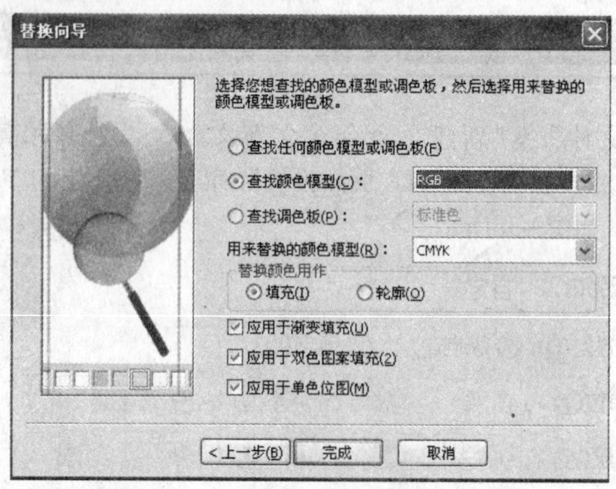


图9-38 替换颜色模型向导对话框

完成设置向导，弹出“查找并替换”工具栏，单击“查找全部”按钮，如图9-39所示。

图9-39 查找并替换工具栏

系统将自动查找所有具有RGB颜色模式的对象，由于对象较复杂，搜索需要一定时间，请耐心等待，待搜索完成后，单击“全部替换”按钮即可将所有具有RGB颜色模式的对象都更改为CMYK颜色模式。如图9-40所示。

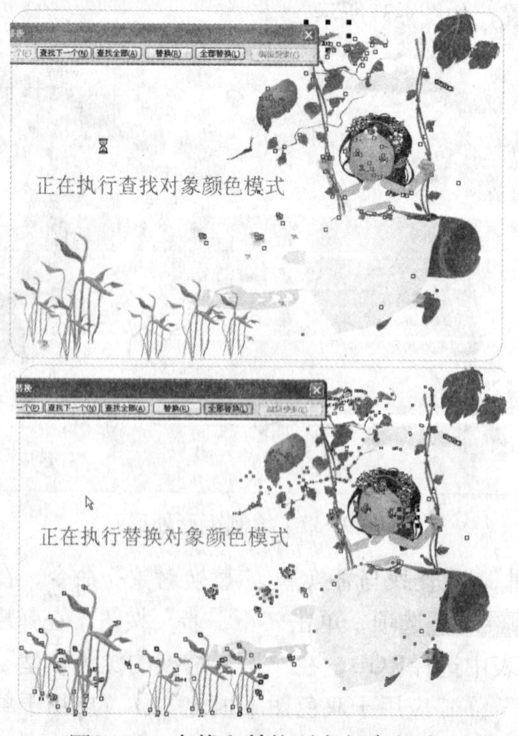


图9-40 查找和替换对象颜色模式

（4）选择圆角矩形填充背景图形颜色，单击工具箱中的“填充”工具组，选择“渐变填充”，如图9-41所示。

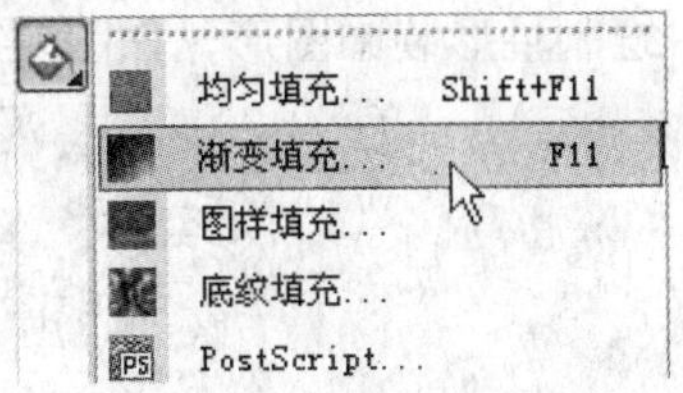


图9-41　选择渐变填充

在弹出的“渐变填充”对话框中，设置渐变为C：70、M：0、Y：100、K：0、C：28、M：0、Y：40、K：0和C：0、M：0、Y：0、K：0的多层射线渐变填充，如图9-42所示。

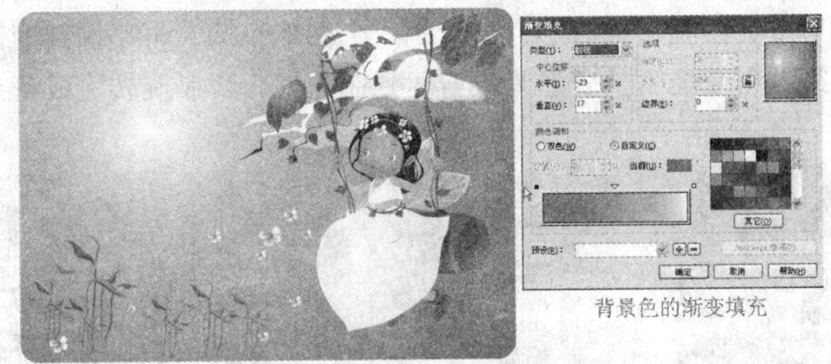


图9-42　填充背景

（5）导入素材文件夹下Unit9\Y8-02.cdr，执行“编辑”/“复制属性自”命令，在弹出的“复制属性”对话框中复选“填充”选项，如图9-43所示。

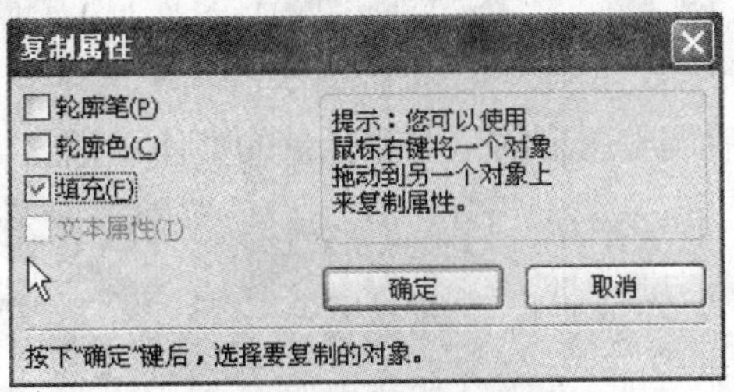


图9-43　“复制属性”对话框

单击“确定”按钮后，出现➡图标，用该图标单击背景颜色，即将背景颜色的填充属性复制到该图形，如图9-44所示。

图9-44　复制背景颜色属性填充于装饰图形

（6）单击工具箱中“椭圆形工具”绘制环形装饰图形，如图9-45所示。

选择工具箱中“星形工具”，设置其属性栏中“多边形的边数”为8，设置“星形锐度”为80，在页面中绘制星形装饰图形，如图9-46所示。

图9－45　绘制环形装饰图形　　　图9－46　绘制星形装饰图形

再用椭圆形工具绘制花朵图形，先绘制一个圆形花蕊，再用椭圆形工具绘制一个圆形，转换曲线，用变换工具变形为花瓣，复制花瓣，再制旋转完成花朵的绘制，如图9-47所示。

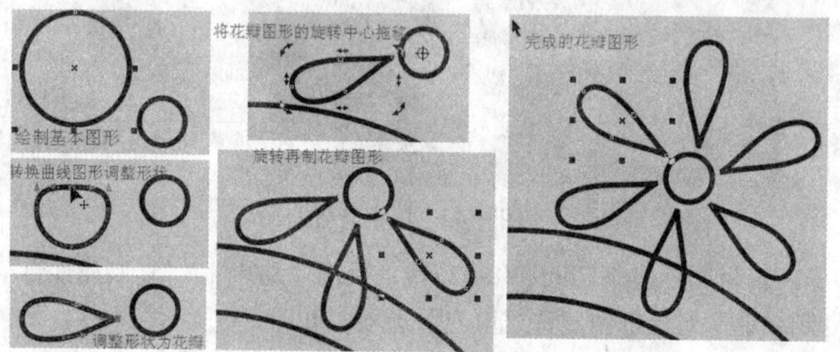


图9－47　绘制花瓣的过程

绘制装饰图形完毕后调整图形的位置和数量的整体视觉感，如图9-48所示。

图9－48　绘制的装饰图形

为该图形执行“编辑”/“复制属性自”命令，在弹出的对话框中复选“填充”，单击“确定”按钮后，复制背景颜色属性填充于该装饰图形，如图9-49所示。

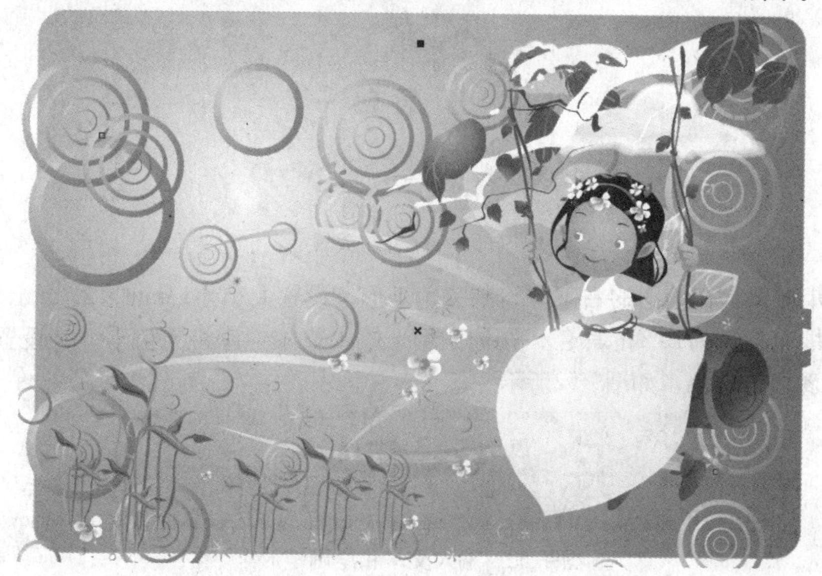

图9−49　复制背景的颜色属性填充于装饰图形

（7）把装饰图形全部选择，单击属性栏中“群组”按钮，将对象群组起来，再执行“效果”/“图框精确剪裁”/“放置在容器中”命令，用➡指标，指向背景图形将装饰图形精确剪裁至背景图形中，如图9-50所示。

图9−50　精确剪裁装饰图形

（8）用矩形工具绘制一个大小为10mm×13mm的装饰图形，颜色填充为白色，导入标志素材C:\2008CDR\Unit9\Y8-03.cdr，在属性栏中调整大小为6.7mm×6.2mm，再将标志放于矩形图形上层，再输入文本“中国通信”，设置字号为5pt，选择颜色为C：100、M：20、Y：0、K：0。如图9-51所示。

图9-51　标志的放置

再用矩形工具在绘图的右下方绘制圆角矩形，设置大小为13mm×2.7mm，设置圆角为50，填充颜色为10%的黑色，在该图形上输入文本“手机充值卡”，设置字号为5pt，填充颜色为黑色，如图9-52所示。

手机充值卡

图9-52　输入文本和绘制矩形

选择工具箱中“文本工具”，在绘图中输入文本“50”，设置字号为14pt，填充颜色为白色，按快捷键+，复制该文本，将底的文本轮廓的颜色设置为黑色，轮廓宽度为0.25mm，制作该文本的轮廓效果，如图9-53所示。

在50的后面输入文本“元”，设置字号为5pt，颜色填充为黑色。

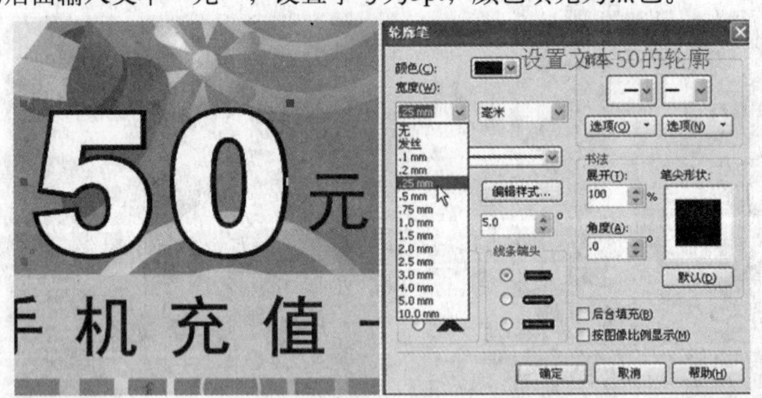


图9-53　文本的样式和轮廓的设置

（9）在绘图的左下方输入文本“如同亲人的关心 家人的爱护”，设置字号为7.3pt，颜色选择为C：0、M：60、Y：100、K：0，执行快捷键Ctrl+D再制该文本，为该文本制作白色阴影效果，如图9-54所示。

图9-54　广告语的装饰绘制

输入文本“2009年1月1日起至2009年12月31日充值参与‘爱心参与’大抽奖活动。精彩大奖等你拿！详情登陆www.ybura.com”，设置字号为3.5pt，选择颜色填充为C：0、M：0、Y：0、K：0，调整文本位置至左下角，如图9-55所示。

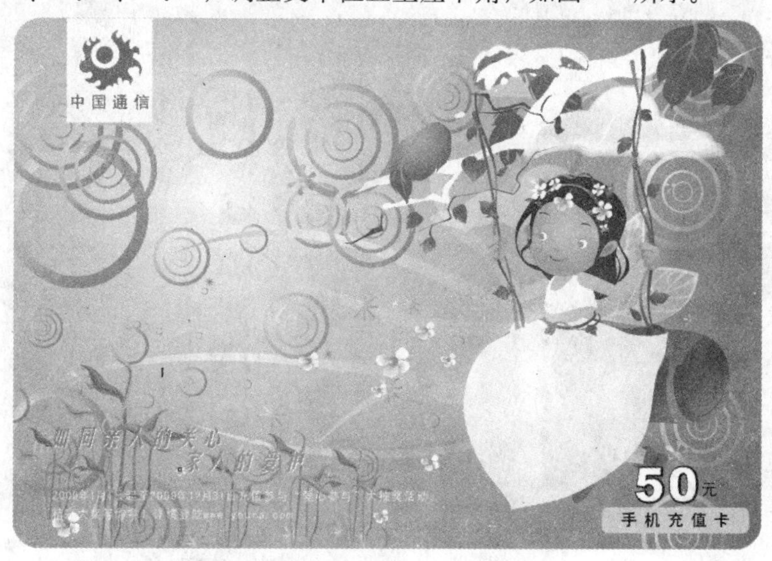


图9-55　完成充值卡正面的绘制

（10）绘制充值卡背面，为正面的背景图形执行“编辑”/“再制”命令，即可将背景在页面中再制一个，由于原背景有精确剪裁的装饰图形，可为该图形执行“效果”/“图框精确剪裁”/“提取内容”命令，将内容提取出来后，按Delete键删除，如图9-56所示。

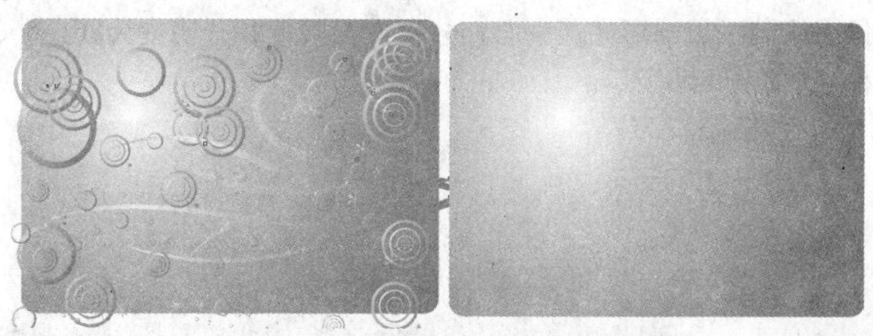

图9-56　提取图框内容并删除

（11）用“椭圆工具”绘制应用网状填充的圆形，如图9-57所示。

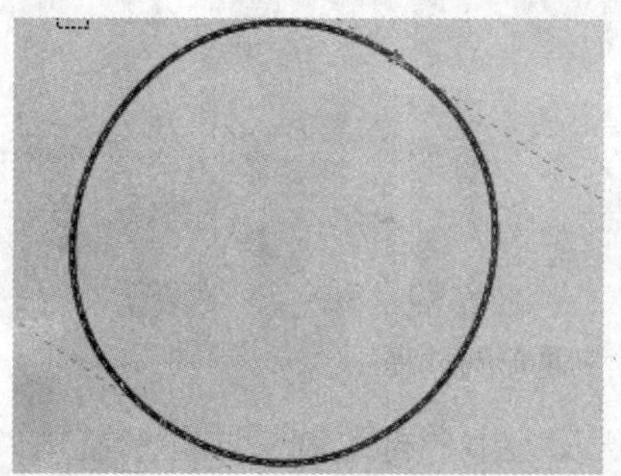
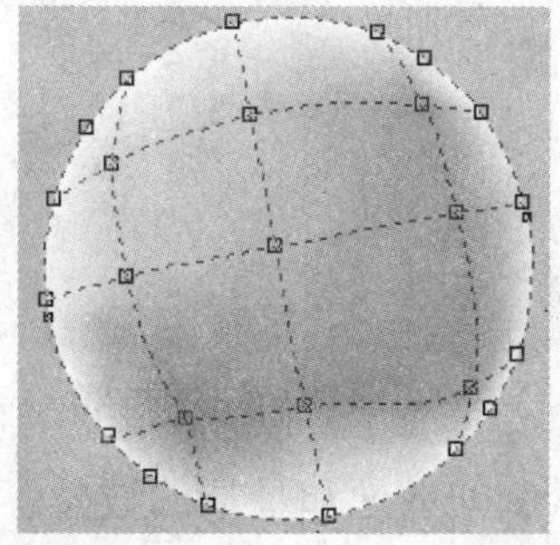

图9-57　绘制椭圆形并应用网状填充

用基本绘图工具结合“变形工具”绘制水泡的高光，完成装饰水泡的绘制，如图9-58所示。

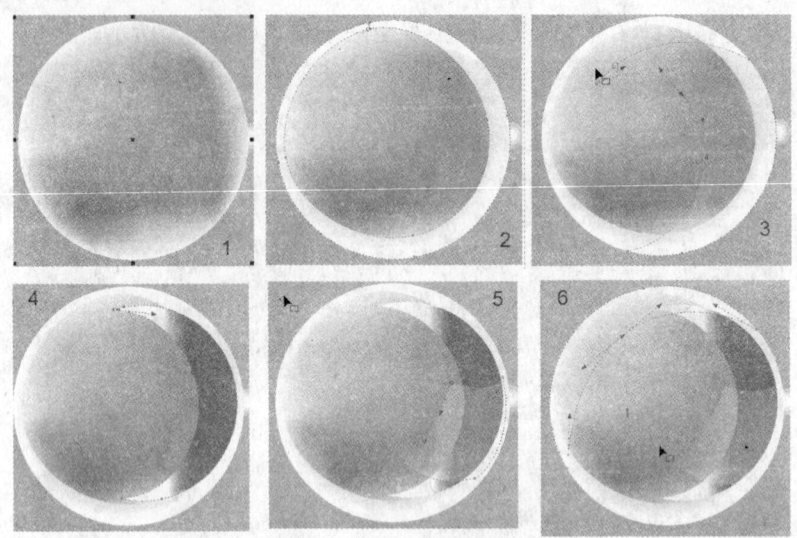


图9-58　完成水泡的绘制过程

选择工具箱中“星形工具”，要属性栏中设置“多边形边数”为8，设置“星形锐度”为90，在页面上绘制星光点点的图形，在工具箱中选择“透明度工具”，选择“透明度类型”为“标准”，调整“开始透明度”为75，选择“挑选工具”，然后点按快捷键+，将该星形在原位再制，将“开始透明度”调整为35，再将该星形变换大小，锁定缩放比例，设置“缩放因素”为65%，单击回车键，再依次绘制三层圆形光芒中心，分别设置圆形和透明度为86、55、75，方法同上，过程和效果如图9-59所示。

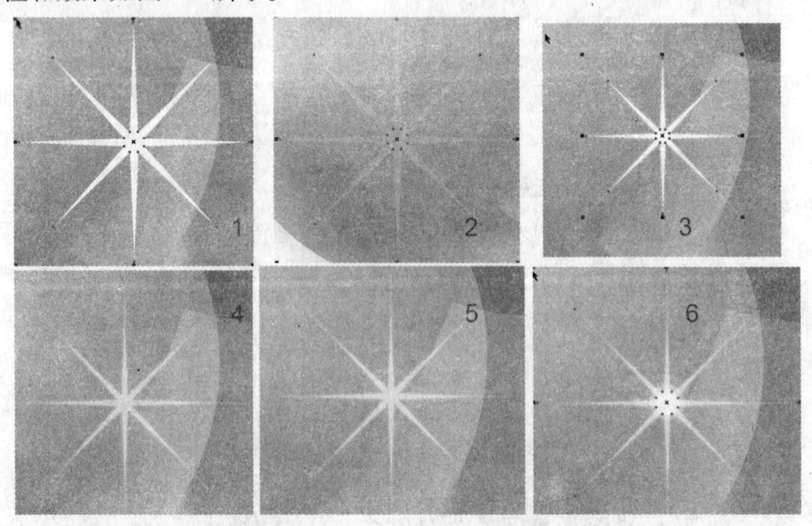


图9-59　绘制星形的过程

调整绘制的气泡和星形的数量、位置及大小，再绘制一些环形装饰，效果如图9-60所示。

图9-60 调整卡背面的装饰图形

（12）绘制圆形，复制拼接成右上角箭头图形，填充颜色为白色，如图9-61所示。

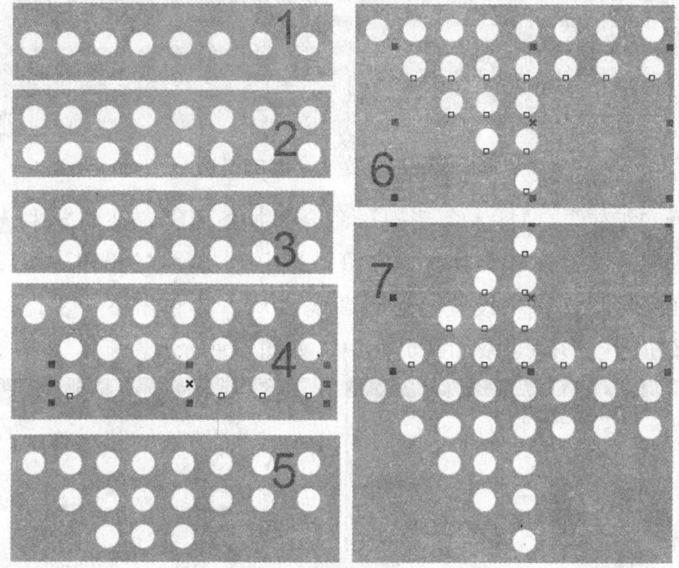


图9-61 绘制装饰箭头的过程

（13）输入中文文本“使用说明：1.本卡可用于中国通信网手机用户充值，请拨打1558001000，按语音提示操作。2.请使用中国通信网电话或固话为本地区中国通信客户充值。3.请在截止日期前充值，逾期将被视为放弃卡上多额。4.本卡为记名，不挂失，一售出，非质量问题，概不退换。”，执行“文本”/“编辑文本”在对话框设置文本的对齐方为▭，设置文本字号为4pt，填充颜色为C：100、M：100、Y：100、K：100。

用“文本工具”选择文本“使用说明”，设置其字号为5pt，如图9-62所示。

图9-62 设置文本“使用说明”的字号

输入英文文本 Instructions:1.Dia 1558001000 and follow the voice instructions to recharge your China correspond account.2.Call from China correspond service or any fixed-line service to recharge your local account.3.Recharge before the expiration date or the balance in the card will become invalid.4.This card is neither registered nor recoverable if lost;and is not refundable except for quality problems.

文本的颜色为C：100、M：100、Y：100、K：100，内容字号为4pt，标题字号为5pt，排列方法同中文文本相同，如图9-63所示。

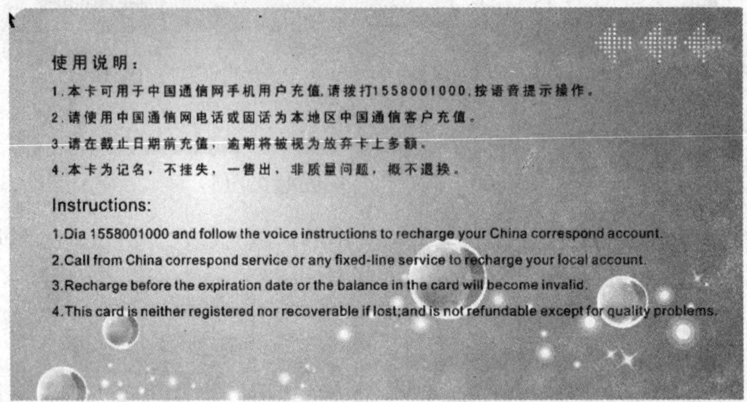


图9−63 中英文文本的排版

（14）执行“编辑”/“插入条形码”命令添加条形码，在向导中选择条形码格式为Code 128，在“最多输入70个数字或字符”栏中输入数字为0591990134123454321，单击下一步，在向导对话框中设置条形码高度为0.3，再单击下一步，保持选项默认，单击“完成”按钮，条形码即添加到页面中，如图9-64所示。

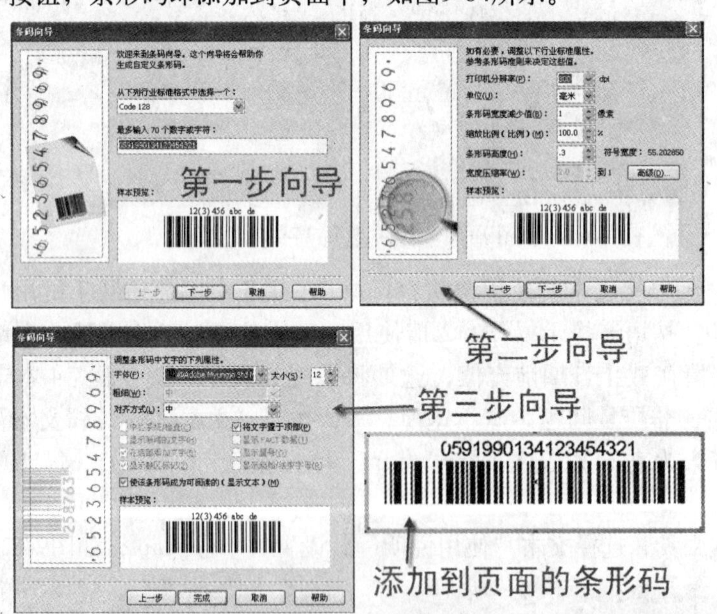


图9−64 添加条形码的步骤

可在属性栏中调整条型码大小为50mm×6mm，再调整位置，输入文本，“序列号”，设置字号为5pt，颜色为黑色。

输入文本“Serial Nimber”，设置字号为4pt，颜色为黑色。

再输入文本“轻刮涂层 获得密码”和“Scratch off the coat to get the PIN number”设置字号为3.5pt，颜色为黑色。

单击工具箱中“多边形工具”，设置“多边形边数”为3，在页面上绘制三角指示图形，设置大小为2mm×5.3mm，颜色为大红色，绘制矩形密码涂层，设置大小为45mm×4mm，颜色为30%黑，调整图形位置，如图9-65所示。

图9-65　最终效果

将操作结果以Xcld9-01.CDR为文件名保存在考生文件夹中。

# 第10章　综合实例

通过对前面章节的讲解和学习，相信大家已经对CorelDRAW X4的基础操作有了一定的认识和掌握。

在此基础上本章通过精彩的实例，来巩固前面所学的内容，体会在CorelDRAW X4中进行设计的无穷魅力。

## 10.1　设计思路

本章以手机的产品宣传海报实例和手机广告的网页发布实例，让学习CorelDRAW的用户们了解CorelDRAW在实际设计中的各种应用。

### 10.1.1　产品宣传海报

海报具有视觉传达设计所具备的绝大多数基本要素，即以图形表现为基础，集中反映出时代的艺术标准和设计师的个人风格特点。成功的招贴作品都是以图形视觉语言为主要创作要素，并凝聚了设计者的心灵智慧和审美概念，是在平面设计艺术领域里，影响面最大、学术性最强、历史最为悠久的设计

海报的范围很广，举凡是商品展览、新品上市、书展、音乐会、戏剧、运动会、时装表演、电影、旅游、慈善、或其他专题性的事物，都可以通过海报做广告宣传。

海报设计要有独特的个性，以最简洁有效的元素来表现富有深刻内涵的主题，没有个性就没有艺术，从古至今，无数艺术家都在不懈地追求艺术的个性化表现，正是如此才使得它们在艺术造诣上有了巨大的发展，同时也使得艺术本身向多元化发展，更加繁荣昌盛。海报设计的个性往往体现在创意的独特，图形的新颖到位、版式构成形式的引人注目等。

海报设计的六大原则。

（1）单纯：形象和色彩必须简单明了（也就是简洁性）。

（2）统一：海报的造型与色彩必须和谐，要具有统一的协调效果。

（3）均衡：整个画面须要具有魄力感与均衡效果。

（4）销售重点：海报的构成要素必须化繁为简，尽量挑选重点来表现。

（5）惊奇：海报无论在形式上或内容上都要出奇创新，具有强大的惊奇效果。

（6）技能：海报设计需要有高水准的表现技巧，无论绘制或印刷都不可忽视技能性的表现。

### 10.1.2 网页的运用

网页设计是非常容易学会的，成为网页设计师的门槛要求不高，CorelDRAW 中的网页运用非常简单，没有那么复杂难记的语言。当然，对网页设计感兴趣，可以激发您的创意灵感。

在网页设计的认识上，许多人似乎仍停留在网页制作的高度上。认为只要用好了网页制作软件，就能搞好网页设计了。

其实网页设计是一个感性思考与理性分析相结合的复杂的过程，它的方向取决于设计的任务，它的实现依赖于网页的制作。正所谓“功夫在诗外”，网页设计中最重要的东西，并非在软件的应用上，而是在我们对网页设计的理解以及设计制作的水平上，在于我们自身的美感以及对页面的把握上。

设计是一个创造的过程，一幅成功的招贴作品或网页作品，其图形必然是极具创造性的，但是它必须讲究一定的设计策略使其具备商业实用价值。图形是设计中最为重要的表现语言，是招贴设计和网页设计中最为敏感和倍受关注的视觉中心。优秀的设计作品都以自己独特的图形语言准确又清晰地转述着设计主题。

设计网页的时候，作为设计师应该站在浏览者的角度去思考，围绕浏览者的需要进行网页设计，要考虑在适当的时间、适当的位置，安排适当的信息，而不是单纯的把图形和信息堆砌起来。

## 10.2 实例应用

手机每年都有大量的新款上市，所以企业为配合每年的新品的上市，都会投放大量的宣传海报（如地铁广告、车站海报宣传、路牌广告等），而且，由于现在网络的广泛应用，因而每个公司的新品也会在因特网上大肆宣传，所以我们根据实际应用的需要，在本实例中，设计了同一品牌不同产品的新品宣传为主题的海报和网页传宣广告，形成一个品牌宣传策划中的主要部分。

### 10.2.1 宣传海报

本章所用到的矢量或位图等素材文件，都是前面章节中讲解制作的素材中选取的。

（1）新建A4横向页面，打开素材文件夹Unit10\Y10-01.cdr，作为宣传海报的背景素材，设置绘图中的位图大小为243mm×210mm，如图10-01所示。

图10-01　宣传海参报的背景

（2）在页面上的绘图中绘制心形和圆形的装饰图形，调整大小和位置，要求图形颜色填充为白色，为图形执行透明化，如图10-02所示。

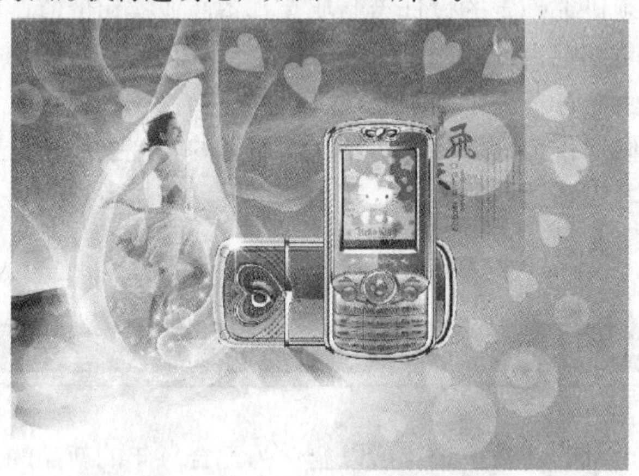

图10-02　绘制装饰图形

（3）选择绘图中的手机图形，执行“编辑”/“再制”命令，再制手机图形，单击属性栏中“垂直镜像”按钮，将手机镜像，置于原手机图形下方，单击工具箱中“形状工具”调整图形的形状，如图10-03所示。

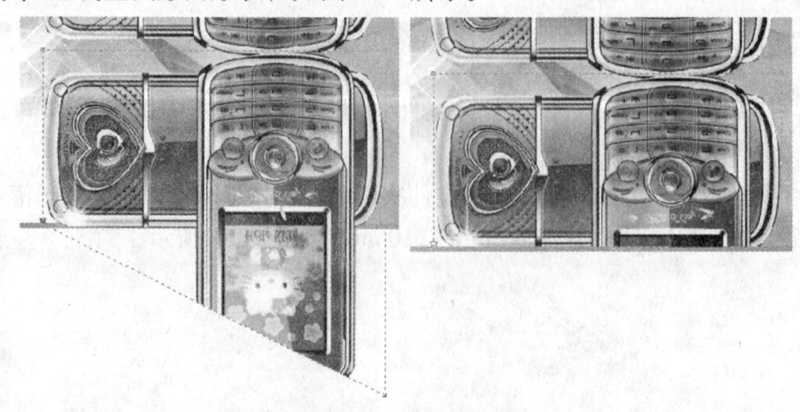

图10-03　调整图形形状

选择工具箱中“交互式透明工具”为镜像的手机图形添加角度为270°的线性透明效果，如图10-04所示，给手机加倒影效果，如图10-05所示。

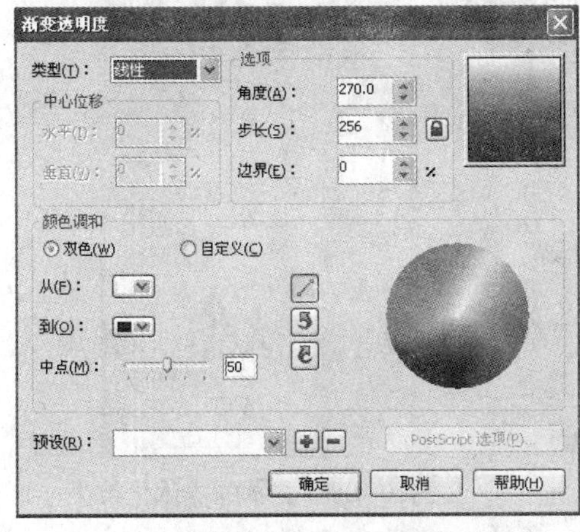


图10-04 线性透明效果的设置对话框

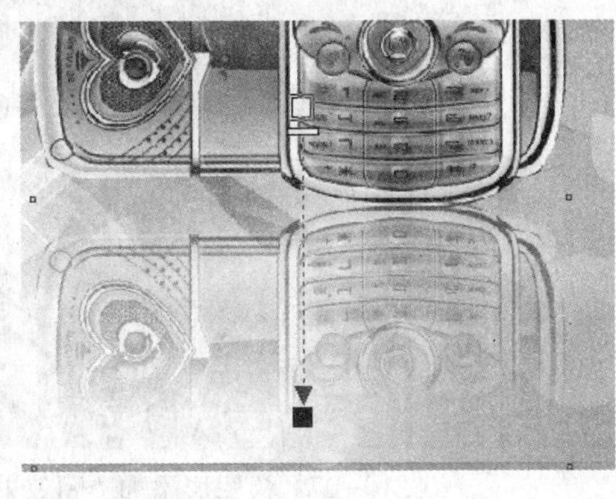

图10-05 将镜像的手机添加透明效果

在绘图中手机右上角旁边处绘制两个椭圆形，小椭圆形颜色填充为C：100、M：100、Y：0、K：0，大椭圆形颜色填充为C：0、M：25、Y：13、K：0，用“调和工具”调和两个圆形为装饰图形，如图10-06所示。

绘制两个椭圆形

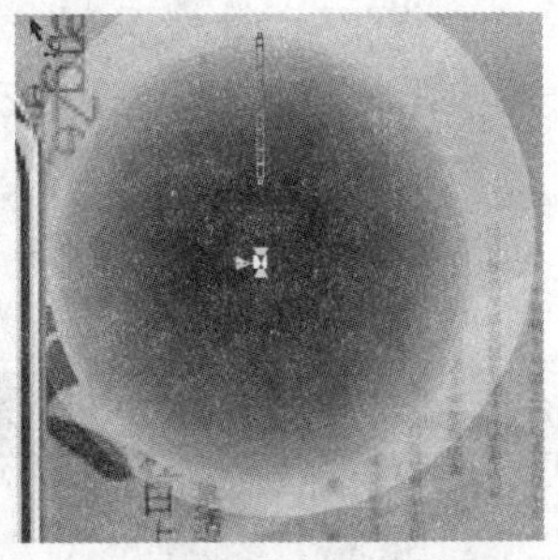

调和两个椭圆形

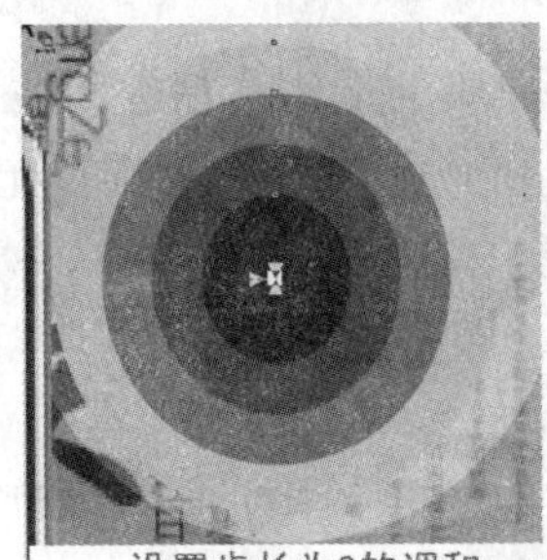

设置步长为2的调和

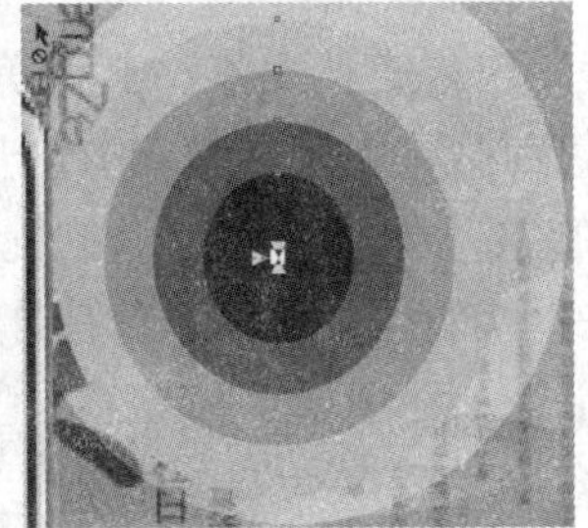

颜色为顺时针旋转的调和

图10-06 绘制调和效果装饰图形

（4）选择工具箱中“交互式透明工具”为该装饰图形添加“标准”透明效果，效果如10-07所示。

（5）输入垂直文本“索爱手机”，填充白色，字号为58，字体为“汉仪秀英体繁”，用工具箱中“交互式立体工具”将文本添加深度为20，橘红到白色渐变的立体化效果，如图10-08所示。

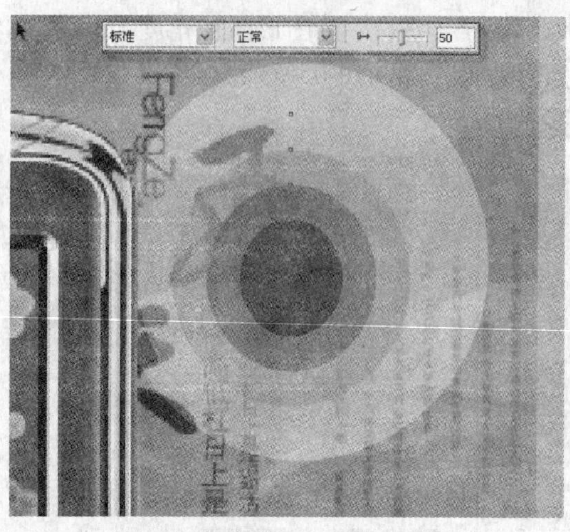


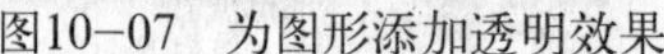

图10–07　为图形添加透明效果　　　图10–08　文本的立体化效果

（6）输入美术文字SPRING，填充颜色为白色，字号为52，字体为“汉仪秀英体繁”，输入美术文本“姑娘的春天”，颜色为白色，字体为“汉仪秀英体繁”，输入文本“SONY ERICSSON”，填充颜色为调色板中的“淡紫”。用“阴影工具”为文本SPRING添加轮廓效果，用“调和工具”为文本“姑娘的春天”添加阴影效果，如图10-09所示。

图10–09　文本的特殊效果

（7）输入手机的广告宣传文本“其优美典雅的造形、精密科技设计尽显贵气派，殿堂级的典范，流露古典美态，高雅大方，灯光映照下，绽放耀目光芒”。

更改文本视觉形态，为了突出产品的优势，美化产品特点，将文本“优美典雅”和“高雅大方”更改字符的偏移和旋转角度，调整这些文本的字号和颜色，更改文本字体，使文本在视觉上更突出。

将文本中“耀目”二字的字号和颜色也进行更改，更改该文本的字体为“经曲特宋简”。

复制该文本段落，调整文本顺序，填充白色，将文本转换为分辨率为200，具有透明背景的位图，为位图执行“模糊”/“动态模糊”命令，效果如图10-10所示。

（8）在页面上绘制两条流线形曲线作为路径，用文本工具在曲线上单击，分别输入主题广告语“时尚机型，浑然天成”和“经典魅力无限提升”，文本即直接适配到路径中，双击文本，设置文本字号为24，字体为“宋体”，颜色填充分别为“黑色”和“白色”如图10-11所示。

将下层文本填充白色并转换为位图　　将下层位图文本添加动态模糊效果

图10-10　段落文本的排版

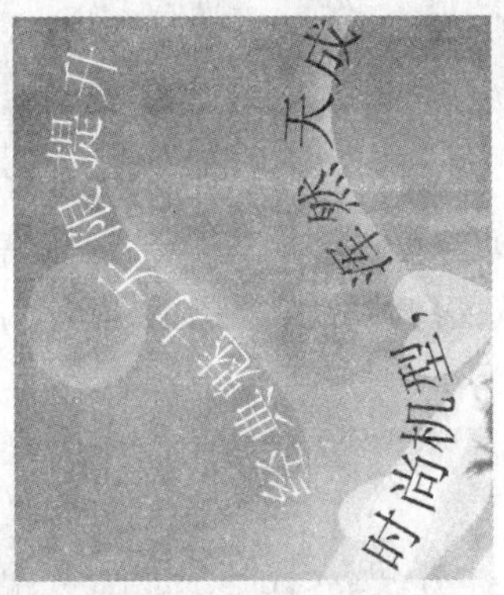


图10-11　输入的路径文本

（9）为增强海报中新品手机的视觉突出效果，我们选择背景的位图，为位图添加“天气”中“雾”的特效，设置雾的浓度为60即可，雾化的背景可以突出手机的形象，最终效果如图10-12所示。

将最终效果以Xcld10-01.CDR为文件名保存在考生文件夹中。

图10-12　手机宣传海报的最终效果

## 10.2.2 CorelDRAW中的网页运用

（1）新建新文档，设置“纸张类型/大小”为“网页760×420”，导入素材文件Unit10\Y10-02.jpg，先将素材的大小缩放为高度为336像素，再用“变形工具”对导入图形的宽度进行剪裁，宽度与页面同宽即可，如图10-13所示。

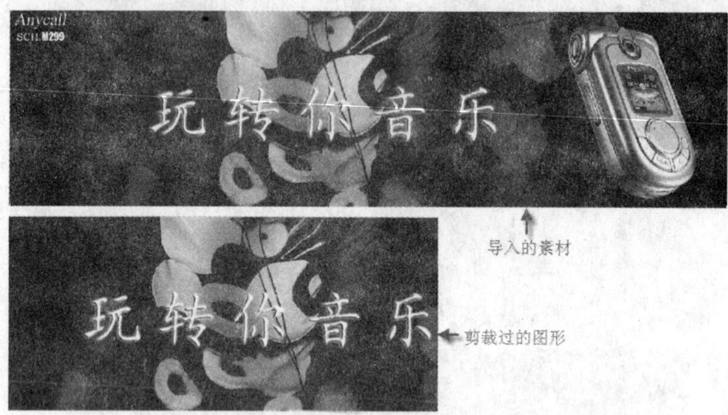


图10－13　导入的素材和剪裁过的素材

（2）用工具箱的“矩形工具”绘制背景矩形，大小为760×420像素，圆角值为5，填充颜色为从“白色”到“黑色”，角度为90度的线性渐变，将矩形居中于页面中间，如图10-14所示。

绘制的线性渐变背景矩形

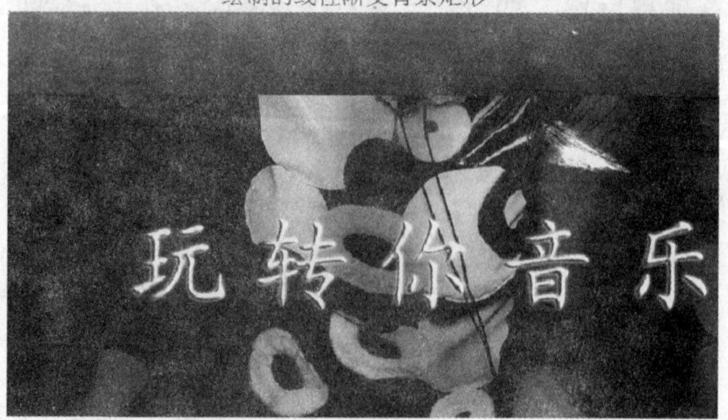


背景矩形置于位图图层下面

图10－14　绘制渐变背景

（3）用矩形工具，绘制背景装饰图形，设置矩形大小为564×86像素，色值为C: 21、M: 11、Y: 9、K: 22，将图形对齐于页边的右上角，如图10-15所示。

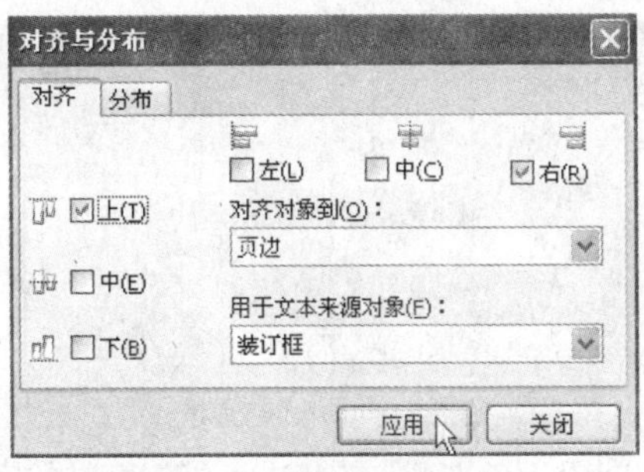


图10−15 对齐矩形的设置

绘制一个输入栏，大小为310×30像素，输入文本“welcome”，字体为Impact，字号为50，如图10-16所示。

图10−16 输入文本绘制输入栏

（4）输入文本“搜索”，字体为“经典趣体简”，字号为26，填充颜色为“黑色”。绘制一个大小为98×40像素的矩形，设置圆角为50，执行“窗口”/“工具栏”/“因特网”命令，在“因特网”工具栏中单击，将矩形创建为翻转按钮，单击“编辑翻转”，设置活动翻转状态，在“常规”状态下，色值为C：27、M：39、Y：30、K：70和C：0、M：0、Y：0、K：0，如图10-17所示。

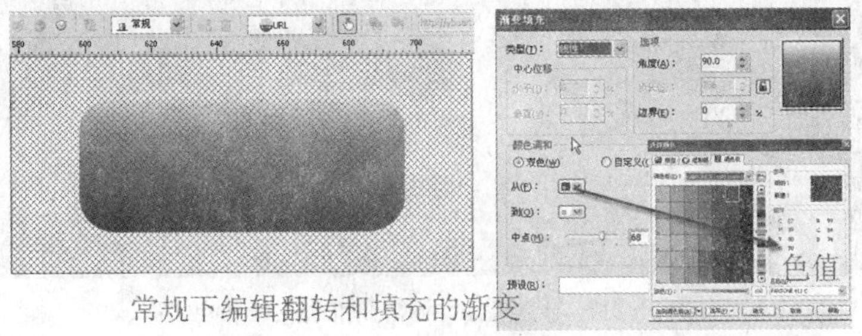


图10−17 常规状态下编辑翻转的填充

在“上”的状态下，色值为C：32、M：6、Y：0、K：0和C：7、M：2、Y：0、K：0，如图10-18所示。

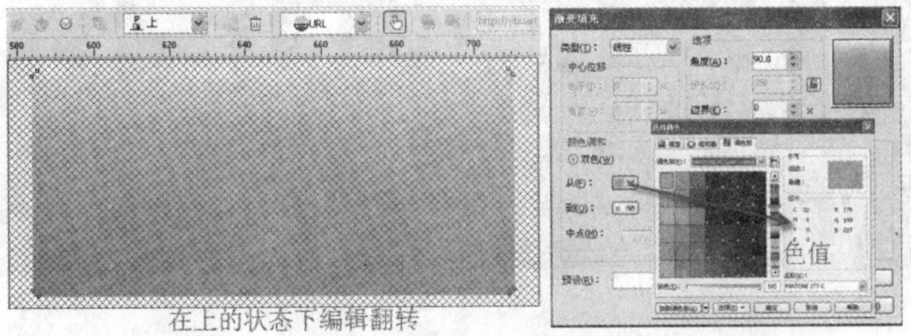


图10−18 在“上”的状态下编辑翻转的颜色

在“下”的状态下，色值为C：42、M：0、Y：48、K：0和C：0、M：0、Y：0、K：0，如图10-19所示。

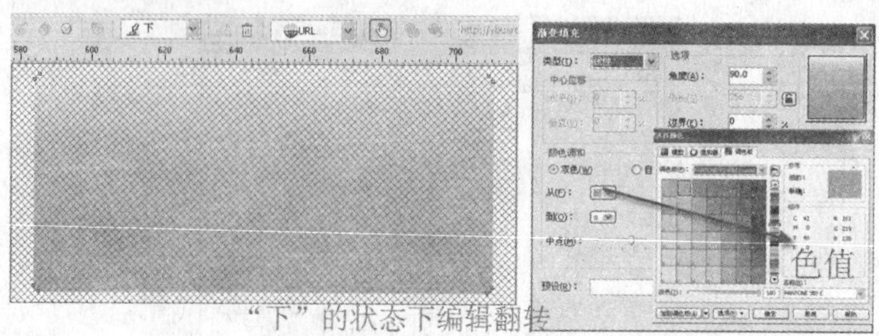


图10-19　在“下”的状态下编辑翻转的颜色

（5）结束编辑后为该翻转按钮创建链接，在工具栏中“因特网地址”栏输入链接网址为http://www.ybuart.com.cn，设置“目标图文框”为_top ，如图10-20所示。

图10-20　制作的翻转按钮

（6）导入素材文件Unit10\Y10-03.cdr，调整位图的大小为259×125像素，再制该素材，执行“位图”/“模糊”/“动态模糊”命令，调整图层顺序，如图10-21所示。

图10-21　导入手素材并添加动态模糊效果

输入文本“向智能化发展 索爱音乐手机”，设置字体为“隶书”，字号27，颜色填充为白色，为该文本创建链接，链接网址为http://www.sohu.com.cn，如图10-22所示。

图10-22　为文字创建链接网址

（7）输入文本“索爱670W”和文本SONY ERICSSON，设置文本“索爱670W”字号为40，用“阴影工具”为文本添加阴影效果，设置如图10-23所示。

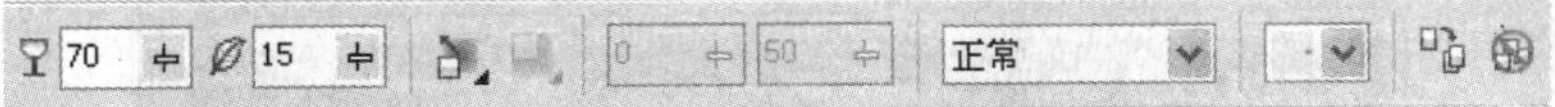

图10−23　文本“索爱670W”的阴影属性

设置文本“SONY ERICSSON”的字号为20，同样制作阴影效果，如图10-24所示。

图10−24　文本SONY ERICSSON的阴影属性

将制作好的网页以Xcld10-02.CDR为文件名保存，最终效果如图10-25所示。

图10−25　网页的效果

（8）将制作好的网页命名Xcdr10-02.cdr，保存至C:\2008CDR\Unit10中，并执行“文件”/“发布至Web”命令，在弹出的对话框中选择发布路径为C:\2008CDR\Unit10\CDR-10，选择“HTML排列方式”为“HTML 表（兼容大多数浏览器）”如图10-26所示。

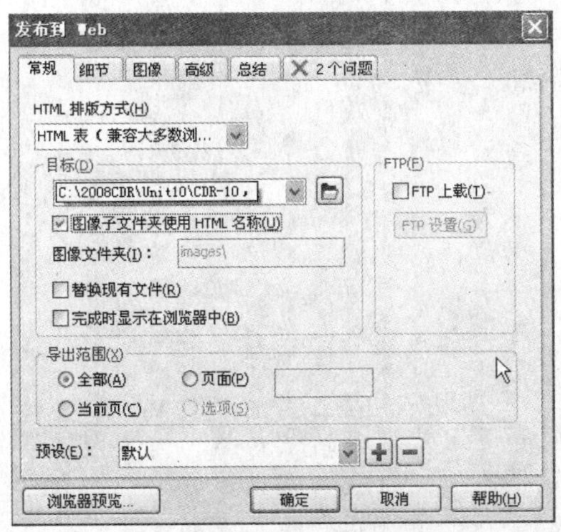


图10−26　发布网页对话框

发布后的网页效果如图10-27所示。

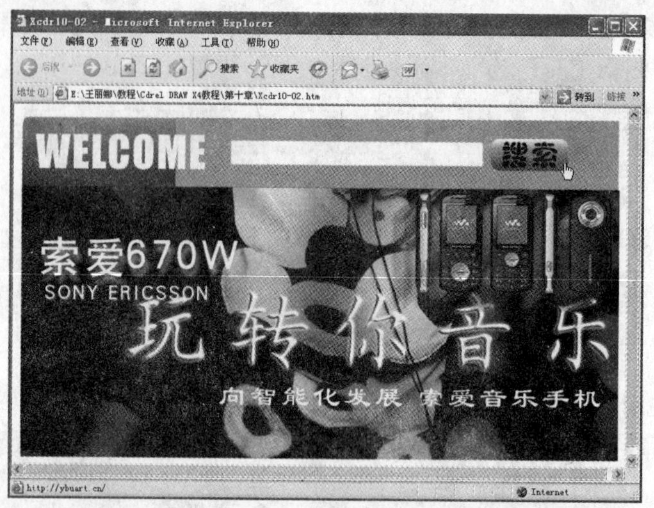


图10-27　浏览网页效果

CorelDRAW X4的网页应用，虽然在真正的网页设计中并不会运用到它，但该实例中也运用到了很多CorelDRAW X4的平面绘图的技巧和方法。

在实际的应用，读者应该灵活运用，好的创意发挥需要更深的研究与探讨。